대한민국 여행자를 위한

강원도
여행백서

대한민국 여행자를 위한
강원도 여행백서(2nd Edition)
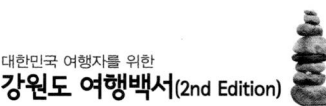

초   판 1쇄 펴냄 2016년 5월 25일
개정판 1쇄 펴냄 2018년 6월 25일

지은이 강정임
펴낸이 유정식

책임편집 박수현
본문 · 표지디자인 유재헌

펴낸곳   나무자전거
출판등록   2009년 8월 4일 제 25100-2009-000024호
주소   서울 노원구 덕릉로 789, 2층
전화   02-6326-8574
팩스   02-6499-2499
전자우편   namucycle@gmail.com

ⓒ강정임 2016~2018
ISBN : 978-89-98417-37-6(14980)
        978-89-98417-12-3(세트)
정가 : 16,000원

이 도서의 국립중앙도서관 출판예정도서목록(CIP)은 서지정보유통지원시스템 홈페이지(http://seoji.nl.go.kr)와
국가자료공동목록시스템(http://www.nl.go.kr/kolisnet)에서 이용하실 수 있습니다.(CIP제어번호: CIP2018017080)

2nd
Edition

대한민국 여행자를 위한

강원도
여행백서

강정임 지음

나무자전거

나의 마음이 내 인생을 좌우한다

떨림으로 시작했던 첫 번째 책, 당시에는 스스로에게 '과연 잘 해낼 수 있을까'라는 질문을 끊임없이 던질 정도로 힘든 작업이었습니다. 이제야 돌이켜보면 그래도 「충청도여행백서」는 충청권에서 10여 년을 살았기 때문에 힘들이지 않고 쓸 수 있었던 것 같습니다. 강원도 여행을 기획하면서 처음에는 그 많은 곳을 제대로 돌아볼 수나 있을까 하는 두려움이 앞섰지만 첫 책을 쓰던 때처럼 구석구석 새로운 여행지를 돌아볼 수 있을 것 같아 설렘이 교차하였습니다.

강원도는 지역 특성상 도로가 잘 발달되지 않아 여행 전 정확하게 동선을 파악하고 계획하는 것이 무엇보다 중요했습니다. 그래서 강원도 18개 시군은 지금까지와는 다른 새로운 여행의 기술이 필요했던 여행지였습니다. 처음 몇 차례 취재를 다닐 때는 1박 2일로 계획하면서 다녔는데, 늘 시간에 쫓겨 아쉬움이 많아지면서 아예 금요일 밤에 출발하여 토요일 목적지 근처에서 잠깐 눈을 붙였다가 새벽부터 취재를 시작하는 1박 3일의 여행을 하였습니다. 새벽부터 시작하여 몸은 피곤했지만 오히려 숨겨진 강원도의 매력을 조금 더 느긋하게 마주할 수 있어 좋았습니다.

강원도 어디를 가도 모두 '엄지 척'

매순간 다르게 느껴지는 바람과 햇빛 등 강원도의 풍경은 도심생활에 길들여진 내 가슴에 잔잔한 감동을 이끌어내기에 충분했습니다. 처음에 그렇게도 부담스럽던 거리에 대한 내성이 생기면서 100~200km도 그렇게 멀게 느껴지지 않게 되자, 일정을 잡은 김에 더 깊숙이, 더 높이 강원도 구석구석을 헤집고 다닐 수 있게 되었습니다. 강원도는 어디를 가도 고향 같은 푸근함이 항상 함께했습니다.

민간인통제선이 넓게 펼쳐진 강원도 청정지역의 천혜비경은 아직도 가슴 속에 남아 생각만으로도 설렘이 앞섭니다. 서해안과는 또 다른 느낌의 동해안 지역은 먼 길을 내달린 피로감마저 한방에 날리기에 전혀 부족함이 없는 풍경이었습니다. 누군가 강원도여행 중 어디가 가장 좋았느냐고 묻는다면, 한 마디 말보다는 강원도 어디를 가도 모두 '엄지 척'이라고 권하고 싶습니다. 지역마다 독특한 비경 하나씩은 숨겨두고 있는 강원도는 구석구석

어느 곳을 가더라도 때 묻지 않은 자연풍경과 평화로운 마을을 만날 수 있습니다. 동화 같은 아름다운 풍경 속 감성이 모락모락 피어나는 곳, 평화로운 들녘, 낭만 가득한 포구, 청춘이 느껴지는 숲, DMZ와 인접한 생태자원의 보고로 어느 도시와는 차별화된 특별한 여행을 즐길 수 있습니다.

「강원도 여행백서」는 두 번째 책이었지만 집필에 걸린 시간은 첫 책 충청도만큼이나 오랜 시간을 필요로 했습니다. 한 번 움직일 때마다 꼼꼼히 계획하고 준비했음에도 계절을 잘못 맞춘 탓에 다시 찾아가야 하는 경우도 있었고, 시간에 쫓겨 황급히 돌아본 곳은 다시 가보지 않고는 첫 줄마저 채우기 힘들었습니다. 초고를 탈고하고 머리말을 쓰는 지금, 다시 떠올려보면 그러한 마음가짐이 있었기에 더 열심히 돌아볼 수 있었던 것 같습니다. 다시 생각해도 마음에 미소가 뿌듯하게 번집니다. 여행은 집을 나설 때는 설렘이 있어 좋고, 집으로 돌아올 땐 열심히 했다는 뿌듯함이 있어 좋은 것 같습니다.

책을 쓰는 내내 먼 길을 떠나 혹여 놓칠 수 있는 근처여행지와 동선까지 꼼꼼하게 담으려고 노력하였습니다. 개인적인 감성보다는 정확한 정보를 전달하기 위해 많은 노력을 하였습니다. 이 책이 나오기까지 도움을 주신 트래블로거 국가대표 윤영숙, 마리안 안명희님, 코어님께 먼저 감사드립니다. 활기찬 목소리만 들어도 생기가 도는 나무자전거 사장님과 꼼꼼하게 편집해주신 출판사 관계자분들께 진심으로 감사인사를 드립니다. 인생은 여행이라며 평생을 함께 공유하자는 여행지기 남편 이상문, 엄마처럼 살고 싶다는 두 딸 은영, 다영. 집필에 몰두하면서 미처 챙겨주지 못했지만 각자의 자리에서 자기 몫을 잘 해낸 저의 든든한 배경인 가족입니다. 부산의 가족과 제주도 가족에게도 감사드리고 싶습니다. 마지막으로 강원도여행백서 독자 여러분께도 미리 고맙다는 말씀을 드리고 싶습니다.

다시 초여름 기운이 무르익는 유월의 어느 날
개정판을 준비하면서 초롱돌 강정임

이 책은 강원도 전역에 분산된 여행지를 인접한 몇 개의 시나 군을 합쳐 하나의 파트로 구성하였습니다. 총 6개의 파트에 47개의 테마로 구성하여 100여 곳의 여행지를 찾아보기 쉽도록 편집하였습니다. 또한 파트가 끝나는 부분에는 해당 파트의 여행지들을 1박 2일로 둘러볼 수 있도록 동선지도와 함께 자세하게 안내하고 있습니다.

테마 제목
꼭 둘러봐야 될 여행지를 하나의 테마로 묶어서 소개합니다. 제목만 봐도 어떤 곳인지 바로 알 수 있습니다.

테마 소주제
여행지 테마에서 놓치면 안 되는 포인트를 자세하게 설명합니다.

여행지 간략 소개
해당 여행지에 대한 전반적인 설명입니다.

사진으로 미리보는 동선
해당 여행지의 동선을 시각적으로 미리 둘러볼 수 있습니다.

연관볼거리
해당 여행지와 비슷한 분위기를 풍기는 다른 지역 여행지를 소개합니다.

주변볼거리
해당 여행지와 인접한 여행지를 소개합니다. 시간이 남는다면 함께 둘러보기에 좋습니다.

효율적인 포인트 동선지도
여행지를 효율적으로 둘러볼 수 있도록 추천 동선을 제시합니다. 지도 상 표시된 동선대로 움직이면 불필요한 시간낭비를 줄일 수 있습니다.

스페셜페이지

파트로 구성된 지역을 1박 2일로 즐길 수 있도록 여행지를 안내합니다. 여행지는 본문에 소개된 테마여행지 외에도 함께 둘러볼 수 있는 곳들을 추가적으로 묶어서 구성하였으며, 해당 지역의 음식점과 숙박시설까지 소개하여 고민 없이 여행을 떠날 수 있도록 하였습니다.

찾아가는 길

해당 여행지를 찾아가는 대중교통과 자동차 이용 시 찾아가는 방법을 설명합니다. 또한 여행지별로 주소를 명기하여 내비게이션에 주소만 입력해도 찾아갈 수 있도록 하였습니다.

이용안내

해당 여행지의 운영시간, 입장료, 이용 시 주의사항 등을 한눈에 살펴볼 수 있습니다.

먹을거리

해당 여행지에 인접한 대표적인 맛집을 소개합니다.

숙소소개

해당 여행지에 인접한 대표적인 숙소를 소개합니다.

지역지도

파트로 구성된 지역의 여행지를 한눈에 살펴 볼 수 있도록 표시합니다. 지도에 표시된 여행지들을 토대로 직접 동선을 구상해볼 수 있으며, 해당 여행지로 바로 이동할 수 있도록 페이지를 표시하였습니다. 또한 해당 지역의 음식점과 숙박시설까지 표시하였으므로 일정에 맞춰 동선을 구상하기 쉽습니다.

지도 아이콘

- 🚃 기차
- 🚌 버스정류장
- 🏄 해수욕장
- ⛰️ 산, 계곡
- ⚓ 항구
- 🧍 공원, 산책로

CONTENTS

Part01
고성 | 속초 | 양양

Part02
강릉 | 정선 | 동해

CONTENTS

Part03
영월 | 태백 | 삼척

Part04
원주 | 횡성 | 평창

CONTENTS

Part05
춘천 | 홍천 | 인제

Part06

철원 | 화천 | 양구

테마별 여행 01 녹음을 즐기며 힐링하는 여행지

테마별 여행 02 마음까지 내려놓는 사찰 여행지

Theme

테마별 여행 03 **바다내음** 가득한 **여행지**

테마별 여행 04 **사색**하기 좋은 **여행지**

Theme

테마별 여행 07 감성을 자극하는 여행지

테마별 여행 08 토속문화와 역사를 담은 여행지

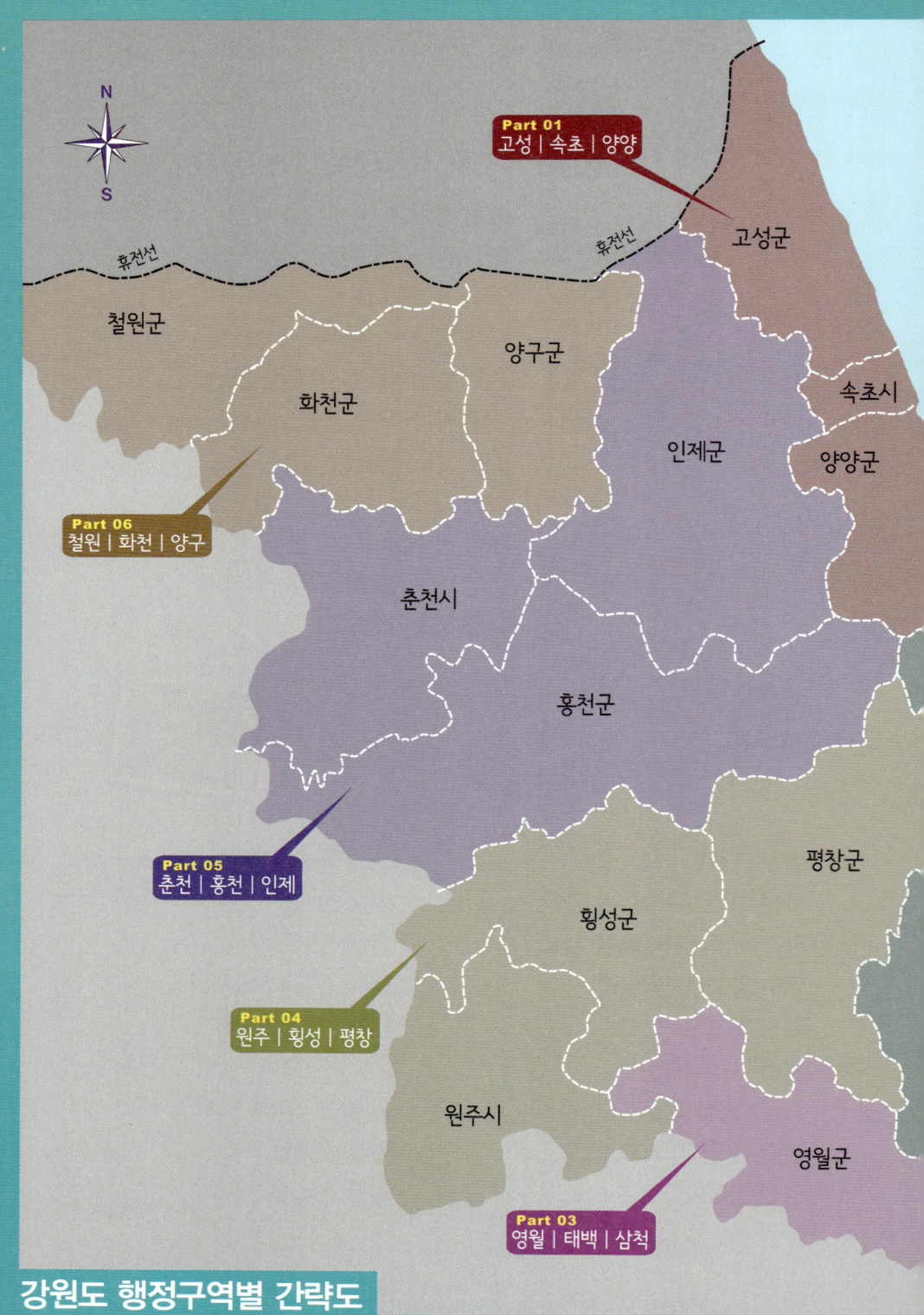

N
S

Part 01
고성 | 속초 | 양양

휴전선

휴전선

고성군

철원군

양구군

화천군

속초시

인제군

양양군

Part 06
철원 | 화천 | 양구

춘천시

홍천군

Part 05
춘천 | 홍천 | 인제

평창군

횡성군

Part 04
원주 | 횡성 | 평창

원주시

영월군

Part 03
영월 | 태백 | 삼척

강원도 행정구역별 간략도

Part 02
강릉 | 정선 | 동해

강릉시

동해시

정선군

삼척시

태백시

대한민국 여행자를 위한
강원도 여행 백서

P a r t 01

고성 | 속초 | 양양

N S

p.36
화진포생태박물관

p.35
화진포의 성

p.33
화진포해양박물관

p.28
고성왕곡마을

p.29
송지호

p.32
천학정

p.37
천간정

죽도
송지호해수욕장
송지호관망타워
설악썬밸리CC

가진해수욕장

⑦
오봉식당

도원리계곡

죽변봉

거진항
반암해수욕장
거진해수욕장

고성군청

고성산

화진포
이승만별장
대진등대
금강산자연사박물관
화진포박포수가든
대진항
노안산

마차진해수욕장

⑦
명파해수욕장

⑦

46

마산

알프스쎄븐리조트

건봉사

46

진부령휴게소

p.27
DMZ박물관

통일전망대

p.24

고성 | 속초 | 양양

Theme **01** 동해안 최북단, 멀리 해금강과 금강산이 보이는
통일전망대

고성을 대표하는 관광지 통일전망대는 민통선을 지나야 하므로 출입이 자유롭지 않다. 통일안보공원에 위치한 출입사무소에서 신청한 후 허가를 받고 민통선 안으로 들어가면 된다. 오후 6시 이전까지는 민통선 검문소를 나와야 하므로 DMZ박물관까지 함께 둘러보려면 시간적 여유를 갖고 가는 것이 좋다. 통일전망대에 오르면 해금강 너머 금강산 능선까지 아련히 보인다.

통일전망대 **관람을 위해선**
출입신고부터

통일전망대를 출입하기 위해서는 입구에서 안내원 지시에 따라 주차장에 차를 세운 후 출입신청서부터 작성해야 한다. 사무소에서 입장료와 주차비를 낸 후 출입신고서는 인원에 상관없이 차량당 1장에 대표자 인적사항과 동승자들 이름과 나이만 기록하면 된다. 신고서를 창구에 신청한 후 차량출입증을 받아 전망대

로 이동하면 된다. 8분짜리 영상물을 관람한 후 전망대로 이동해야 한다고 적혀있다.

차량 전면에 출입증이 잘 보이도록 올려놓고 최북단 마을 명파리를 지나 15분 정도 달리면 통일전망대에 다다른다. 전망대 좌측에 DMZ 박물관이 보이는데, 볼 것이 많으므로 나올 때 여유를 갖고 둘러보자. 통일전망대의 넓은 주차장을 보면 이곳을 찾는 여행자들이 얼마나 많은지 가늠할 수 있다. 6.25전쟁 체험관과 특산물판매장, 금강산휴게실 등의 부대시설이 있으며, 좌측에는 열차식당이 있어 출출하다면 막국수도 맛볼 수 있다.

종교를 초월한
통일염원이 한곳에

고성팔경에 속하는 통일전망대는 DMZ와 남방한계선이 만나는 해발 70m 고지에 위치한다. 주차장을 지나 공원산책로를 조금 오르면 우측에는 호국영령들을 추모하는 고성지역전투충혼탑이 서 있다. 통일전망대를 중심으로 좌측에는 우리나라 최북단에 있는 통일전망대 교회와 학생관, 전망대휴게소가 자리하고 있다. 1988년 설악산 신흥사에서 세운 통일기원 미륵불상과 천주교에서 세운 성모마리아상이 함께 있어 종교를 초월한 통일의 염원을 느낄 수 있다. 통일관과 교회 사이에 있는 범종은 통일의 염원을 북녘까지 소리로 전파한다.

광장에는 2010년 8.15광복 65주년을 기념하며 국민대표 33인의 평화통일 염원을 담은 조국통일선언문비와 6.25 당시 351고지 전투에서 산화한 전몰장병을 기리는 351고지 전투전적비와 민족의 웅비 석탑이 세워져 있다. 또한, 공군 351고지 전투지원 작전기념비와 전투기가 전시되어 있다.

기념품을 구입할 수 있는
전망대휴게소

통일관 옆에 위치한 전망대휴게소에서는 해금강일대를 영상으로 감상할 수 있으며, 북한상품인 평양소주, 목련포도술, 백로술 등과 농산물, 개성공단 생산품인 냄비와 수저

세트 같은 기념품을 구입할 수 있다. 통일관과 나란히 있는 통일기원기도회 및 교육장은 1,000명을 수용할 수 있는 시설로 전면이 유리로 되어 있으며 북녘의 금강산과 해금강 일대를 바라보며 통일염원을 빌 수 있다.

통일전망대 주차장 내에 있는 6.25전쟁 체험전시관도 놓치지 말고 둘러보자. 전시관은 사진으로 보는 6.25, 영상체험실, 모형병기실, 전사자유해발굴실, 유엔군참전국실, 병영체험실, 6.25전쟁 자료실, 국군홍보실, 국군비전실, 기념품샵 등으로 알차게 꾸며져 있다. 특히 멀티미디어음향으로 전쟁상황을 체험할 수 있으며, 6.25 전쟁 당시 발굴된 유품과 유

골, 전쟁당시 사진 자료를 보면서 전쟁의 아픔을 간접적으로나마 체험해볼 수 있다.

금강산과 해금강이 눈앞에 펼쳐지는
통일전망대

전망대 1층 전시실에는 연도별 통일의 발자취와 미래비전, 대북통일정책, 남북대화추진 등에 관한 자료가 전시되어 있다. 또한, 북한주민의 생활상을 엿볼 수 있는 각종 생활용품과 교과서, 북한의 군사력과 교육, 경제 상황 등을 살펴볼 수 있다. 2층으로 올라가면 북녘을 조망할 수 있는 실내전망대와 실외전망대가 이어진다. 특별한 설명 없이 둘러볼 수 있으며, 사진도 마음대로 찍을 수 있다.

통일전망대에 서면 금강산 구선봉과 해금강이 지척으로 보이고, 맑은 날에는 신선대, 옥녀봉, 채하봉, 일출봉, 집선봉까지 멀리서나마 조망할 수 있다. 산봉우리가 마치 낙타 등 같다는 구선봉은 금강산 1만 2천 봉의 마지막 봉우리로 정상부분 바판이 그려진 바위에서 9명의 신선이 놀았다고 전해진다. 고성전망대는 양구나 철원의 전망대와는 달리 탁 트인 조망 때문인지 금강산을 품은 아름다운 풍광이 더 눈에 들어오는 관광지 느낌이다. 전망대 밖에 설치된 망원경은 고해상도로 육안으로 미처 보지 못한 풍경까지 세밀히 볼 수 있다.

여행 정보

찾아가는 길

- 동해고속도로 속초TG 빠져나와 속초방면 미시령로 따라 4.5km → 교동지하차도사거리에서 고성방면 좌회전 후 7번 국도 동해대로 따라 40.3km → 안보공원교차로에서 우회전 후 이정표 확인하며 통일전망대 출입신고소 주차장으로 진입
- 간성시외버스터미널 하차 → 농어촌버스 10-1번 탑승 후 안보교육관앞정류장 하차(1시간 20분 소요) → 통일전망대까지 도보이동

이용안내

통일전망대 문의 033-682-0088 주소 고성군 현내면 금강산로 481 운영시간 통일안보공원 출발 09:00~16:20(3월 1일~7월 14일, 8월 21일~10월 31일), 09:00~17:30(7월 15일~8월 20일), 09:00~15:50(11~2월)/연중무휴 관람소요시간 60~90분 입장료 성인 3,000원, 학생 1,500원 주차료 5,000원 홈페이지 www.tongiltour.co.kr 귀띔 한마디 남북 상황에 따라 일시 폐쇄되는 경우도 있으므로 방문 전 홈페이지나 전화로 문의 후 여행계획을 세우는 것이 좋다.

먹을거리

🍴 금강산열차

남북이 대치하고 있는 특별한 환경을 눈앞에 두고 먹는 맛은 어떨까? 통일전망대주차장에 멈춰 서 있는 금강산열차는 마치 금방이

라도 북쪽으로 달려가고 싶은 소망을 느끼게 한다. 열차 안에서 황태구이, 냄비우동, 산채비빔밥, 막국수 등 다양한 음식을 맛볼 수 있다. 부담 없이 선택할 수 있는 막국수는 강원도 맛 그대로이다.

문의 033-681-4864 주소 고성군 현내면 명호리 88-1 가격 막국수 7,000원

주변볼거리

🚶 분단역사를 생생하게 느낄 수 있는 DMZ박물관

DMZ박물관은 분단의 역사를 제대로 알고 냉전과 갈등을 화합과 평화로 승화시켜 통일을 준비하는 곳이다. DMZ의 역사부터 군사, 문화, 생태 등을 한눈에 볼 수 있도록 전시해놓았다. 전시관을 둘러본 후에는 300m의 철책걷기체험, 야생화동산, 탱크&자주포 구경과 대북심리전장비까지 둘러볼 수 있다. 전시관 2~3층의 1관 축복받지 못한 탄생 DMZ, 2관 냉전의 유산은 이어진다, 3관 그러나 DMZ는 살아있다, 4관 다시 꿈꾸는 땅 DMZ, 평화나무가 자라는 DMZ, 기획전시실, 뮤지엄샵 순으로 둘러볼 수 있다.

문의 033-681-0625 주소 고성군 현내면 통일전망대로 369

Theme 테마와 관련된 연관볼거리

분단의 현실을 느낄 수 있는 통일전망대

파주오두산통일전망대

한강과 임진강이 만나는 오두산은 서울과 개성을 지키는 군사적 요충지로 고려말 쌓은 산성이 아직 남아있는 곳이다. 북한과 2km 정도 떨어진 오두산 정상에 위치한 통일전망대는 지상 5층, 지하 1층 규모로 북한의 문화, 정치, 생활상 등을 살펴볼 수 있다. 역대 대통령들의 휘호와 북한노동력을 이용하여 생산된 개성공단 제품들도 전시되어 있다. 날씨가 좋다면 해발 140m 높이의 원형 전망실에서 북녘의 개성 송악산과 선전용 건물, 북한 주민들의 모습까지도 볼 수 있다.

철원평화통일전망대

1층은 전시관, 2층은 전망대로 휴전선 비무장지대를 조망할 수 있다. 특히 옥외전망대에 서면 철새도래지의 재두루미 디오라마와 남방한계선 넘어 태봉국 철원성과 평강고원, 낙타고지까지 아련히 보인다. 〈세종실록〉, 〈대동지지〉 등의 고증에 의한 태봉국도성의 모형도 살펴볼 수 있다.

연천태풍전망대

태풍부대에서 건립한 것으로 비끼산의 가장 높은 수리봉에 위치한다. 휴전선에서 800m, 북한군 초소까지 1,600m 거리에 위치하며, 휴전선상 북한과 가장 가까운 곳에 위치한 전망대이다. 실향민의 망향비와 전적비, 6.25 참전소년전차병기념비가 세워져 있다. 전시관에는 북한의 실생활을 짐작할 수 있는 생활필수품과 무장침투장비 등이 전시되어 있다. 맑은 날은 개성 부근까지 보인다.

Theme **02** 전란과 화마도 피해가는 배산임수의 명당
고성왕곡마을

고성을 대표하는 절경 중의 하나인 천학정에서 불과 10여 분 거리에 위치한 왕곡마을은 시간 여행을 즐기기 좋은 곳으로 기와집과 초가집이 어우러져 있다. 왕곡마을은 19세기 고려 말 공양왕의 유배지로 고려충신 함부열이 공양왕을 따라 고성에 은거하면서 집성촌을 이뤄 22대째 살고 있다. 현재는 38가구 60여 명이 살고 있으며, 군청에서 8채를 매입하여 한옥 숙박체험장으로 활용하고 있다.

600년 세월을 이어온 길지 중의 길지
왕곡마을

마을 입구에 들어서면 수령 150여 년 된 노송이 운치 있게 여행자를 반긴다. 오봉리에 자리 잡은 왕곡마을은 지명에서 알 수 있듯 오음산을 중심으로 두백산, 공모산, 순방산, 제공산 등 해발 200m 내외 다섯 개의 봉우리가 마을을 에워싸듯 감싸고 있다. 동해 쪽에서 바라보면 배 모

양의 방주형 길지로 우물을 파면 마을에 해가 된다 하여 한동안 우물을 파지 않고 기존의 샘만 이용하였다고 한다.

풍수지리설에 나오듯 마을 뒤로 병풍처럼 산이 에워싸고 앞쪽으로 송지호와 동해가 펼쳐진 전형적인 배산임수 명당으로 실제 전란과 화마가 피해간 사례가 많다. 1953년 휴전 무렵 세 번이나 포격을 받았지만, 다행히 이 마을에 떨어진 포탄은 뇌관이 터지지 않았다고 한다. 또한 1996년과 2000년 고성군 일대에 산불로 대부분의 마을이 초토화됐지만, 왕곡마을만큼은 어쩌지 못했다고 한다.

효는 가르치는 것이 아니라 실천임을 보여준
양근함씨 4세 효자각

600여 년의 역사를 가진 고성왕곡마을은 중요민속문화재 제235호로 지정 관리되는 곳이다. 14세기경 강릉함씨, 강릉최씨가 용궁김씨와 함께 집성촌을 형성하였고, 19세기 전후에는 양근함씨와 강릉최씨의 집성촌으로 발전하였다. 고려말 공양왕을 끝까지 지키려했던 함부열은 조선건국에 반대하여 두문동으로 들어갔다가 간성에 은거하였다. 그의 손자 함영근이 이곳에 정착하면서 후손들도 대대로 이곳에서 생활하며 마을이 번성하였다.

마을 입구에는 1820년에 세워진 '양근함씨 4세 효자각'이 있다. 함성욱부터 4대에 걸쳐

다섯 명의 효자가 부친에게 단지주혈(斷指注血)을 한 사연을 담고 있다. 죽어가는 아버지에게 손가락을 잘라 입에 피를 넣어드려 생명을 연장한 효행은 아들에서 손자, 그 아들에서 다시 손자까지 이어졌다. 효행은 가르치는 것이 아니라 몸소 실천하여 보이는 것이라는 생각이 든다. 이곳은 동학과도 각별한 인연이 있는 마을로 1889년 동학 2대 교주 최시형이 이곳에 머물며, 포교활동을 하여 산골이지만 의식이 깨어 있던 마을이다.

지역마다 선조들의 지혜를 엿볼 수 있는
가옥구조

왕곡마을의 가옥은 함경도식 가옥형태로 19세기 전후 인근의 구성리마을에 가마터가 있어 기와집이 많지만, 초가집도 구조는 비슷하다. 대체로 'ㄱ'자형인데 겹집평면구조로 한 공간에 안방과 사랑방, 마루와 부엌, 외양간을 둠으로써 동선을 짧게 한 것이 특징이다. 겨울이 길고 추운 산간지방의 전형적인 가옥구조이다. 겹집구조는 마루를 통해 방들이 연결되므로 여름에는 시원하고 겨울에는 따뜻하다. 또한 서까래 경사를 가파르게 하여 눈이 많이 와도 쌓이지 않고 흘러내릴 수 있도록 하였다. 마당에는 대문과 담장을 없애 일조량을 늘리고 이웃 간 소통이 잘 되도록 하였다.

뒷담장은 높고 견고하게 쌓거나 대나무를 심어 북서풍을 대비하고, 여인들의 비밀스러운 공간도 확보하였으며, 주로 장독대나 조그마한 방을 두어 며느리의 출산과 수유공간으로 활용하였다. 집안을 살펴보면 벽면에는 회칠이 되어 있는 반면 천장은 회칠하지 않았는데 이는 공기의 순환을 고려하여 나쁜 공기를 끌어올리고 좋은 공기를 빨아들이기 위함이라고 한다. 또한, 담장과 연결된 굴뚝은 항아리로 마감되어 있는데, 이는 굴뚝으로 연기뿐만 아니라 열기도 빠져나가므로 화재로 이어지는 것을 예방하면서 뜨거운 공기를 좀 더 오랫동안 붙잡아 집안을 따뜻하게 유지하기 위함이라고 한다. 이처럼 가옥구조를 살펴보면 지역마다 옛 선조들의 과학적인 지혜를 엿볼 수 있다.

시간의 향기 속에 숨을 고르는
한옥숙박체험

고성군에서는 왕곡마을의 빈집 8채를 매입하여 방문객들이 전통한옥 숙박체험을 즐길 수 있도록 배려하고 있다. 옛 가옥에서 달과 별을 보며 하룻밤 집주인처럼 시간여행을 즐길 수 있다. 문명의 발달로 도시의 별은 이미 사라진 지 오래지만 왕곡마을에 머문다면 한옥의 정취를 느끼며 특별한 하룻밤을 보낼 수 있다. 문화재로 지정된 마을이라 취사를 할 수 없으므로 식사는 마을 입구 저잣거리와 마을 안 오봉식당을 이용하면 된다.

왕곡마을에서는 매주 토요일 우리 전통소리에 대한 이해를 돕는 풍류방이 열린다. 전통놀이와 피리, 부채, 비석 치기, 팔찌 만들기, 전통의상 입어보기 등 다양한 체험행사가 유료나 무료로 진행된다. 왕곡마을 전체를 한눈에 담고 싶다면 두백산 철탑 밑까지 오르면 된다. 산이 마을을 포근하게 감싸고, 초록의 벼는 작은 바람에도 물결같이 출렁인다. 고향의 여름 같은 곳, 왕곡마을의 하룻밤은 그윽한 시간의 향기를 느끼며 잠시나마 숨을 고르기에 제격이다.

여행 정보

찾아가는 길

🚗 동해고속도로 속초TG 빠져나와 미시령로 따라 1km → 원암2교차로에서 고성방면 우회전 후 원암리사거리에서 바로 좌회전하여 고성대로 따라 8.3km → 천진교차로에서 고성방면 좌회전 후 7번 국도 동해대로 따라 10.6km → 고성왕곡마을 표지판 확인하면서 우측도로로 빠져 지하도 건너 계속 표지판 확인하면서 송지호로 따라 왕곡마을까지 1.3km → 고성왕곡마을

🚌 간성시외버스터미널 하차 → 104번 간성–오봉간 버스 탑승 후 왕곡마을입구정류장 하차(10개 정류장, 25분 소요)

이용안내

문의 033-631-2120 **주소** 고성군 죽왕면 왕곡마을길 41 **전통숙박체험** 기와집(방 3개) 10만 원(비수기 5만 원), 초가집(방 2개) 5~8만 원(비수기 2만 5천~4만 원) 입실 14:00, 퇴실 12:00 **귀띔 한마디** 왕곡풍류방 (5~11월) 토요일 저녁 7~8시, 매월 다른 악기로 풍류사가 무료로 진행한다. **홈페이지** www.wanggok.kr

먹을거리

🍴 오봉식당

왕곡마을에서는 보기 드문 슬레이트 지붕의 식당이다. 막국수, 추어탕, 백숙, 산채비빔밥 등 메뉴가 다양하다. 아주머니 혼자서 운영하기 때문에 손님이 많은 경우 꽤 오래 기다려야 하는 불편함이 있다. 전화로 미리 주문을 해두면 정해진 시간에 맞춰 먹을 수 있으므로 예약을 해두는 것도 좋은 방법이다. 산채비빔밥은 직접 산에서 채취한 나물을 사용하는데 한옥마을 분위기와도 잘 어울리는 맛이다.

문의 033-633-9238 **주소** 고성군 죽왕면 왕곡마을길 28 **가격** 산채비빔밥 10,000원, 산채정식 15,000원

주변볼거리

🚶 천학정

천학정은 1931년 이 고장 유지들에 의해 세워진 정면 2칸, 측면 2칸, 겹처마 팔작지붕의 단층구조이다. 정자에서 내려다보면 짙은 바다가 하늘과 맞닿아 있어 마치 파란 하늘을 담은 것처럼 보인다. 과거 군사지역이었음을 짐작할 수 있는 초소의 흔적과 철망이 아직도 그대로 남아 있다. 정자는 비록 작고 협소하지만 주변이 널찍하면서 아늑한 느낌이라 한 번 앉으면 일어나기 싫을 정도로 아름다운 풍경을 만끽할 수 있다.

문의 033-680-3361(관광문화과) **주소** 고성군 토성면 교암리 177번지

Theme · 테마와 관련된 연관볼거리

시간여행, 전통마을

함양개평마을

함양개평마을은 지곡IC에서 약 5km 정도로 10분이 채 걸리지 않는다. 지명은 두 개울이 하나로 합쳐지는 넓은 들에 마을이 위치했다 하여 개평(介坪)마을이라 불렀다. 14세기 하동정씨와 경주 김씨가 이곳으로 이주하면서 형성된 마을로 이곳을 대표하는 조선 성리학의 대가 정여창고택(일두고택)은 원래 17동 건물이었는데 지금은 안채, 사랑채, 사당, 문간채 등 12동의 건물만 남아 있다. 1987년 드라마 〈토지〉의 최참판댁, 2003년 〈다모〉의 어린 채옥의 생가 등 드라마 촬영지로도 유명하다.

전주한옥마을

전주한옥마을은 전주시 완산구 교동과 풍남동 일대에 위치한 700여 채의 한옥이 마을을 형성한 곳이다. 단순히 한옥건물만 볼 수 있는 것이 아니라 골목마다 숨어 있는 문화공간을 찾아다니는 재미가 있어 젊은 연인들에게 인기가 높다. 전주 한옥생활체험관, 전주 전통술 박물관, 전주전통문화센터, 문학관, 미술관, 한지체험관 등 전통공예부터 다양한 옛 문화가 하루 종일 돌아다녀도 다 둘러보지 못할 정도로 풍성하다. 또한, 조선 태조 이성계의 어진을 모신 경기전, 이계가 황산에서 왜구를 토벌하고 연회를 열었던 오목대와 이목대, 한국 천주교 순교 1번지 전주 전동성당, 드라마촬영지로 인기몰이 했던 전주향교 등도 함께 둘러볼 수 있다.

아산외암민속마을

외암민속마을은 400여 년의 내력을 지닌 민속마을로 조선중기 명종 때 장사랑직책의 이정일가가 정착하면서 예산이씨의 세거지가 되었다. 마을에는 건재고택을 기점으로 여러 고택이 마을을 감도는 인공수로 안쪽에 보기 좋게 자리하고 있다. 외암민속마을의 특징 중 하나인 돌담은 다른 곳과 달리 나지막한 돌각담장으로 전체 길이가 5,000m나 된다. 특히 돌담은 흙을 채우지 않고 막돌을 규칙 없이 쌓아 끊어질 듯 하면서도 집과 집, 길을 이어가며 마을을 휘감고 있다. 외암민속마을에는 초가집이 많으며 건재고택, 참봉댁, 교수댁, 신창댁, 우암 종가택 등 10여 채의 기와집이 있다.

Theme **03** 해파랑길 낭만가도에서 만나는

화진포

동해안을 따라 부산에서 함경도까지 총 513.4km의 해안도로인 7번 국도는 남쪽에만 부산 오륙도공원에서 고성 통일전망대까지 약 800km에 달하는 50개 코스의 해파랑길이 이어진다. 고성구간은 해파랑길 10구간으로 64.6km에 5개 코스로 이어지는 강원도 최북단 코스이다. 또한 속초, 양양, 강릉, 동해, 삼척을 잇는 한국의 '낭만가도'로 해안 절경을 감상할 수 있는 최고의 낭만 길이다.

신비로운 수중세계를 만날 수 있는
화진포해양박물관

7번 국도를 따라 달리다 보면 화진포를 만난다. 둘레 16km의 광활한 호수는 동해안 최대의 자연호수이자 국내 최고의 석호(潟湖)이다. 화진포를 따라 산책로도 조성되어 있으며, 아름다운 초도항, 금구항, 일명 김일성별장이라 불리는 화진포의 성, 이승만별장, 이기붕별장, 거진항, 거진등대, 고인돌 유적지, 금강산자연사박물관,

화진포해양박물관과 화진포생태박물관 등의 명소가 이어지므로 여유 있게 둘러보면 된다.

7번 국도를 벗어나 화진포 쪽으로 방향을 바꾸면 배모양의 독특한 건물 화진포해양박물관이 보인다. 세계적으로 희귀한 각종 조개류와 갑각류, 화석류 등 해양관련유물 1,500여 종, 4만여 점이 전시된 패류박물관과 수중생물 125여 종, 3,000여 마리의 서식환경을 보여주는 어류전시관이 있다. 또한 화진포의 생태와 전설, 자연상태로 재현된 석호와 열대어의 세계, 열대바다와 동해를 콘셉트로 재현된 아쿠아리움이 있다. 입체영상관에서는 화진포의 생성과 돌고래여행 등의 입체영화를 관람할 수 있다.

남한 최북단의 청정해수욕장
화진포와 금구도

화진포해양박물관을 나와 금구교를 지나면 화진포가 보이는데, 오른쪽은 잔잔한 호수지만 왼쪽으로는 넓은 해수욕장이 펼쳐져 있다. 바다와 호수가 만나는 곳에는 고운 백사장이 펼쳐져 그림같이 낭만적인 풍경을 이룬다. 화진포해변은 남한 최북단의 청정해수욕장으로 이중환의 「택리지」에서 명사십리(明砂十里)라 적고 있으며 한자 뜻 그대로 '빛깔이 눈같이 고와 사람이나 말이 밟으면 소리가 난다'고 극찬하였다. 명사십리라는 말이 이곳에서 유래했으며, 백사장의 모래는 곱고 희어서 실제로 밟아보면 상당히 부드럽다.

화진포해수욕장은 인기드라마 〈가을동화〉의 마지막회 촬영지로 주인공 준서가 은서를 등에 업고 해변을 걷는 장면이 아름답게 그려졌다. 해수욕장 맞은편에는 거북이형상을 한 작은 섬이 있는데, 가을이면 금빛을 띤다하여 금구도라 부른다. 금구도의 파도치는 모습은 금구능파라하여 손에 꼽을 정도로 아름답다. 이곳은 고구려 19대 광개토대왕의 무덤이라는 이야기도 전해지는 곳으로 신라시대 수군기지(혹은 광개토왕의 망제를 지내던 사당)의 흔적인 석축과 건물지, 우물지, 고려시대 청자유물 등이 발견되었다.

유럽의 작은 성 같은 풍경
화진포의 성

화진포생태박물관 앞 매표소에서 통합권을 발권하면 화진포역사안보전시관, 생태박물관, 김일성별장, 이승만별장, 이기붕별장까지 한 번에 둘러볼 수 있다. 화진포 주변에는 소나무가 많은데, 대부분 금강소나무로 문화재복원용이나 건축자재로 많이 활용된다. 주차장 오른편 소나무숲에는 일명 김일성별장이라 불리는 화진포의 성이 자리한다. 주차장에서 화진포의 성까지는 5분 거리로 좌측 계단을 이용하거나 넓은 도로를 따라 걸어 올라가면 된다.

화진포의 성은 한국 최초로 크리스마스실을 발행한 선교사 셔우드홀(Sherwood Hall)부부의 의뢰로 1938년 건축가 베버(H. Weber)가 지어 예배당으로 사용하였다. 해방 후 이 건축물은 귀빈휴양소로 용도가 변경되었는데, 당시 김일성과 그의 가족들이 휴양을 즐겨 김일성별장이라 불리게 되었다. 현재 건축물은 한국전쟁으로 훼손된 것을 2005년 옛 모습대로 복원한 것이다. 해안절벽 위에 지은 집이 마치 유럽의 성처럼 보인다 하여 '화진포의 성'이라 부른다.

계단을 오르다 보면 김정일이 그의 동생 김경희와 사진을 찍은 곳이라는 표시와 당시 촬영된 사진이 걸려 있

다. 화진포의 성은 역사안보관으로 활용되며, 김일성별장이라 불리게 된 사연부터 휴전협정 후 북한의 도발 만행, 남북정상회담 등에 관한 전시물을 살펴볼 수 있다. 옥상전망대에 서면 화진포해변과 금구도가 한눈에 들어오는데, 이곳에 별장을 지은 이유를 알 수 있을 정도로 아름다운 휴양지풍경이다.

송림 속 휴양지
이기붕별장

화진포 성을 내려와 5분 거리에 있는 이기붕별장은 화진포해변과 호수 사이 송림에 바다를 등지고 호수를 향해 지어졌다. 이곳은 건축물보다는 우아한 소나무자태에 먼저 시선을 뺏기게 된다. 입구 게시판에는 미국 유학시절 이승만과의 인연으로 대통령비서실장 재임시 무소불위의 권력을 휘두른 이기붕의 정치활동과 4.19 혁명으로 자살을 선택한 그의 정치역정이 사진과 글로 기록되어 있다. 이기붕별장 역시 1920년대 외국인 선교사에 의해 지어졌으며, 해방 이후 공산당 간부휴양소로 사용되다 한국전쟁 이후

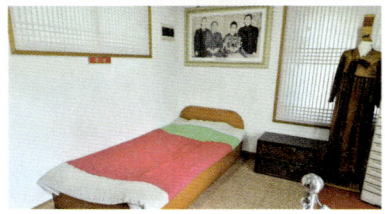

이기붕의 부인 박마리아여사가 개인별장으로 사용하였다.

외국인 선교사의 주거공간으로 지어진 건축물은 일자형으로 생각보다 크지 않으며 담쟁이덩굴이 외벽을 덮고 있다. 1999년 역사안보전시관으로 탈바꿈하였는데, 안으로 들어서면 두 칸으로 나뉜 방에 당시 사용했던 책상, 타자기, 전화기 등을 갖춘 집무실과 가족사진이 걸린 침실이 보인다. 특별할 거 없는 기념관이지만 건물 자체가 흥미롭고 우리 근현대사의 일면을 살펴볼 좋은 기회가 된다.

화진포의 자연생태를 한눈에 살펴보는
화진포생태박물관

생태박물관은 야외공원이 잘 조성되어 있으므로 먼저 군 초소를 개조한 관찰 조망대에서 화진포의 생태를 관찰한 후 주변의 각종 조형물도 놓치지 말고 둘러보자. 화진포생태박물관은 화진포호수를 형상화하여 지어진 3층짜리 건물이다. 1층에서는 화진포생태와 디오라마영상 등을 볼 수 있고, 2층에서는 척추동물의 진화과정, 3층에서는 청정에너지와 기후변화, 화진포전망 파노라마, 각종 화석 등을 살펴볼 수 있다. 옥상은 전망대로 조성되어 있으며, 망원경을 통해 주변 경관을 감상할 수 있다.

 여행 정보

찾아가는 길

🚗 동해고속도로 속초TG 빠져나와 속초방면 미시령로 따라 4.5km → 교동지하차도사거리에서 고성방면 좌회전 후 7번 국도 동해대로 따라 35.6km → 화진포교차로에서 이승만별장방면 우회전 후 1.7km → 화진포 인근 주차장에 주차

🚌 대진시외버스터미널 하차 → 농어촌버스 10-1번 탑승 후 죽정1리정류장 하차(15분 소요, 6개 정류장) → 화진포 목적지까지 도보이동

이용안내

화진포해양박물관 문의 033-680-3674 **주소** 고성군 현내면 화진포길 412 **운영시간** 09:00~18:00(동절기 ~17:00)/연중무휴 **입장료** 성인 5,000원, 청소년 4,000원, 어린이 3,000원 **화진포의 성(김일성별장) 문의** 033-680-3469 **주소** 고성군 거진읍 화포길 280 **운영시간** 09:00~18:00(동절기 ~17:30)/연중무휴 **통합입장료(각 별장+생태박물관)** 성인 3,000원, 학생 2,300원 **이기붕별장 문의** 033-680-3469 **주소** 고성군 거진읍 화포길 280 **화진포생태박물관 문의** 033-681-8311 **주소** 고성군 거진읍 화포길 278 **이승만별장 문의** 033-680-3677 **주소** 고성군 현내면 이승만별장길 33

먹을거리

🍴 화진포박포수가든

3대째 대한명인인정서를 받은 막국수 명인의 집이다. 색바랜 간판부터가 식당의 역사를 얘기해주는 듯하다. 막국수는 갓김치와 백김치가 반찬으로 나오며, 얼음을 동동 띄운 동치미국물도 그릇에 시원하게 나온다. 특이하게도 먹는 순서가 있다. 직접 동치미국물을 넣고 기호에 맞게 식초, 기름, 겨자, 설탕을 넣어 먹는다. 돼지 수육은 명태식혜와 함께 먹으면 찰떡궁합이며 두툼한 시골두부는 동동주를 부르는 별미이다.

주소 고성군 현내면 현내면 화전포서길 76 **문의** 033-682-4856 **가격** 막국수 7,000원, 시골두부 5,000원, 수육보쌈 20,000원

주변볼거리

🚶 청간정

창건연대나 창건자는 알 수 없으나 중종 15년(1520년)에 간성군수 최정이 중수한 기록으로 봐서 그 이전에 축조된 정자로 추측한다. 1884년 소실된 것을 1928년 재건하였고, 1980년 해체복원하여 현재에 이른다. 정면 3칸, 측면 2칸의 누정은 12개의 돌기둥이 바치고 있다. 기암절벽 위 빼어난 경치를 품은 청간정에는 많은 사람의 현판글씨가 남아 있다. 숙종의 어제시와 양사언과 정철의 글씨 등과 청간정의 변천사를 약술한 청간정 중수기가 걸려있다. 누정에 올라서면 천후산과 설악산에서 발원하여 흘러내리는 청간천이 동해와 합류하는 옥빛 해변과 풍요로운 농경지 그리고 백사장이 한눈에 들어온다.

문의 033-680-3361 **주소** 고성군 토성면 동해대로 5110

Theme ✔ 테마와 관련된 연관볼거리

별장을 짓고 싶은 여행지

거제도 바람의 언덕

바람의 언덕은 거제도 남부면 갈곶리 도장포마을 북쪽 언덕에 위치한다. 원래 지명은 띠밭늘이었는데 2002년부터 바람의 언덕이라 불리며 많은 드라마촬영지로 유명해지면서 거제여행에서 빼놓을 수 없는 여행지가 되었다. 지형적으로 오목하여 아늑하며 마을 주변은 동백림과 나무테크로 정비가 잘 되어 있어 동백꽃이 가득한 봄이면 한 폭의 그림 같은 곳이다. 바람의 언덕 근처에는 해금강테마박물관과 신선대가 있어 함께 둘러보면 좋다.

부산 동백섬

부산 해운대는 매년 1,000만 명 이상의 관광객이 찾는 관광지로 한국팔경 중 하나로 꼽히는 명승지이다. 해운대해변을 주변으로 국내 특급호텔과 오락시설, 다양한 편의시설 그리고 고층빌딩 숲은 이국적인 휴양지를 연상시킨다. 부산갈맷길 제5코스 출발점이기도 한 동백섬을 느긋하게 산책하다 보면 APEC누리마루하우스, 야경사진으로 더욱 유명해진 센텀시티까지 만날 수 있는 걷기 좋은 길이다.

부안 채석강

격포해수욕장을 경계로 남쪽이 채석강, 북쪽이 적벽강으로 바위암벽이 아름다운 곳이다. 채석강 바위는 검지만 적벽강 바위는 붉은색을 띠는 점이 특이하다. 적벽강에는 해안 암반층뿐만 아니라 볼거리가 다양하다. 선캄브리아의 화강암, 편마암을 기저층으로 한 중생대의 백악기 지층으로 바닷물에 침식되어 퇴적한 절벽과 바닷물 침식을 받은 수성암층 적벽이 마치 수천만 권의 책을 쌓아놓은 것처럼 보인다. 군데군데 해식동굴까지 겹쳐져 자연의 신비와 경이로움에 감탄사가 절로 나온다.

Theme 04 쉽게 오르지만 쉽게 잊을 수 없는 감동
권금성

한라산, 지리산에 이어 세 번째로 높은 설악산(1,708m)은 백두대간의 중심부로 북으로는 향로봉, 남으로 점봉산과 오대산을 마주한다. 설악산은 내설악, 외설악으로 구분되며 내설악은 고찰 백담사를 비롯하여 대승폭포, 와룡폭포, 유달폭포 등과 구곡담, 가야동 등의 계곡을 품고 있다. 대청봉에서 동쪽으로 벋은 외설악은 울산바위, 천불동계곡, 비룡폭포, 토왕성폭포, 비선대, 와선대 등 폭포와 기암괴석 절경을 보여준다.

권금성을 편안하게 오를 수 있는
설악케이블카

케이블카를 타려면 설악산국립공원 탐방안내소에서 문화재 관람료를 내고 입장한 후 설악산소공원을 지나면 좌측에 설악케이블카 건물이 있다. 케이블카 운행시간은 계절별, 날씨별로 다르다. 방문객이 많은 시기에는 운행시간 훨씬 이전부터 사람들로 장사진을 이룬다. 건물 앞 광장에는 예전에 사용했던 구형케이블카를 전시해 두었다. 설악케이블카는 기상변동이 많은 지역 특성상 예약제도가 없으며, 당일 현장구매로만 이용할 수 있다.

보통 성수기에는 오전 7시 30분부터 운행하며, 매표는 30분 전부터 실행된다.

50인승 케이블카 2대를 운영하는데 성수기에는 5분, 비수기에는 10~15분 간격으로 탐방안내소와 권금성을 오간다. 1층 매표소에서 표를 구매한 후 2층 탑승장에서 타면 된다. 2층에는 카페와 기념품점도 있으므로 시간이 남는다면 차 한잔 들고 3층 전망대에 올라 노적봉을 올려다보는 것도 괜찮다. 설악케이블카를 타고 5분 정도면 권금성까지 오를 수 있는데, 케이블카 내에서 노적봉, 토왕성폭포를 볼 수 있다. 해발 700m에 있는 권금성에 오르면 멀리 울산바위의 웅장함을 조망할 수 있다.

토왕성폭포까지 보이는
권금성정상

케이블카가 권금성정류장에 도착하면 바로 권금성으로 향하기보다는 잠시 벤치가 있는 전망대에 올라 주변을 둘러본 후 천천히 오르는 것도 괜찮다. 전망대에서는 아슬아슬 줄에 매달려 오르내리는 케이블카, 속초시로 흐르는 쌍천 그리고 노적봉과 우측으로 토왕성폭포가 보인다. 케이블카에서 내린 사람들이 우르르 사라진 산길은 한적함이 느껴진다. 천천히 전망대를 내려와 권금성으로 향한다.

케이블카정류장에서 5분 정도면 오를 수 있는 권금성은 몽골의 침입에 대비해 세워진 산성으로 권씨, 김씨 두 장수가 하룻밤 만에 쌓았다 하여 권금성이라 부른다. 고려 고종 40년(1253년) 몽골이 침입했을 때 실제 백성들이 피난처로 사용했다는 기록이 남아있다. 예전의 산성 모습은 찾아보기 힘들고, 현재는 희미하게 돌담처럼 산성의 흔적만 남아 있다. 산길이 끝나고 전망이 열리는 곳에 서면 누구라도 감탄이 터져 나온다. 권금성 주변은 온통 바위로 뒤덮여 있는데, 신기하게도 몇 그루의 나무가 바람 부는 방향으로 가지를 뻗은 채 위풍당당하게 버티고 섰다.

외설악의 비경이 한눈에 펼쳐지는
봉화대

권금성정상 봉화대에는 태극기가 휘날리고, 바위에 기댄 채 서 있는 소나무 두 그루가 먼저 시선을 끈다. 온통 바위뿐인 척박한 환경에서 꼿꼿하게 뿌리내린 소나무가 이곳의 기상을 말해주는 듯하다. 바위를 위태롭게 쌓아 올린 듯한 봉화대정상은 보는 방향에 따라 형태가 달라 너도나도 셔터를 누르기에 바쁘다.

권금성정상에 서면 외설악 비경이 한눈에 펼쳐진다. 바로 앞에는 만물상이 펼쳐지고, 그 뒤로 공룡능선, 1,275봉, 나한봉, 마등령, 세존봉, 저항령, 황철봉까지 날씨가 좋다면 속초시내 너머 멀리 동해까지 조망할 수 있다. 정면에 우뚝 솟은 봉우리가 신선들이 하늘로 올라갔다는 전설이 전해지는 등선대를 품은 만물상이다.

수령 800년이 훌쩍 넘은
무학송과 조용한 암자 안락암

권금성 케이블카탑승장에서 오른쪽의 계단을 따라 5분 정도 내려가면 안락암과 무학송을 만날 수 있다. 안락암은 신라 진덕여왕 6년(652)에 자장율사가 신흥사의 모태인 향성사를 창건할 당시 세운 암자로 조망이 뛰어나 예부터 원효대사, 의상대사 등 많은 스님이 수행을 하였던 곳이다. 전망도 좋고 조용한 절이지만 권금성을 오른 사람 대부분은 이곳까지 내려오는 경우가 거의 없다.

안락암 바로 앞에는 수령 800년이 훌쩍 넘은 소나무 한 그루가 학이 춤추는 듯한 모습으로 서 있다. 무학송이라 부르는 나무로 절벽 위에 위태롭게 서 있는 모습에서 주변의 소나무와는 확연히 다른 기백이 느껴진다. 조용한 암자마당에서 노적봉과 토왕성폭포, 외설악의 비경을 실컷 즐겨보자.

속초팔경 중 하나로 손꼽히는
학무정

시간적 여유가 있다면 속초팔경 중의 하나인 학무정도 들려보자. 학무정은 설악산 가는 길목 도문동한옥마을 소나무숲 사이에 위치한다. 성리학자 오윤환이 1934년에 건립한 육각 모양의 정자로 사방에 각기 다른 이름의 현판이 걸려 있다. 안쪽에는 이곳의 경치를 한시로 읊은 11개의 시판과 학무정의 유래를 적은 학무정기도 걸려있다. 정자에 앉으면 송림 속 학무정의 운치를 제대로 느껴볼 수 있다. 정자 기둥 사이로 비치는 숲은 사각프레임 속 마치 한 폭의 풍경사진처럼 아름답게 보인다.

학무정 입구에는 망곡터라는 표시석이 보인다. 망곡터는 조선순조 때 선비 박지가 부친이 위독하자 단지수혈을 하고, 부친상 후에는 3년 동안 시묘살이를 했던 곳이다. 임금님 승하 후에는 돌로 제단을 쌓고 3년 동안 상복 차림으로 곡을 하며 제사를 지냈다는 곳이며 후손들이 세운 박지의 효자비각이 그 옆에 있다. 또한 학무정건립을 기념하기 위해 오윤환의 후손이 세운 학무정기념비도 보인다.

외설악에서 놓치면 안 되는
주요코스

외설악의 주요코스로는 설악동과 울산바위, 비룡폭포코스가 있다. 설악동코스는 비선대를 지나 철불동계곡을 오르는 코스로 계곡과 기암절경을 제대로 즐길 수 있다. 천불동계곡은 천 개의 불상이 있는 듯하여 붙여진 이름이다. 비선대까지는 3km, 1시간 코스로 가볍게 다녀올 수 있다.

울산바위코스는 단풍이 아름다워 가을철에 더욱 인기가 높다. 소공원에서 출발하여 흔들바위를 거쳐 계조암, 울산바위까지 약 3.8km 구간을 2시간 산행으로 올라 대청봉과 설악산 주요능선을 조망할 수 있다. 비룡폭포코스는 누구라도 쉽게 오를 수 있는 코스로 2.4km 구간을 1시간 정도면 오를 수 있다. 비교적 짧지만 설악산의 비룡폭포와 육담폭포를 감상할 수 있다.

여행 정보

찾아가는 길

🚗 동해고속도로 북양양TG 빠져나와 대조평교차로에서 설악산방면 좌회전 후 장재터로 따라 3.2km → 도문교 건너지 말고 좌회전 후 청봉로 따라 4.7km → 설악휴게소주차장

🚌 속초시외버스터미널 하차 → 시외버스터미널정류장에서 농어촌버스 7-1번(설악산행)버스 탑승 후 소공원정류장에서 하차(22개 정류장, 50분 소요) → 설악케이블카까지 약 160m 도보로 이동

이용안내

설악케이블카 문의 033-636-4300 **주소** 속초시 설악산로 1085 **운행시간** 07:00~18:00(성수기) 08:00~17:00(비수기) **왕복이용료** 성인 10,000원, 소인 6,000원 **홈페이지** www.sorakcablecar.co.kr **설악소공원주차료** 5,000원 **문화재구역입장료** 성인 3,500원, 중고등학생 1,000원, 어린이 500원

학무정 주소 속초시 도문동 상도문 1리

먹을거리

🍴 부부활어회센터

싱싱한 제철해산물을 맛볼 수 있는 대포항수산시장은 리모델링으로 시설이 깔끔해졌다. 풍부한 수산물을 활어회 수산시장보다 저렴하게 즐길 수 있다. 오징어물회, 세꼬시물회, 모둠물회에 해삼까지 들어있다. 스페셜메뉴는 계절마다 변화가 있는데 자연산 놀래미, 줄돔, 우럭 등으로 구성되어 색다른 풍미를 맛볼 수 있어 좋다. 서비스로 제공되는 물회에 소면이나 공깃밥을 말아 먹으면 새콤달콤한 맛이 입안에 착착 감긴다.

주소 속초시 대포동 963 대포수산시장 14호 **문의** 033-637-5554 **가격** 모둠회스페셜(170,000원), 모둠물회(시가)

주변볼거리

🚶 신흥사

Theme 테마와 관련된 연관볼거리

케이블카로 단숨에 오를 수 있는 명산

대구 팔공산케이블카

대구 팔공산은 영험한 기도처로 알려진 갓바위부처(관봉석조여래좌상)가 있는 산이다. 팔공산은 비로봉(1,192m)을 중심으로 동봉, 서봉과 병풍바위가 있다. 톱날능선의 화강암 바위길이 이어진 암릉등반과 동서관봉에서 가산까지 20km의 장쾌한 능선이 있어 많은 등산객들의 사랑을 받는다. 현재는 케이블카로 820m까지 오를 수 있어, 누구라도 가볍게 찾을 수 있는 곳이 되었다.

밀양 얼음골케이블카

밀양 얼음골은 천황산 북쪽 중턱 해발 600m 계곡에 자리하는데 삼복더위에도 얼음이 있을 정도로 신비로운 곳이다. 얼음골 바로 옆에는 영남알프스 천황산 하늘정원을 볼 수 있는 케이블카가 있다. 영남 얼음골케이블카를 타고 10분이면 정상의 하늘정원전망대에서 주변 산들과 풍광을 편안하게 조망할 수 있다.

미륵산 통영케이블카

통영항과 미륵산 한려수도를 조망할 수 있는 매력적인 코스이다. 케이블카를 타고 미륵산에 오르면 바다와 섬이 만나고 섬들이 마치 산줄기처럼 넘실거리는 한려수도의 풍경에 감탄이 절로 나온다. 미륵산 정상에서는 국내 최고의 일출을 볼 수 있으며, 한국인이라면 꼭 가봐야 할 '한국관광 100선'에 선정되었다. 날씨가 좋은 날에는 멀리 대마도까지 볼 수 있다.

자장율사가 신라 진덕여왕 6년(652)에 지금의 켄싱턴호텔 자리에 향성사로 창건하여 화재와 중건을 거쳐 지금의 신흥사가 되었다. 일주문을 통과하면 바로 통일대불 내원법당이 있고 사천왕문, 설선당, 극락보전, 명부전, 삼성각, 적묵당, 운하당, 보제루 등의 전각과 계조암, 안양암, 내원암 등의 부속암자가 딸린 천년 고찰이다. 일주문을 통과하면 바로 우측에 높이 14.6m, 좌대 높이 4.3m, 청동 108톤이 들어간 통일대불이 있다. 신흥사를 둘러보고 나오는 길에 켄싱턴호텔 맞은편의 향성사지삼층석탑(보물 제443호)도 챙겨보자.

Theme **05** 거문고 선율을 닮은 파도소리
속초등대전망대와 영금정

속초 제1경인 속초 등대전망대는 높이 10m로 1957년 처음으로 점등되었다. 등탑에 오르면 가깝게는 속초시가지와 동해의 죽도, 조도, 속초항과 속초시가지를 한눈에 내려다볼 수 있으며, 멀리 설악산의 장엄한 모습까지 볼 수 있다. 근처에는 영금정과 해돋이 정자, 동명항과 속초항 국제여객터미널이 있어 언제나 활기가 넘친다.

1957년 첫 불을 밝힌
속초등대

해변주차장에서 바라본 속초 등대전망대는 제법 가파른 철계단을 올라가야 해서 보기만 해도 아찔하다. 속초등대는 바닷가 암반 위에 안정적으로 지어져 있는데 마치 시멘트로 일부러 조성한 듯 암반이 잘 다듬어져 있다. 하지만 실상은 의도된 것이 아니라 일제강점기 이곳의 돌을 채석하여 속초항을 개발하면서

암반형태가 이렇게 변형된 것이라 한다. 200여 개의 철계단을 따라 5분 정도 오르면 속초등대전망대에 다다른다. 전망대 좌측에는 천사의 날개를 형상화한 듯한 조형물이 보이고, 멀리 조도와 영금정이 한눈에 들어온다.

속초등대는 1956년 착공하여 그 이듬해 6월부터 불을 밝히기 시작하였으며, 36km 떨어진 해상에서도 식별할 수 있다. 이곳에 해양항만 홍보관과 바다전망대가 들어서면서부터 속초를 찾는 여행자들의 해양관광명소로 자리하게 되었다. 속초등대전망대 2층은 영상관으로 파도치는 소리가 거문고 선율처럼 들린다는 영금정의 유래와 속초의 풍광을 영상으로 만날 수 있다. 3층은 홍보관으로 속초의 문화와 생활, 우리나라 대표적인 등대의 축소모형 등을 살펴볼 수 있으며, 4층 전망대는 속초 시가지모형을 통해 육안으로 보이는 속초의 궁금한 곳을 바로 알 수 있다.

전망대에서 바라본
속초시와 동해 풍경

옥상전망대로 오르면 속초시와 설악산, 동해가 360도 파노라마로 사방에 펼쳐진다. 북쪽으로는 중청봉, 소청봉, 울산바위까지 조망할 수 있으며, 장사항과 영랑해변도 막힘없이 보인다. 동해 쪽으로 영금정과 동명항, 속초항 국제여객터미널 그리고 멀리 조도와 외옹치까지 한눈에 들어온다. 멀리 청초호 방향을 보면 청초호와 금강대교 아래 아바이마을도 볼 수 있다.

날씨가 좋은 날은 속초시를 감싸고 있는 설악의 풍
광도 감상할 수 있다. 등대 앞으로 끝없이 펼쳐진
동해를 만끽할 수 있고, 볼을 간질이는 바람이 있
어 좋다. 속초시 전경은 이곳 등대전망대 외에도
청초호 엑스포타워의 전망도 권할 만하다. 속초 등
대전망대에서 내려오면 자잘하게 쪼개진 바위와
그 앞으로 넓은 암반이 보인다. 아마도 작은 바위
들은 돌산에서 채석한 바위 조각들일 것이다. 해변
에서 보면 방파제 너머 바다에 세워진 영금정과 구
름다리 끝에 서 있는 영금정이 보인다. 상가와 횟
집이 즐비한 영랑해안길 200m 정도를 걷다 보면
동명항 못미처 왼쪽에 영금정이 있다.

거문고 소리처럼 들리는 파도소리
영금정

영금정(靈琴亭)은 일제강점기 속초항 개발로 주변
이 많이 훼손되었지만 여전히 아름다운 곳이다. 조
선시대 문헌에 따르면 이곳 일대는 선녀들이 내려
와 신비한 곡조를 즐기며 목욕했다고 전해져 비선
대라 불렸을 만큼 경치가 빼어난 곳이다. 실제 암
벽 사이로 부딪히는 파도소리가 마치 거문고를 타
는 소리 같다 하여 영금정이라는 이름도 더해졌다.
영금정 입구에서 직진하면 바다 쪽 영금정, 좌측
계단을 오르면 암반 위 영금정이 보인다. 영금정
입구에서는 동명항과 영금정의 옛 모습을 사진으
로 만날 수 있다. 영금정 위로 오르면 시원하게 펼
쳐진 해변경관과 방파제 바위에 세워진 해돋이정
자가 한눈에 들어온다. 파괴되기 이전 바위산 정상
의 괴석들은 마치 정자처럼 보였으며, 파도가 부딪
칠 때면 신비한 곡조가 들렸다고 한다.

일출이 아름다운
동명항

동명항은 속초시 동북쪽에 있는 속초 항의 작은 항구이다. '동해에서 해가 밝아오는 항구'라는 뜻을 담고 있으며, 해안도로를 따라 일출이 아름다운 항구이다. 국제여객터미널인 속초항과 함께 있어 작은 고깃배는 물론 화물선이나 러시아, 중국을 오가는 커다란 유람선도 볼 수 있다. 약 500m의 방파제에서는 바다낚시도 즐길 수 있다.

방파제 인근에는 배모양을 연상케 하는 동명활어회센터가 있어 동해바다를 옮겨놓은 듯 싱싱한 활어회를 맛볼 수 있다. 특히 입구부터 진동하는 튀김향에 이끌리다보면 자연스럽게 음식점 앞에 멈춰 서게 된다. 어시장 좌판에서 회를 떠 방파제에 앉아 먹는 것도 별미이다. 방파제 끝에는 선이 예쁜 빨간 등대가 있어 사진을 찍기에 좋은데, 이곳은 낮뿐 아니라 밤에도 아름다운 항구이다. 동명항 앞바다에는 아주 작은 섬 조도가 있다. 해송과 대나무 등이 자생하며 300여 마리의 조류가 서식하고 있고, 섬 가운데에 하얀 등대가 서 있다.

여행 정보

찾아가는 길

🚗 동해고속도로 속초TG 빠져나와 속초방면 우회전 후 미시령로 따라 7km → 동명동사거리에서 속초시청방면 우회전 후 370m → 수복탑사거리에서 좌회전 후 중앙로 따라 830m → 영금정주차장으로 진입

🚌 속초고속버스터미널 하차 후 고속버스터미널정류장까지 도보이동(350m, 5분 소요) → 농어촌버스 7-1번 탑승 후 수복탑정류장 하차(11개 정류장, 15분 소요) → 영금정까지 도보이동(620m, 10분 소요)

이용안내

속초등대전망대 문의 033-633-3406 **주소** 속초시 영금정로5길 8-28 **이용시간** 09:00~17:30(하절기), 09:00~16:30(동절기)/**등대개방시간** 06:00~18:00(하절기), 07:00~17:00(동절기) **입장료** 없음 **영금정 문의** 033-639-2365 **주소** 속초시 영금정로 43 **동명항 주소** 속초시 동명항길 35(동명동)

먹을거리

🍴 속초해녀전복뚝배기

상호에서부터 바닷내음이 가득한 해녀 뚝배기집은 인공조미료를 사용하지 않고 신선한 바다를 고스란히 뚝배기에 담았다. 속초 해녀가 직접 따온 섭(홍합)이 한묶음하고 살아있는 전복과 9가지 싱싱한 해물은 맑고 시원하게 어우러져 입맛을 사로잡는다. 특히 뚝배기와 함께 나오는 오징어비빔장은 이집만의 별미이다. 호박씨, 땅콩 등 각종 견과류와 버무린 오징어젓갈은 더할 나위 없는 밥도둑이다.

문의 033-635-5157 **주소** 속초시 영랑해안길 9

주변볼거리

🚶 영랑호

속초시 금호동에 위치한 자연호수 영랑호는 둘레 7.8㎞, 면적 1.21㎢, 수심 8.5m로 해수와 담수가 끊임없이 유입되는 깨끗한 호수이다. 속초처럼 청초호와 영랑호 두 자연호수가 나란히 발달한 석호 지역은 극히 드물다. 석호는 바다와 떨어져 있지만, 바닷물이 내륙으로 들어왔다가 갯터짐 현상으로 바다와 분리되어 만들어진 호수를 말한다. 영랑호 주변은 마라톤코스가 있을 정도로 드라이브 길과 함께 조성이 잘되어 있다. 또한, 영랑호를 따라 건강의 길, 가족의 길, 등용문의 길, 화랑의 길, 연인의 길, 성찰의 길 등 다양한 테마가 반영된 길들이라 걷는 즐거움도 있다.

문의 033-639-2545 **주소** 속초시 금호동일대

Theme ✔ 테마와 관련된 연관볼거리

풍경 좋은 전망대

세종 밀마루전망대

밀마루는 연기군 남면 증촌리의 옛 지명으로 낮은 산동성이를 뜻하며, 밀마루전망대에 오르면 세종시 전체를 한눈에 조망할 수 있다. 2009년 개관한 밀마루전망타워는 높이 42m로 초속30m의 바람이 불면 데크부가 좌우로 8.5cm 정도까지 움직인다고 한다. 전망대는 전면 유리로 되어 있어 360도 돌아가며 세종시 전체를 편안하게 감상할 수 있다.

장흥 정남진전망대

장흥군 우산도에 있는 정남진전망대는 높이 46m로 지하 1층, 지상 10층 규모이다. 서울의 정남쪽인 장흥군은 대륙의 기운과 해양의 웅비가 조화롭게 교차하는 희망의 상징이다. 날씨가 좋은 날에는 멀리 득량도와 소록도, 거문도까지 조망할 수 있다. 1층 정남진 홍보전시관에서는 장흥의 명소를 살펴볼 수 있다.

부산 롯데백화점 옥상정원전망대

CNN이 선정한 아름다운 분수이자 세계에서 가장 큰 실내음악분수가 부산롯데백화점(광복점)에 있으며, 옥상정원에서 부산항을 사방으로 볼 수 있다. 옥상정원은 11~13층으로 자연스럽게 연결되어 동물원, 정원, 부산항과 영도, 용두산, 자갈치, 중앙동까지 막힘없는 풍경을 조망할 수 있다. 가깝게는 용두산공원과 남항대교, 영도대교, 부산대교, 영도, 국제여객터미널 등이 시원하게 눈에 들어온다.

Theme 06 실향민의 바람과 연인들 낭만이 가득한
속초 아바이마을

속초 아바이마을은 청호대교북단 해안마을로 1953년 휴전선이 생기면서 고향으로 돌아가지 못한 이북피
난민들이 청초호 모래톱에 움집을 짓고 살면서 형성된 마을이다. 청호대교가 생기면서 교통이 편리해졌지
만 지금도 예전 교통수단이던 무동력 갯배를 이용하고 있으며, 드라마 <가을동화> 촬영지로 알려지면서
많은 관광객이 찾는 명소이다.

낭만을 실어 나르는
무동력 갯배

국내 유일의 갯배 청호도선은 청호동에서 중앙
동을 오가는데 매일 오전 4시 30분부터 오후 11
시까지 수시 운행된다. 자동차로 움직일 때는
선착장 인근이 매우 복잡하여 주차할 공간이 부
족하므로 인근 바닷가 쪽에 주차를 한 후 도보
로 이동하는 것이 좋다. 갯배는 수시로 운행되
므로 기다릴 필요 없이 편도 200원을 준비하여

곧바로 탈 수 있다. 무동력 FRP(섬유강화플라스틱)선을 개조한 갯배는 청호1, 2호 총 2대가 수시로 오가는데 승선 인원은 35명이다.

갯배를 올라타면 선원 두 명이 쇠갈고리로 와이어로프를 당겨 배를 움직인다. 승선거리는 50m 정도로 배를 타고 1~2분 정도면 목적지에 도착한다. 드라마 〈가을동화〉에서 서로 다른 갯배를 탄 주인공이 안타깝게 교차하는 장면이 촬영되었던 곳이다. 갯배에서 내려 반대편 다리 밑에 앉아 계시는 분께 요금 200원을 지불하면 된다. 돌아나갈 때도 이곳에서 돈을 내고 타면 된다.

고소한 기름향 가득한
아바이마을 골목길

아바이마을에 도착하면 아바이순댓집에서 풍기는 고소한 기름냄새가 누구보다 먼저 반긴다. 곧장 마을로 들어가기보다는 도로 아래쪽에 전시된 실향민의 향수와 드라마 〈가을동화〉의 흔적부터 둘러보는 것이 좋다. 입구에는 문화관광해설사가 있어 '어르신이 들려주는 아바이마을'이라는 주제로 마을이야기를 들을 수 있다(매주 화~일요일 10:00~16:00). 오른쪽으로 〈가을동화〉의 주인공 송승헌, 송혜교와 기념사진을 찍을 수 있는 포토존이 있고, 그 옆에는 옛 기억을 끄집어내듯 〈가을동화〉가 상시 상영되고 있다. 또한, 수복 이후 피난민들이 거주하면서 형성된 아바이마을과 당시 생활모습도 살펴볼 수 있다. 굴다리라 음침할 것 같은 공간은 벽화가 곱게 그려져 있어 생동감이 넘친다.

드라마와 예능프로그램으로
더욱 유명해진 마을

청호동 아바이마을은 〈가을동화〉 촬영지로 알려지면서 인기 관광지가 되었으며, 하나둘 생겨나기 시작한 순댓집이 거리를 형성하면서 먹거리도 풍성해졌다. 마을에서 처음 만나는 집은 드라마에서 슈퍼마켓으로 나왔던 '은서의 집'으로 현재는 순댓집으로 운영된다. TV 유명세를 반영하듯 여기저기 간판이 내걸렸는데, 〈1박 2일〉과 〈아빠 어디가〉 등에 소개되었음을 알리고 있다.

코로 전해지는 순대부침 냄새를 뒤로하고 골목을 벗어나 설악대교 쪽으로 나오면 청초호와 속초의 상징물인 엑스포타워가 보인다. 설악대교 양쪽에는 엘리베이터가 설치되어 갯배를 타지 않더라도 다리를 건너 쉽게 오갈 수 있다. 아바이마을은 주민 대다수가 어업에 종사하기 때문에 호수 안쪽에는 고깃배들이 정박해 있다. 바다 쪽으로 걷다 보면 백사장이 나오는데 이곳은 〈가을동화〉에서 태석이 은서의 병을 낫게 해달라고 기도하던 장면이 촬영된 곳이다. 항만에 접한 작은 마을은 상호부터 함남, 북청 등 함경도 지역명을 붙인 가게가 많다.

속초의 명물
아바이순대와 닭강정

아바이마을까지 왔다면 속초의 별미 오징어순대를 놓치면 안 된다. 한국전쟁으로 실향민이 된 마을 사람들이 돼지창자대신 오징어를 이용한 것이 아바이순대의 기원이 되었다고 한다. 실향민 음식으로 알려진 전통 아바이순대는 돼지의 대창 속에 여러 가지 부재료와 익힌 찹쌀밥, 선지 등을 잘 버무린 소를 넣고 쪄서 먹는 음식이다.

속초에는 아바이순대 외에도 꼭 먹어봐야 할 음식이 있다. 전국 3대 닭강정으로 알려진 인천의 신포, 영월의 일미 그리고 속초의 만석닭강정이 있다. 본점은 속초엑스포 근방에 있고, 분점이 갯배 타는 곳에서 5분 거리인 속초관광수산시장(중앙시장) 내에 자리하고 있다. 유명한 집인 만큼 사람이 많으면 대기시간이 길어지는 것은 어쩔 수 없지만 수산시장 대로변 건너 대형주차장 앞에 분점 2호점도 있으므로 참고하자.

🚶 여행 정보

찾아가는 길

🚗 서울양양고속도로 양양TG 빠져나와 속초방면 우회전 후 설악로 따라 4.7km → 청곡교차로에서 고가차도 진입 후 동해대로 따라 12.3km → 속초시선거관리위원회에서 우회전후 설악금강대교로 따라 1.3km → 설악대교지나자 마자 오른쪽으로 빠져 아바이마을로 진입 → 갯배선착장까지 들어가면 혼잡하므로 주차공간 확인하면서 진입

🚌 속초고속버스터미널 하차 후 고속버스터미널정류장까지 도보이동(355m, 5분 소요) → 농어촌버스 7-1번 탑승 후 우체국정류장 하차(9개 정류장, 15분 소요) → 갯배선착장까지 도보이동(185m, 3분 소요)

이용안내

아바이마을 주소 속초시 청호동 아바이마을 1076 **갯배이용료** 대인 500원, 소인 300원 **이용시간** 04:30~23:00 **귀띔 한마디** 속초시내에 접어들면 갯배타는 곳이라는 이정표를 쉽게 찾아볼 수 있다.

만석닭강정 주소 속초시 청초호반로 72 **문의** 1577-9042 **운영시간** 10:00~20:00 **가격** 닭강정 18,000원, 후라이드 15,000원

먹을거리

🍴 유진이네

아바이마을에 오면 꼭 먹게 되는 아바이순대는 속초를 대표하는 맛으로 대부분 2대에 걸쳐 운영하는 집이 많다. 아바이마을 골목초입에 자리한 유진이네는 어머니가 실향민으로 2대에 걸쳐 운영하고 있다. 속이 꽉찬 오징어순대는 보기만 해도 군침이 도는데 옆구리가 터지는 걸 방지하기 위해 달걀옷을 입혀 더욱 맛있다. 피가 얇고, 속이 꽉찬 아바이순대 역시 갖은 양념과 찹쌀이 들어 있어 고소하다. 모듬순대 한 접시면 한 끼식사로도 든든하다.

문의 033-632-2397 **주소** 속초시 아바이마을길 27-11 **가격** 오징어순대 또는 아바이순대 小 12,000원, 大 32,000원, 모듬 小 23,000원, 大 43,000원

주변볼거리

🚶 청초정

청초호 해상보행교 끝에는 팔각정자 청초정이 세워져 있다. 야경이 아름다워 사진작가들의 출사지로 먼저 알려진 곳이다. 호수 가운데 청초정의 야경사진을 제대로 담으려면 일몰 후 30분 정도 지난 시간(매직아워)을 기억해야 한다. 비록 해는 져서 어둡지만, 하늘은 파랗고 호수 또한 하늘반영으로 파랗게 촬영되는 시간이기 때문이다. 거기에 다리 사이로 촘촘히 비치는 조명이 어우러지면 이국적인 풍경을 담을 수 있다. 정자에 앉아 바다 같은 호수를 감상하며, 조용한 사색을 즐길 수 있다. 청초호 호수공원 앞은 나무들이 많아 산책하기 좋으며, 바로 앞에 석봉도자기미술관도 있어 함께 둘러보기 좋다.

문의 033-637-4504 **주소** 속초시 엑스포로 75

테마가 있는 마을

담양 삼지천마을

아시아 최초의 슬로시티로 지정된 삼지천마을은 동쪽에는 월봉산, 남쪽에는 국수봉, 마을 앞으로는 삼지천이 흐른다. 마을 형국이 마치 봉황이 날개를 뻗어 감싸 안은 듯한 모습으로 삼지천마을은 조선 후기 시대부가옥이 잘 보존되어 있으며, 돌과 논흙을 사용한 옛 돌담길, 창평슬로푸드 전통장류와 창평쌀엿, 한과, 창평국밥 등이 유명하다. 삼지천마을 내에서 빼놓지 말고 둘러볼 고택은 고재욱가옥, 고정주고택, 고재환가옥, 고재선가옥과 마을 끝에 있는 남극루이다.

부산 매축지마을

부산 동구 범일동 매축지 마을은 일제강점기 부산항의 바다를 메워 탄생한 매립지이다. 부산에 남은 마지막 매축지로 매축지마을은 일제강점기 시절의 주택형태가 아직도 남아있어 마치 시간이 멈춘 듯한 분위기도 있다. 마을은 전체적으로 고단한 삶의 흔적이 느껴지지만, 손을 뻗으면 바로 옆집과 소통할 수 있을 것 같은 정겨운 공간이 함께한다. 이곳은 유명영화촬영과 다큐멘터리 3일에도 소개되면서 여행자들이 찾고 있다.

공주 소랭이마을

공주시 정안면에 위치한 소랭이마을은 7개 마을로 구성되어 있으며 '쇠가 많이 나는 골짜기'라는 뜻을 담고 있다. 마을의 80%가 산이라 밤 생산농가가 많다. 소랭이활성화센터로 운영되는 월산초등학교는 2008년 폐교된 건물을 리모델링한 것이다. 100명을 동시 수용할 수 있는 세미나시설과 숙박시설을 갖추고 있어 수련회, 단체야유회, 체육대회 등을 개최할 수 있는 다목적공간이다. 최근에는 동창회 모임과 추억을 떠올릴 수 있는 프로그램도 제공한다.

Theme 강원도 3대 미항 중의 하나인

남애항

강원도 7번 국도인 낭만가도에서 만나는 남애항은 많은 수식어를 지니고 있다. 강원도 3대 미항 중 한 곳이고 영화 <고래사냥>과 드라마촬영지로 알려졌으며, 양양지역 내에서는 유일하게 수산물위판이 이뤄지는 항구이다. 근처 남애3리 해수욕장은 길이 1.3km, 폭 100m의 백사장에 수심이 얕고 완만하며 모래가 고와 한적한 여름피서지로 안성맞춤이다.

동해의 새벽을 여는
남애항

동해고속도로 현남 IC를 나와 7번 국도를 달리다 보면 만나는 남애항은 양양군에서 가장 큰 항구로 강릉 심곡항, 삼척 초곡항과 함께 강원도 3대 미항이라 불린다. 남애항은 송이로 유명한 양양답게 등대 모양도 마치 송이버섯을 닮았다. 남애항은 일출명소로 손꼽히는 곳이라 서둘러 일출을 본 후 남애항 위판장의 경매현장도 둘러보

면 좋다. 밤샘조업을 마친 고깃배들이 만선의 기쁨을 안고 속속 항구로 모여든다. 막 도착한 고깃배들과 공판을 끝낸 배들이 분주하게 항구를 오가고, 위판을 마친 활어차량은 도심까지 싱싱한 활어를 실어 나를 준비를 마친다. 남애항 수산물경매는 계절별로 차이는 있지만, 사시사철 문어만은 빠지지 않는다고 한다.

방파제 앞은 작은 소공원으로 깔끔하게 조성되어 있다. 멀리 정자도 보이고, 마을주민들을 위한 운동기구도 갖추었다. 방파제에 그려진 그림은 전체적으로 파도가 치는 바다를 표현했는데, 해변의 모습과 남애항 해돋이, 양양군의 꽃 해당화 등을 곱게 타일벽화로 담았다. 공원 한쪽에는 남애항표시석과 이곳이 〈고래사냥〉 촬영지였음을 알리는 영화표시석이 있다. 남애항은 영화뿐만 아니라 드라마촬영지로도 유명하다.

발아래로 동해바다가 펼쳐지는
스카이워크

남애항의 또 다른 볼거리는 방파제가 뻗어있는 입구 쪽 스카이워크이다. 소나무로 둘러싸인 이곳은 방파제가 들어서기 전 조선시대에는 양야도라는 섬으로 불렸으며, 당시 섬의 봉수대가 있던 자리에 스카이워크가 설치되었다. 스카이워크에 올라서면 눈앞으로 동해가 펼쳐지고, 뒤로는 남애항과 그 너머 백두대간 능선이 한눈에 들어온다. 남애항이 위치한 남애리는 양야산봉수대가 있던 양지바른 포구마을이라는 의미의 양야진리였는데, 일제강점기를 거치며 남쪽 물가라는 뜻의 한자식 마을이름 남애리로 변경되었다.

양양군 남쪽 끝머리의 남애항은 동해이면서도 남쪽을 향해 항구가 열려 있으며, 송이버섯 모양의 빨간 등대 위로 떠오르는 일출은 동해를 대표하는 그 어느 일출 못지않게 아름답다. 강릉 정동진, 동해 추암과 더불어 동해안을 대표

하는 일출명소이지만 두 곳이 워낙 유명해지면서 남애항 일출은 아는 사람만 찾는 곳이 되었다. 멀리 소나무로 둘러싸인 송림을 보면 유독 우뚝 솟은 소나무 한 그루가 시선을 잡아챈다. 좌측으로 물이 맑아 바닷속까지 훤하게 보인다는 남애3리 해수욕장이 펼쳐진다.

7번국도 낭만가도
해안길과 해수욕장

낭만가도라는 이정표가 있는 곳에서 산으로 향한 좁은 계단을 5분 정도 올라가면 서낭당과 전망대가 있다. 나무들이 시야를 가려 생각보다는 조망이 좋지 않지만, 반대쪽 양야도의 스카이워크가 한눈에 들어온다. 앞쪽에는 갯바위들이 제멋대로 펼쳐져 있고, 양야도에서 봤을 때는 소나무가 많아 보였지만 이곳에서 떨어져 보면 10여 그루의 소나무에 둘러싸인 모습이다.

시원한 바닷소리와 천혜의 자연경관을 즐길 수 있는 동해안 낭만가도는 북쪽으로는 속초를 지나 고성까지 이어지고, 남쪽으로 강릉, 동해를 거쳐 삼척까지 이어지는 멋진 드라이브코스이다. 낭만가도라는 이정표 너머로 남애3리 해수욕장이 자리한다. 남애리에는 3개의 해수욕장이 있는데, 북쪽으로 해변길이 2km의 큰 남애해수욕장이 있고, 남쪽으로 해변길이 600m의 아담한 남애1리 해수욕장이 있다. 남애3리 해수욕장은 두 해수욕장 사이에 자리하고 있다. 해변길이 1.3km에 폭 100m의 백사장은 소박하지만 완만한 해안선과 고운 모래로 가족 단위 피서객들에게 인기가 높은 해수욕장이다.

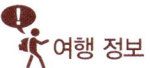

여행 정보

찾아가는 길

🚗 동해고속도로 남양양TG 빠져나와 지경사거리에서 양양 방면 좌회전 후 동해대로 따라 3km → 남애항삼거리에 서 남애항방면 우회전 후 100m → 남애항 이정표 확인하 면서 매바위길 좌회전 후 600m → 남애항 주차장

🚌 양양고속시외버스터미널 하차 후 지경리행 일반버스 12 번 탑승 후 남애4리정류장에서 하차(32개 정류장, 80분 소요) → 남애항까지 도보이동

이용안내

문의 남애1리 어촌계 033-671-7690, 남애2리 어촌계 033-671-7746 **주소** 양양군 현남면 남애리일대

먹을거리

🍴 어촌횟집

남애항 근처는 항구마 을답게 횟집이 즐비하 다. 어촌횟집은 벽면 가 득 채워진 다녀간 사람

들의 흔적에서 신뢰가 느껴지는 곳이다. 이른 아침부터 식 사할 수 있어 남애항일출을 본 후 싱싱한 자연산회를 먹 을 수 있다. 자연산회를 시키면 어죽과 물회는 서비스로 나온다. 가자미로 만든 물회는 야채와 함께 밥과 국수가 나오므로 식성에 따라 말아먹어도 좋다. 새콤달콤한 양념 장과 칼칼하고 시원한 국물이 입맛을 제대로 살려준다.

문의 033-671-8898 **주소** 양양군 현남면 남애리 매바위 길 107-1 **가격** 물회 15,000원, 회덮밥 15,000원

주변볼거리

🚶 양양휴휴암

이름 그대로 쉬고 또 쉰다는 뜻이며 어리석 은 마음, 시기와 질투, 증오와 갈등 등 팔만 사천번뇌를 내려놓을

수 있는 곳이다. 불이문을 지나면 묘적전, 다라니굴법당이 나란히 있고, 가운데 석탑과 요사채 그리고 비룡관음전이 자리한다. 조금 떨어진 곳에 관음범종과 바다를 등지고 거 대한 지혜관세음보살이 서 있다. 창건한 지 얼마 안 된 이 절이 유명해진 건 바다에 누워있는 관세음보살 형상 바위 와 그 주변으로 수만 마리의 황어가 몰려들면서부터이다. 연화법당 끝에 동해해상용왕단이 있고, 그 뒤로 거북이로 화현한 남순동자가 엎드려 기도하는 모습을 볼 수 있다.

문의 033-671-0093 **주소** 양양군 현남면 광진2길 3-16

Theme ✓ 테마와 관련된 연관볼거리

낭만 가득한 포구해변

제주 화북포구

제주시 동북부의 화북포구를 중심으로 형성된 전형적인 제주 해변 마을로 별도봉과 사라봉이 나란히 있으며 동 쪽으로 원당봉을 끼고 있다. 제주4.3사건 때 일부 마을이 전소되는 아픔도 겪었으며, 비석거리, 화북진성, 해신사, 별도연대, 환해장성 등 마을 내 문화유적이 많다. 화북포 구는 조천포구와 더불어 제주의 관문이었다. 1737년(영조 13) 항만이 풍랑으로 자주 파손되자 제주목사 김정이 몸 소 돌을 날라 방파제와 선착장을 축조하였다고 한다.

서천 마량포구

마량포구의 일출과 동백정 일몰은 서 천팔경 중 제1경에 속하는 풍경이다. 마량포구는 봄이면

주꾸미축제, 여름엔 광어축제, 가을엔 전어축제로 유명한 곳이다. 서천군에서 바다 쪽으로 꼬리처럼 튀어나온 끄 트머리에 있는 땅끝과 바다가 맞닿는 자그마한 포구로 서천의 끝자락이다. 당진 왜목마을처럼 서해에서 12월 중 순부터 60일 동안 일출을 볼 수 있는 곳으로도 유명하다. 해안도로 일대 어디서든 그 모습을 볼 수 있어 연말연 시에 특히 많은 관광객이 붐빈다.

부산 서암마을포구

전형적 어촌마을인 서암마을 포구에 서면 이색적인 등 대가 먼저 눈길을 잡는다. 젖병등대,

장승등대, 닭벼슬등대, 월드컵등대, 기장군 일광면 칠암 에 있는 야구등대까지 10여 개의 독특한 등대가 세워져 있다. 항구도시 부산은 등대도시라 해도 과언이 아닐 정 도로 750여 개의 등대가 부산바다를 지키고 있다. 과거 항로만 표시하던 부산의 등대가 독특한 디자인에 스토리 텔링까지 붙으면서 색다른 볼거리를 안겨준다.

Theme 08 암석해안 노송과 등대가 어우러진
하조대와 스카이워크

명승 제68호로 지정된 하조대는 7번 국도 드라이브코스에서 빼놓을 수 없는 곳이다. 조선초 문신 하륜과 조준이 이곳에 잠시 은거하였다 하여 두 사람의 성을 따 하조대(河趙臺)로 불렀다고 전해진다. 하조대에는 굴도리양식의 육모정이 있고, 바로 앞 기암절벽에는 백년송이 한 폭의 그림처럼 자리한다. 하조대 반대편에는 무인등대가 있는데 이 사이로 떠오르는 해는 장엄하여 일출명소로 꼽힌다.

주변풍광과 잘 어우러진
하조대

하조대 입구는 좁으므로 성수기에는 주차하기가 쉽지 않다. 주차장에서 왼쪽은 등대 가는 길, 오른쪽 계단은 하조대로 오르는 길로 5분 정도면 하조대를 만날 수 있다. 동해안 해변은 철책이 분단의 아픔을 느끼게 하지만 예전에 비하면 많이 걷어낸 것이다. 하조대 쪽에도 흔적이 남아있지만, 철문은 활짝 열려있다.

철문을 지나면 양쪽으로 울창하게 뻗은 노송이 이곳의 역사를 말해준다. 하조대 앞 바위에는 암각으로 '河趙臺'라는 글씨가 또렷한데, 조선숙종 때 참판을 지낸 이세근의 글씨라고 전해진다. 하륜과 조준에서 유래됐다는 하조대에는 다른 일화도 있는데, 하씨 집안 총각과 조씨 집안 처녀가 사랑을 이루지 못해 이곳에서 몸을 던졌다는 이야기도 전해진다. 안타까운 사랑이야기를 전하듯 바위와 소나무가 마치 한몸처럼 어우러져 있다.

조선정종 때 처음 정자를 건립하여 수차례 중수를 거듭하다 1940년 팔각정으로 중건하였다. 한국전쟁 때 불탄 것을 1968년 재건하고, 1998년 해체복원하면서 굴도리 양식 육각정으로 지어 오늘에 이른다. 지붕 한가운데에 절병통을 얹어 주변풍광과도 잘 어우러진다. 정자 내 택당이식과 백현이경석의 하조대를 읊은 시가 걸려 있다.

기암절벽 위 기막힌 노송 한 그루
애국송

정자를 둘러싼 소나무들은 호위하듯 육각정을 감쌌고, 그곳에서 내려다보는 기암절벽 위 노송은 형언할 수 없도록 아름답다. 방송국에서 정규방송을 시작하거나 끝낼 때 애국가를 방송하는데, 과거 애국가 배경화면으로 이 소나무가 나와 애국송이라 불린다. 마치 깃발처럼 서 있는 해송 위로 떠오르는 일출을 상상해본다.

노송은 기암절벽에 뿌리를 내려 척박할 수밖에 없는 환경에서 해풍과 씨름하며 200년이 넘는 세월을 인고했다. 손을 뻗으면 마치 닿을 듯하지만 쉽게 다가갈 수 없는 거리, 자연은 늘 가까이 있지만 쉽게 다가오지 않는다. 우리의 삶도 이렇듯 욕심을 부리면 뭐든 가질 수 있을 것 같지만 결코 녹록치 않음을 되새겨 본다.

절경 위에 자리한
하얀 등대

하조대에서 내려와 왼쪽 무인등대를 보러 가는 길, 길 아래 너와집 카페가 보이고, 관광안내소도 새로 생겼다. 데크로 정리된 길을 걷다 보면 양쪽으로 비경이 펼쳐진다. 한쪽은 검푸른 파도가 바위에 부딪치며 포말

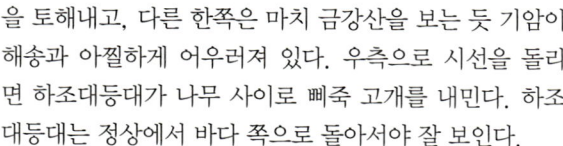

을 토해내고, 다른 한쪽은 마치 금강산을 보는 듯 기암이 해송과 아찔하게 어우러져 있다. 우측으로 시선을 돌리면 하조대등대가 나무 사이로 삐죽 고개를 내민다. 하조대등대는 정상에서 바다 쪽으로 돌아서야 잘 보인다.

파란 하늘과 하얀 구름 그리고 하얀 등대가 절묘하게 어우러져 절로 감탄이 나온다. 반대편에는 하조대 애국송이 또 다른 느낌으로 눈에 들어온다. 마치 기암이 나무를 품은 것처럼 보인다. 등대 아래에는 해당화가 곱게 피어 해맑은 미소를 짓고 있다. 바다, 꽃, 하얀 등대 그리고 몸을 휘감는 바람이 있어 마음마저 평화로워지는 곳이다.

발아래 펼쳐진 절경
스릴 넘치는 스카이워크

양양군에서는 낭만가도를 조성하면서 남애항, 수산항, 용호리, 하조대 등 4곳에 바다전망대를 설치하였다. 해안절경을 좀 더 가깝고 시원하게 감상할 수 있으며, 스카이워크로 스릴까지 즐길 수 있다. 하얀 등대를 둘러보고 나오는 길, 일부러 신경 쓰지 않으면 하조대전망대를 놓치기 쉽다. 하조대를 나와 삼거리에서 하조대해수욕장 가는 방향으로 우회전하여 어촌계회센터를 지나 방파제 못미처 오른쪽에 위치한다.

데크로 잘 조성된 계단을 오르다 위를 쳐다보면 마치 우주선을 타러 가는 느낌이다. 관람료 없이 한가롭게 즐길 수 있는 공간으로 올라가면 등대모양의 스카이워크가 보인다. 완전히 유리바닥이 아니므로 고소공포증이 있다 하더라도 생각보다는 무섭지 않다. 우측으로 하조대등대가 보이고, 발아래 펼쳐진 방파제 앞 바위는 마치 악어의 등껍질 같은 느낌이다. 이와 비슷한 절경이 지천으로 깔린 곳이 동해안으로 잠시만 서 있어도 어느새 살갗에 닿은 바람이 이마에 맺힌 땀을 씻어준다.

여행 정보

찾아가는 길

🚗 동해고속도로 하조대TG 빠져나와 하조대방면 동해대로 따라 3,6km → 하조대 어성전 방면 오른쪽 길로 나와 바로 좌회전 후 1km 하륜길 따라 하조대 주차장으로 진입

🚌 하조대시외버스터미널 하차 후 농어촌버스 7번 탑승 후 하광정리정류장 하차(1개 정류장, 10분 소요) → 하조대전망대까지 도보이동(520m, 10분 소요)

이용안내

하조대 문의 하조대 소초 033–673–9735 **주소** 양양군 현북면 조준길 99 **운영시간** 일출 30분 전~20:00(하계), 일출 30분 전~17:00(동계)/연중무휴

하조대전망대 주소 강원도 양양군 현북면 하륜길 56

먹을거리

🍴 삼팔횟집

기사문해수욕장 인근에 자리 잡은 횟집이다. 입구에 놓인 수조시설에 각종 해산물이 담겨 있

어 규모부터 남다르다. 양양군 수협수매인이 운영하는 횟집이라 더 저렴하고 푸짐하게 먹을 수 있다. 회는 주문과 동시에 바로 잡아주며, 해산물회, 초밥 등 다양한 곁들이 반찬이 나온다. 얼큰하고 시원한 매운탕도 맛이 좋다. 허름하지만 숙박시설을 갖추고 있으며, 숙박료에 석식과 조식을 포함하면 좀 더 저렴하게 하루를 보낼 수 있다.

문의 033–672–1109 **주소** 양양군 현부면 기사문리 94 **가격** 모듬회 70,000원, 매운탕 30,000원

주변볼거리

🚶 하조대해수욕장

길이 1.5km의 백사장에 수심은 1~1.5m로 경사가 완만하고 깊지 않아 가족단위 피서객에게 인기가 높다. 끝없이 펼쳐진 해변의 모래는 밀가루처럼 고와 발에 닿는 감촉이 상당히 부드럽다. 나무로 만들어진 흔들의자와 이국적인 느낌이 나는 등대화장실이 이채롭다. 해변 끝 하조대 스카이워크에 올라가면 해수욕장의 모습을 한눈에 내려다볼 수 있다. 매년 9월 말 송어축제, 10월 중 연어축제가 열린다.

문의 033–670–2516 **주소** 양양군 현북면 하광정리 1

Theme ✔ 테마와 관련된 연관볼거리

바다 풍광이 아름다운 전망 좋은 곳

거제 우제봉

한려해상국립공원의 대표적인 곳 거제 해금강과 대소병도를 한눈에 조망할 수 있는 우제봉은 1km 데크보행로를 따라 걸어 오르면 만날 수 있다. 우제봉은 과거 이곳 주민들이 가뭄으로 고난을 겪자 고을원님이 이곳에서 기우제를 올렸다 해서 지어진 이름이다. 우제봉전망대에서는 해넘이와 해돋이를 동시에 볼 수 있어 인기가 높다.

서천 마량리동백숲

동백정을 중심으로 군락을 이룬 동백나무숲은 수령 50여 년 이상의 80여 그루가 숲을 이루고 있어 천연기념물 제169호로 지정되어 있다. 전설에 의하면 약 300년 전, 이 지방의 관리가 꿈에 바다 위에 떠 있는 꽃다발을 보고 바닷가에 가보니 정말 꽃이 있어서 가져와 심은 이후 현재처럼 숲을 이뤘다고 한다. 해마다 음력 1월 이곳에서 제사를 올리며, 음력 정월 초에는 풍어제도 열린다.

진도 도리산전망대

도리산은 다도해를 한눈에 조망할 수 있는 곳으로 전망대에서는 조도 군도의 154개의 섬을 360도로 조망할 수 있다. 도리산전망대는 조도의 제1 경승지로 한국의 카프리라고도 불린다. 주차장에 차를 세우고 약 200m 정도 걸어서 올라가면 도리산 전망대(210m)가 있다. 도리산 정상에는 전망대 데크 외에도 KT 중계소가 보인다.

Theme **09** 대한민국 3대 해수관음성지
낙산사

양양 낙산사에 관한 수식어는 많다. 최고의 일출명소, 일출이 아름다운 낙산사 의상대, 송강 정철의 관동별곡
에 나올 만큼 유명한 곳, 전국 3대 해수관음성지, 산불로 전부 소실되었다가 재건한 아픈 과거를 가지고 있는
사찰, 바닷가 석굴 위에 지어진 홍련암, 몇 안 되는 바다에 면한 절이다. 낙산사는 화재 이후 끊임없이 공사가
이어져 어수선하였는데 지금은 서서히 천년고찰의 면모를 갖추고 있으면서 예전의 모습을 찾아가고 있다.

관세음보살이 항상 머무는 곳
낙산

오봉산자락에 자리한 낙산사는 1,340여 년 전 관
음보살의 진신을 친견하러 온 의상대사가 창건한
기도처로 동해가 한눈에 내려다보이는 천혜의 경
관을 품고 있다. 낙산사의 낙산(洛山)은 범어의
포탈라카(Potalaka)에서 유래한 말로 '관세음보
살이 항상 머무는 곳'을 뜻한다. 경내는 크게 원
통보전, 해수관음, 보타전, 홍련암 구역으로 나뉜

다. 낙산사의 해수관음상과 의상대, 홍련암까지 동해를 찾는 여행자들의 발길이 끊이지 않는 이유를 방문해보면 알 수 있는 고찰이다.

낙산사의 입구는 두 곳이다. 낙산주차장에서 홍예문부터 일반적인 가람배치순으로 둘러보는 방법과 후문매표소에 주차한 후 의상대와 홍련암부터 관람하는 방법이 있다. 후문매표소 쪽이 접근성이 좋아 이곳부터 낙산사관람을 시작하는 경우가 많은데, 주차장이 협소하여 주말에는 주차가 쉽지 않다.

화마의 흔적이 고스란히
의상기념관

매표소를 지나 가장 먼저 만나는 건물은 의상기념관과 다래헌이다. 의상기념관에는 의상대사 관련 전시물과 낙산사에서 출토된 다양한 유물을 전시하고 있다. 특히 2005년 산불로 소실된 낙산사동종의 잔해와 소방차마저 삼켜버린 화마의 현장을 사진으로 살펴볼 수 있다. 야외찻집 다래헌은 뒤뜰 풍경이 아름다운 곳으로 전통차와 커피 등을 판매한다. 입구 한쪽의 국수공양실(11:30~13:00, 매주 월요일 휴무)은 화재 이후 복원에 힘써준 국민에게 감사의 뜻으로 시작하였다는데, 시간만 잘 맞추면 맛있는 국수로 가볍게 한 끼를 해결할 수 있다.

의상조사비 옆 소나무 아래 '길에서 길을 묻다.' 라는 글이 적힌 곳에서 길이 갈라진다. 좌측은 해수관음상으로 가는 길이고, 우측은 의상대로 향하는 길이다. 관세음보살이 산다는 보타락가산에서 이름을 따온 2층 누각 보타락 앞에는 관음지가 있다. 보타락을 지나면 낙산사에서 가장 큰 불전인 보타전이다. 보타전은 다행히 화마에도 전혀 피해를 보지 않은 전각으로 7관음과 32응신(應身) 1,500관음상을 봉안하고 있다. 이곳에 봉안된 관음상은 백두산에서 자란 홍송(紅松)을 사용하였으며, 우리 민족의 구제와 해탈의 뜻을 염원하고 있다. 보타전 외부에 그려진 벽화는 낙산사를 창건한 의상대사의 일대기를 그린 것이다.

높이 16m의 해수관음상을 모신
관음전

보타전에서 우측으로 '설레임이 있는 길'이라는 이정표를 따라 오르다 보면 오른쪽에 보물 제1723호로 지정된 해수관음공중사리탑비를 볼 수 있다. 1692년 조성한 사리탑으로 '홍련암 불상에 금칠을 다시 할 때 주변에 상서로운 기운이 가득하더니 공중에서 사리가 탁상 위로 떨어져 이를 봉안하기 위해 세웠다'라고 비문에 적혀 있다. 8각원당형으로 상대석, 중대석, 하대석에 문양이 각각 다양하며 탑신부 아래 연꽃이 새겨져 있다. 공중사리탑이 있는 이곳이 '닭이 알을 품고 있는 형국'의 길지라고 한다.

멀리 해수관음상이 보이고, 왼쪽에는 종각, 오른쪽에는 관음전이 있다. 관음전의 지붕 격인 꽃밭을 보고 내려가면 소박한 전각이 있는데 그 아래는 홍련암이 위치한 절벽으로 망망대해가 시원하게 펼쳐진다. 관음전 내에는 불상이 따로 없고, 정면 통유리를 통해 보이는 해수관음상을 모시고 있다. 관음전 통유리 바깥은 연지로 조성되어 사람들이 동전을 던지며 소원을 빌기도 한다.

불자가 아니라도 한 번은 봐야 할
해수관음상

해수관음상은 1972년에 착공하여 만 5년만인 1977년 점안식을 거행하며 세상에 공개되었다. 높이 16m로 이마에는 온누리 자비와 광명을 상징하는 백호가 박혀 있으며, 왼손에는 감로수병을 들고 오른손은 가슴까지 들어 깨달음을 표현하는 수인(手印)을 짓고 있다. 대좌 앞부분은 쌍룡상, 양옆으로 사천왕상이 조각되어 있으며, 관음상 주변의 108 법륜석은 중생을 번뇌로부터 깨달음을 성화시킨다는 의미를 담고 있다. 특

히 복전함 아래 세발달린 두꺼비 삼족섬은 영물이라 만지면 두 가지 소원을 이뤄준다고 한다.

원통보전으로 향하는 길에 있는 '이 길을 걸으면 당신의 꿈이 이루어집니다'라는 글귀가 발걸음을 가볍게 한다. 화재 이후 새롭게 심은 소나무는 키는 작지만 제법 많이 자랐다. 산책로 옆 돌담은 불길이 법당쪽으로 번지지 못하도록 방호벽역할을 위해 새로 쌓은 듯하다.

화마를 이겨낸
낙산사칠층석탑과 건칠관음보살상

원통보전을 만나기 전에 주변을 둘러싼 꽃담이 먼저 눈에 들어온다. 사찰건축에서 흔하게 볼 수 없는 담장은 낙산사원장(강원도 유형문화재 제34호)으로 조선세조 때 낙산사를 중수하면서 원통보전을 사각형으로 둘러 담장을 쌓았다고 전해진다. 기와와 강회진흙을 빚어 담장 안쪽은 기와, 바깥쪽은 막돌로 쌓고, 원형 단면이 보이도록 곳곳에 화강암을 넣어 모양을 낸 것이 독특하다. 오랜 세월과 화재로 상당부분 유실되었던 것을 최근에 복원한 것이다.

꽃담을 둘러본 후 원통보전으로 들어서면 칠층석탑이 눈에 들어온다. 낙산사칠층석탑(보물 제499호)은 창건당시 3층이었지만 조선 세조 때 7층으로 조성하면서 수정 염주와 여의주를 탑 속에 봉안하였다고 한다. 오랜 세월을 이기며 부분적으로 파손된 곳이 있지만, 탑의 상륜부분까지 본래 형태를 그나마 잘 갖추고 있다. 담이 아늑하게 감싸고 있는 원통보전은 낙산사의 중심법당으로 안에 모셔진 건칠관음보살상(보물 제1362호)은 이번 화마에도 스님들이 안전한 곳으로 옮겨 비록 원통보전은 완전 소실되었지만 지켜낼 수 있었던 보물이다.

건칠관음보살상은 고려 후반의 전통양식을 강원도에서는 유례가 없던 마른 옻칠기법으로 조성한 불상이다. 머리에는 화려한 보관, 목에는 세 개의 주름이 뚜렷하고, 오른손은 가슴에 올리고 왼손은 배에 두고 있다. 양어깨를 덮은 옷은 자연스럽게 흘러내리고 온몸은 화려한 구슬 장식을 하고 있다. 보존상태가 매우 양호하여, 문화재연구에 중요한 자료로 높이 평가된다고 한다.

절집에서는 흔히 볼 수 없던
전각과 홍예문

새로 지어진 빈일루는 단원 김홍도가 그린 금
강사군첩의 낙산사도를 참고하여 지은 누각
이다. 최근 지어진 전각 중 최고의 단청을 자
랑하며, 빈일루를 지탱하는 16개 기둥 중 4개
는 이번 화마를 견뎌낸 느티나무를 손질하여
세워 의미가 있다. 바닥에는 궁궐처럼 전돌을
깔았으며, 정면은 팔각, 후면은 맞배지붕이
다. 2층 단청은 청학과 비천상, 용왕 등의 문
양이 있는데, 정면의 비천상은 전국 사찰 가
운데 유일하다고 하니 눈여겨볼 만하다.

빈일루와 사천왕문을 지나 내려오면 마치 성문처럼 보이는 홍예문이 있다. 조선 세조
때 중창하면서 강원도 26개 고을에서 모은 26개의 화강암으로 세웠다고 전해지며, 화
마로 무너진 것을 새로 지으면서도 26개의 화강석을 그대로 사용하였다. 일주문 쪽에
서 올라오면 가장 먼저 만나는 문이다.

낙산사의 대미
의상대와 홍련암

해돋이명소 의상대는 관동팔경 중 하나로 의
상대사가 참선했다는 자리에 세운 정자이다.
1925년 의상대를 팔각정으로 새로 고쳐 지으
면서 만해한용운이 「의상대기」를 지었다. 낙
산사를 찾으면 가장 먼저 찾는 곳, 바다와 소
나무를 배경으로 정자에서 내려다보는 풍경
은 마땅한 형용사를 찾기 힘들 정도로 아름답
다. 의상대에서 홍련암까지는 5분 정도 거리
로 수국과 해당화가 반겨주는 길이다. 가는
길 중간에 석간수가 있어 간단히 목을 축일

수 있는데, 이 샘은 원효대사가 설악산 영혈사 샘물을 석장으로 끌어왔다고 전해진다.

홍련암은 의상대사가 관음보살을 친견한 곳에 세워진 전각으로 바닷가 암석굴 위에 자
리한다. 보타굴 현판이 걸려 있는 법당 안에는 관음보살좌상이 모셔져 있으며, 바닥
가운데 마루를 뚫어 출렁이는 바다를 볼 수 있도록 했다. 화재 이후 낙산사는 재건불사
를 하면서 단원김홍도의 작품 낙산사도를 기본 모형으로 우리 전통건축의 격조를 느낄
수 있도록 신경을 쓰고 있다. 해풍을 맞으며 흐르는 시간 속에 나무는 더욱 큰 숲을 이
룰 것이며, 낙산사는 차츰 예전 천년고찰의 면모를 갖춰 나갈 것이다.

여행 정보

찾아가는 길

- 동해고속도로 양양TG 빠져나와 양양양면 우측 설악으로 따라 8.1km → 낙산사거리 지나 낙산사로 우회전 후 300m → 이정표 확인하며 낙산사주차장으로 진입
- 양양고속터미널 하차 후 터미널정류장에서 시내버스 9, 9-1번 승차 후 낙산정류장에서 하차(6개 정류장, 10분 소요) → 도보로 정문매표소까지 이동(약 800m, 10분 소요)

이용안내

문의 033-672-2417 **주소** 양양군 강현면 낙산사로 100 **입장료** 성인 3,000원, 청소년 1,500원, 어린이 1,000원 **주차료** 3,000원 **운영시간** 하절기 05:30~18:00, 동절기 05:30~17:00 **홈페이지** www.naksansa.or.kr

먹을거리

무료국수공양

산불 이후 불사에 도움을 준 것에 보답하고자 낙산사에서는 무료국수공양실을 운영하고 있다. 월요일을 제외한 매일 오전 11시 30분부터 오후 1시까지 국수를 맛볼 수 있다. 특별한 양념 없이 김치만 올렸을 뿐인데도 감칠맛이 일품이다. 국물 맛은 다시마와 표고버섯이 전부라는데도 이곳의 물이 워낙 좋아 육수가 맛있다. 먹고 난 그릇은 각자가 직접 씻어 놓아야 한다. 시간을 맞춰 낙산사를 한 바퀴 휘돌아보고, 국수공양으로 여행의 별미를 더해보자.

주변볼거리

낙산해수욕장

강원도를 대표하는 해변으로 주변에 빽빽한 송림을 배경으로 백사장이 4km에 달하며,  모래가 깨끗하고 수심도 얕아 물놀이하기에는 최적이다. 다양한 해양레포츠를 즐길 수 있어 여름이면 젊은 층에 인기가 높고, 해변주변에는 야영장과 오토캠핑장이 있다. 근처에 낙산항이 있어 싱싱한 회도 먹을 수 있다. 매년 새해에는 해맞이축제가 개최되며 낙산사 의상대, 낙산대교와 낙산 방파제에서 보는 일출이 무척 아름답다.

문의 낙산관광안내소 033-670-2397 **주소** 양양군 강현면 해맞이길 59

Theme 테마와 관련된 연관볼거리

바다가 보이는 사찰

부산 해동용궁사

바다와 근접한 몇 안 되는 사찰 중의 한 곳으로 여러 가지 의미를 담고 있는 조형물이 눈길을 끈다. 매년 모범택시불자회에서 안전운행대제를 올리는 교통안전오층석탑, 득남불과 굴모양 석문을 지나면 108계단이 이어진다. 한 계단씩 오르내릴 때마다 번뇌가 소멸하여 백팔 세까지 산다고 한다. 대웅보전 앞에는 비룡상과 금색의 포대화상, 해수관음대불이 있다. 바닷가에는 지장보살이 있고, 바로 옆에 수산과학관이 있어 함께 둘러보면 좋다.

태안 안면암

안면암은 금산사의 말사로 1998년 안면도 해변에 현대식으로 지어졌다. 대웅전, 선원, 불경독서실, 삼성각, 공양처와 불자수련장, 용왕각 등의 전각이 있다. 안면암은 절보다는 법당 앞에서 바라보는 천수만풍경과 여수섬이라 부르는 2개의 무인도 그리고 큰 바위섬과 연결되는 100여미터의 부교가 볼거리이다.

서산 간월암

서산시 작은 섬에 자리 잡은 암자로 조선태조 이성계의 왕사였던 무학대사가 이곳에서  달을 보고 깨달음을 얻었다는 데서 이름이 유래하였다. 암자는 썰물 때는 육지와 연결되고, 밀물 때는 섬이 된다. 경내는 법당과 불이문, 용왕각, 산신각, 기도각이 있는데 작고 아담하다. 절집마당에 오래된 사철나무가 이 절의 역사를 대변한다. 물때를 확인하고 일출이나 일몰 시간대에 찾으면 더욱 좋다.

Special 01

풍경을 즐기는 낭만여행
속초 1박 2일

한국의 대표적인 명산, 설악산을 품은 속초는 산뿐만 아니라 호수, 바다가 한꺼번에 펼쳐진다. 특별히 계획하지 않아도 목적지를 두지 않아도 동해의 해초 내음 가득한 여행지는 감성을 자극하기 충분하다. 속초에서 점심을 먹고 저녁에는 서울로 돌아올 수 있을 정도로 도로사정은 점점 좋아지고 있다. 속초 1박 2일 여행코스는 등대전망대, 영랑호, 청초호, 속초해변, 설악 해맞이공원, 학무정 등 속초팔경과 아바이마을 그리고 빼놓을 수 없는 절경 설악산까지 둘러보는 알찬 일정이다.

사진으로 미리보는 **동선 지도**

- 1일차 – 속초등대전망대 → 영금정 → 영랑호&범바위 → 아바이마을(갯배) → 청초호(엑스포타워, 석봉도자기미술관, 청초정) → 산과바다 베니키아호텔(1박)

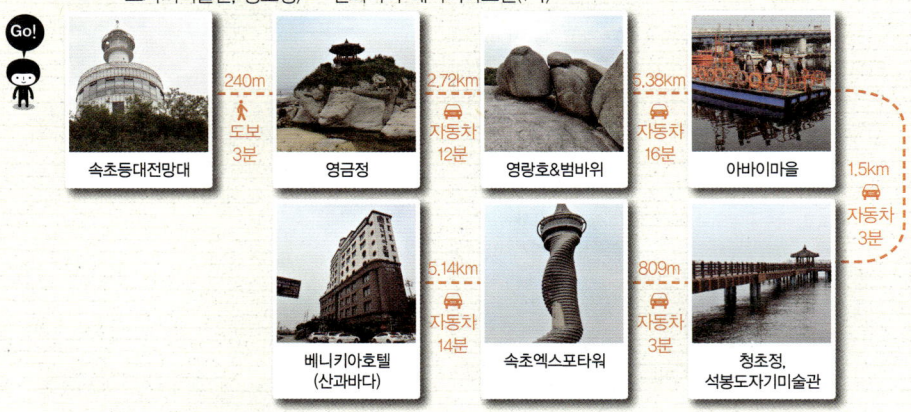

| 속초등대전망대 | 240m 도보 3분 | 영금정 | 2.72km 자동차 12분 | 영랑호&범바위 | 5.38km 자동차 16분 | 아바이마을 | 1.5km 자동차 3분 |
| 베니키아호텔 (산과바다) | 5.14km 자동차 14분 | 속초엑스포타워 | 809m 자동차 3분 | 청초정, 석봉도자기미술관 | | |

- 2일차 – 산과바다 베니키아호텔 → 설악해맞이공원 → 학무정 → 신흥사 → 권금성(설악케이블카) → 속초시립박물관&실향민문화촌&발해역사관

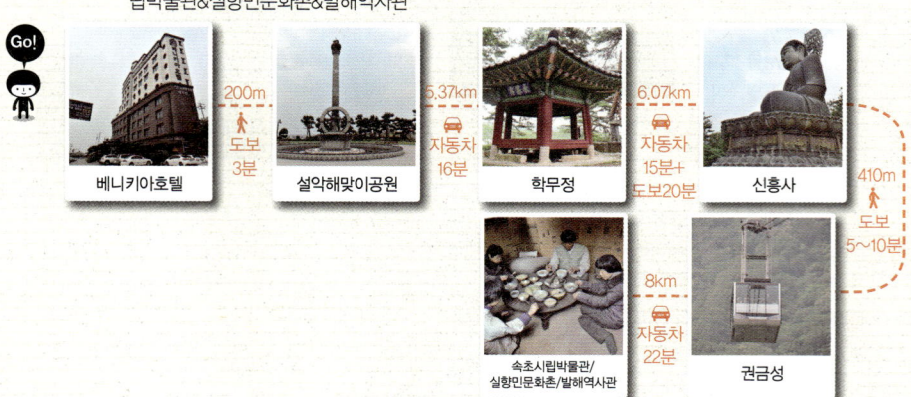

| 베니키아호텔 | 200m 도보 3분 | 설악해맞이공원 | 5.37km 자동차 16분 | 학무정 | 6.07km 자동차 15분+도보20분 | 신흥사 | 410m 도보 5~10분 |
| | | 속초시립박물관/ 실향민문화촌/발해역사관 | 8km 자동차 22분 | 권금성 | | |

속초 시가지와 멀리 설악산 대청봉까지
속초등대전망대

바닷가 마을풍경을 보고 싶어 가장 먼저 찾은 곳은 속초팔경 중 제1경인 속초등대전망대이다. 하얀 등탑으로 1957년 처음 점등하였으며 높이 10m, 해수면 높이는 48m로 일제강점기 속초항을 개발하면서 영금정의 돌탑을 깨어 만들었다. 200여 개의 가파른 계단을 힘겹게 오르면 천사의 날개 조형물이 바다를 배경으로 힘찬 날갯짓을 선보인다.

속초등대전망대는 해양문화공간으로 꾸며져 있으며, 2층에는 파도치는 거문고 선율의 인터렉티브영상관과 속초의 풍광을 곡면형 영상으로 즐길 수 있다. 3층은 홍보관으로 속초의 문화와 생활, 우리항로표시가 전시되어 있으며, 4층은 속초시와 바다풍경을 감상할 수 있는 등대전망대이다. 등탑에 오르면 가깝게는 영금정과 조도, 속초항이 한눈에 들어오고, 멀리 설악산대청봉과 달마봉, 울산바위와 동해의 죽도까지 360도 막힘없이 볼 수 있는 전망대이다.

선녀가 내려와 노닐던
비선대와 영금정

거문고 금(琴)이 들어가는 영금정(靈琴亭)은 넓은 암반에 붙여진 명칭으로 암벽 사이로 치는 파도 소리가 마치 신비한 거문고 소리 같다 하여 붙여진 이름이다. 조선 시대 문헌에 따르면 이곳 일대는 비선대라 불렸으며, 일제강점기 속초항을 개발하면서 돌산의 돌을 채석하여 속초등대전망대를 만들면서 옛 모습은 사라지고 널찍한 암반으로 변하였다. 그나마 다행스러운 것은 주변 경치가 빼어나 여전히 아름답다는 것이다.

입구에는 동명항과 영금정의 역사를 한눈에 살펴볼 수 있는 흑백사진들이 전시되어 있고, 방파제를 축조하기 전 바위산의 흔적도 살펴볼 수 있다. 선녀들이 밤에 내려와 목욕하고 신비한 노래를 읊조렸던 비선대는 지금이라도 암반 위로 파도가 치면 마치 거문고소리가 들릴 듯 운치가 흐른다. 일출이 아름다운 곳, 해돋이정자에서 바라보는 풍경은 저절로 마음을 편안하게 한다.

지질학적으로 보존가치가 있는
범바위

속초에는 아름다운 호수가 두 곳이나 있다. 바닷물이 사취나 사주에 의해 분리되면서 만들어진 석호인 청초호와 영랑호이다. 삼국유사에 따르면 신라의 화랑, '영랑'이 금강산에서 수련을 마치고 서라벌로 돌아가는 길에 호수에 비친 풍경에 매료되어 가던 길도 잊고 풍류를 즐겼다 하여 영랑호라 불렀다고 한다. 영랑호는 거대한 자연호수로 둘레 7.8km, 면적 1.21㎢, 수심 8.5m이다. 호수 주변을 따라 테마별로 영웅길이 조성되어 있다.

영랑호 주변은 여러 형상의 기이한 바위가 많은데, 특히 서남쪽에 호랑이처럼 생긴 범바위 주변은 차별적 풍화작용으로 암반들이 독립적인 모양을 형상한 토오르(Tor)가 무더기로 발달하여 지질학적 가치가 높은 지역이라고 한다. 잔디광장 인근에는 범바위 외에도 많은 동물 모양의 바위를 만날 수 있으며, 정상 바위 옆에는 육각정인 영랑정이 있어 이곳 풍경을 감상하기 좋다.

뱃삯 500원으로 즐기는
마을여행

드라마 〈가을동화〉로 유명해지면서 국내는 물론 한류 관광지로 성장한 곳이다. 청호대교 북단 해안 쪽 아바이마을은 이북 피난민들이 청초호 모래톱에 움집을 만들어 살며 형성된 실향민마을이다. 〈가을동화〉의 한 장면은 이제 우리 기억 저편으로 사라져 가지만 속초를 대표하는 음식이자 실향민의 애환이 담긴 아바이순대가 여행자들을 아바이마을까지 불러들이고 있다.

속초에서만 경험할 수 있는 이 마을의 독특한 교통수단 갯배는 철선 두 가닥으로 갈고리를 당기며 수동으로 운행된다. 편도 뱃삯 500원으로 도착한 아바이마을은 〈가을동화〉 주인공과 사진을 찍을 수 있는 포토존이 가장 먼저 눈에 띄고, 조금 걷다 보면 순대촌에서 피어나는 향긋한 튀김향이 미각을 자극하여 자연스럽게 먹방여행으로 테마가 바뀌는 곳이다.

속초의 랜드마크
엑스포타워와 석봉도자기미술관

청초호는 둘레 5㎞로 속초항의 내항이며, 이중환 「택리지」에서 관동팔경 중 하나로 거론됐던 곳이다. 속초시 중심부에 자리한 청초호호수공원에는 엑스포타워를 비롯하여 석봉도자기미술관, 철새도래지, 문수대, 요트마리나, 엑스포유람선, 코마린요트공원과 멀리 설악대교를 지나 아바이마을과 로데오거리까지 호수를 따라 한 바퀴 돌며 즐길 수 있다.

속초엑스포타워는 높이 74m의 나선형 구조로 전망대에 오르면 멀리 설악산대청봉, 달마봉, 울산바위, 미시령, 신선봉이 손에 잡힐 듯 펼쳐진다. 특히 밤이 되면 형형색색 불빛으로 물드는 호수와 청초정은 사진가들이 즐겨 찾는 야경명소이다. 청초정 앞 석봉도자기미술관은 원로 도예가 석봉 조무호선생의 작품을 상설전시하는데, 산하관에는 백두산천지를 비롯하여 금강산삼선암, 설악산 도적소폭포까지 대형 도자기 벽화로 세세하게 표현된 작품을 감상할 수 있다. 시대별로 도자기를 전시한 역사관, 도자기 제작 모습을 토우로 전시한 모형관, 도자기벽화로 세종대왕 어진과 명성왕후 진영을 만날 수 있는 세종관, 국내외 도예작가들의 작품을 감상할 수 있는 국제관까지 도자기에 관한 다양한 전시물을 만날 수 있다.

속초여행을 시작하는 곳
해맞이공원

조선중기 우암 송시열선생이 함경도에서 거제도로 나선 유뱃길에 이곳을 지나가다 마침 폭우로 며칠 머물게 되었는데, 비가 많이 내려 물에 잠긴 마을을 보고 '물치'라 불러 내물치라는 지명이 유래하였다. 설악해맞이공원이 바로 내물치 자리이며, 설악항과 대포항에 인접해 있고, 설악산으로 들어가는 입구에 있어 속초여행을 시작하기 좋다.

해맞이광장 입구에는 2004년 속초시를 방문했던 일반시민들의 핸드프린팅을 도자기타일로 만들어 벽면에 부착했는데, 나름 의미가 크다. 광장 내에는 양양출신 시인 황금찬의 '설악의 아침' 시비를 비롯하여 곳곳에 다양한 주제로 설치된 예술조각품을 감상할 수 있다. 또한 시 승격 50주년을 기념하는 타임캡슐, 망향의 한과 통일 염원을 담은 화합의 광장, 연인과 사랑을 꿈꾸는 연인의 길, 사랑의 길, 약속의 길 등이 아름답게 조성되어 있다. 해마다 신년 해맞이축제가 성대히 열리는 곳이며, 바닷가에는 사랑이 이뤄진다는 인어상이 있다. 공원 앞 설악항 주변에는 활어회센터가 자리하고 있어 싱싱한 활어회도 맛보며, 소박한 포구의 모습을 만날 수 있다.

 속초여행이 시작되는 해맞이공원 주요동선

설악해맞이공원 → 속초해수욕장 → 청호동 → 엑스포공원(2시간 코스)
설악해맞이공원 → 설악산소공원 → 계조암 → 울산바위(2시간 코스)
설악해맞이공원 → 척산온천 → 영금정 → 등대전망대(3시간 코스)

속초팔경 중 하나인
학무정

학무정은 속초팔경 중 하나로 설악산 가는 길목, 도문동 한옥마을에 자리한 정자이다. 설악산대청봉에서 발원한 쌍천이 마을 뒤로 흐르고, 송림 속 학무정은 운치가 흐른다. 입구에는 망곡터라는 표시석이 보이고, 오래된 돌계단을 오르면 학무정이 있다. 구한말 성리학자 오윤환이 1934년 건립하였으며, 4면에는 학무정(남), 영모재(북), 인지당(북동), 경의재(남서)라고 각기 다른 현판이 걸려있다.

정자 안쪽에는 시판과 학무정을 예찬한 학무정기가 걸려있고, 기둥 육면에는 정자로는 드물게 분합문을 달았던 흔적이 남아있다. 학무정은 선비들이 글을 짓고 제자들과 강론하던 곳이었다. 학무정 앞쪽에는 1971년에 세운 학무정기념비와 1955년에 세운 충효강릉박공휘지의지비도 세워져 있다. 자연석 위를 파내어 비석을 세웠는데 다른 비석 옆은 제단으로 사용했던 흔적이 보인다. 제멋대로 이리저리 휘어 유연하지만 서로에게 양보하며 자연에 순응하며 자란 소나무들이 이곳의 운치를 더한다.

민족의 통일을 염원하는 통일대불을 모시고 있는
신흥사

설악산신흥사는 울산바위, 권금성, 비선대를 품은 외설악에 자리한다. 지장율사가 신라 진덕여왕 6년(652)에 지금의 켄싱턴호텔 자리에 향성사를 창건하였으며, 화재로 몇 번의 개축과 중건을 거쳐 현재의 신흥사에 이른다. 일주문을 통과하면 우측에 높이 14.6m, 좌대높이 4.3m, 108톤의 청동이 들어간 통일대불이 보인다. 아파트 6층 정도 높이의 대형석가모니불이다. 크기만큼이나 제작기간도 10여년이라는 긴 세월이 걸렸으며, 통일대불 팔각좌대에는 통일을 염원하는 16나한상이 새겨져 있다.

사천왕문 맞은편 누각은 법요식 등을 거행하는 보제루이며, 조선 영조46년(1770)에 세워졌다. 정면 7칸, 측면 2칸의 홑처마 맞배지붕건물로 보제루 내에는 불교사물 중 법고와 목어가 보인다. 보제루를 지나면 정면에 극락보전이 있고, 명부전과 삼성각, 승당인 운하당, 적묵당이 운치있게 자리한다. 극락보전은 정면 3칸, 측면 2칸의 팔작지붕 다포계건물로 아미타불을 모시고 있으며, 지붕양쪽 처마에 황룡과 청룡이 조각되어 눈여겨 볼만하다. 요사채 뒤로 권금성이 보이고, 비선대까지 1시간이면 충분히 다녀올 수 있다. 신흥사에서 나오는 길에는 켄싱턴호텔 맞은편 향성사지삼층석탑(보물 제443호)도 챙겨보자.

5분이면 설악산 능선과 눈높이를 같이 하는
설악케이블카

설악산 최고봉인 대청봉을 중심으로 서쪽은 내설악, 남쪽은 동설악, 동쪽은 외설악으로 구분되며 인제, 양양, 속초에 걸쳐있다. 주봉인 대청봉(1,708m)이 1년 중 5~6개월은 흰 눈에 덮여 있어 설악이라 불렸으며, 10여 분이면 설악의 능선과 눈높이를 같이할 수 있는 케이블카가 있다. 케이블카는 50인승으로 2대가 왕복으로 오가는데 성수기에는 사람이 많아 일찍 서둘러야 한다. 케이블카를 타면 신흥사, 신흥사대불, 병풍바위 그리고 멀리 울산바위까지 보인다.

케이블카에서 내려 10분 정도 오르면 고려 고종 40년(1,253년) 몽골의 침입을 막기 위해 권씨, 김씨 두 장수가 하룻밤 만에 쌓았다는 권금성이 자리한다. 해발 850m 권금성 정상 봉화대를 중심으로 2.1㎞의 산성으로 지금은 다 허물어져 그 흔적만 찾아볼 수 있다. 봉화대 꼭대기에 오르면 중청봉, 공룡능선, 마등령, 저항령, 황철봉에 이르는 백두대간과 울산바위, 노적봉, 토왕성폭포까지 외설악의 절경이 한눈에 들어온다. 권금성승강장에서 5분 정도 산길을 내려가면 원효대사, 의상대사 등 많은 스님이 수행하였다는 안락암과 수령 800년이 넘은 무학송을 볼 수 있다.

속초의 역사부터 실향민, 발해인들의 삶과 문화까지 엿볼 수 있는
박물관

속초시립박물관은 입장료 한 번으로 실향민문화촌, 발해역사관까지 한꺼번에 둘러볼 수 있는 1석 3조의 박물관이다. 속초시립박물관은 속초의 역사적인 배경과 끊임없는 여정을 전시한 역사실, 속초의 민속과 문화를 전시한 민속문화실 등이 자리한다. 이외에도 어촌문화, 실향민문화, 어린이 눈높이에서 이해를 돕는 민속놀이와 공방까지 속초의 독특한 민속문화를 살펴볼 수 있다.

실향민문화촌은 한국전쟁 이후 속초에 정착한 실향민들의 생활상을 엿볼 수 있는 곳이다. 과거 속초시외버스터미널 근처에 있던 역사를 그대로 복원해놓아 당시의 판잣집과 생활도구 등을 현실감 있게 살펴볼 수 있다. 한국전쟁 이전의 평화로웠던 이북 5도의 전통가옥을 재현해놓았는데 평양집, 개성집 등에서 숙박체험도 경험해볼 수 있다. 매일 오전 11시, 오후 2시(주말 오후 3시)에는 시립풍물단의 상모판굿과 사물놀이를 관람할 수 있다.

발해역사관에서는 발해건국부터 229년간의 찬란했던 역사를 사진과 영상, 유물 등으로 만나볼 수 있다. 고구려를 계승한 국가지만 유물이나 문헌상 기록이 많지 않아 제대로 알 수 없었던 발해를 재조명해볼 수 있는 귀중한 박물관이다. 발해의 건국 시조 대조영에 대한 자세한 설명과 발해역사를 배경으로 촬영된 드라마 〈대조영〉 촬영현장도 전시되어 있다. 발해고분전시실은 발해 문왕의 넷째 딸 정효공주 고분을 재현하여 실질적인 발해문화를 엿볼 수 있으며, 고분벽화를 통해 당시 발해인들의 복식과 악기 등을 밀랍인형으로 만날 수 있다.

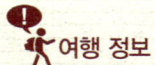

여행 정보

찾아가는 길

1일차 동해고속도로 속초TG 빠져나와 미시령로 따라 7km → 동명동사거리에서 시청방면 우회전 후 380m → 수복탑사거리에서 속초항방면 좌회전 후 800m → 등대전망대주차장으로 진입 → **속초등대전망대** → 영랑해안길 따라 도보 240m(3분 거리) → **영금정** → 주차장으로 돌아와 영랑해안길 따라 214m → 영금정아파트단지에서 우회전 후 660m → 수복탑사거리에서 미시령방면 우회전 후 530m → 삼거리에서 좌회전 후 120m 다시 우회전 후 1km → 영랑호반길 우회전 후 200m 다시 좌회전 후 150m 이동 후 주차 → **영랑호&범바위** → 영랑호 둘레를 따라 4.1km → 영랑교방향 우회전 후 1.1km → 영금정입구삼거리에서 시청방면 우회전 후 1.2km → 중앙로108번길 좌회전 후 80m 첫 번째 사거리에서 좌회전 후 165m → 갯배타는 곳 이정표 따라 30m → 갯배선착장에서 갯배탑승 → **아바이마을** → 왔던 길 돌아나와 중앙시장입구사거리에서 좌회전 후 1.1km → 교동사거리에서 청초호방면 좌회전 후 300m → 석봉도자기미술관 → 청초호호수공원 끼고 엑스포 따라 930m → 청초호유원지주차장으로 진입 → **청초호(속초엑스포타워)** → 왔던 길 돌아나와 → **석봉도자기미술관** → 주차장 나와 축구장끼고 우회전 후 180m → 메가박스 보이는 사거리에서 좌회전 후 4.1km → **베니키아호텔**(1박)

2일차 베니키아호텔(1박) → 도보이동(200m, 3분 거리) → **설악해맞이공원** → 숙소주차장 빠져나와 설악동입구삼거리에서 설악산국립공원방면 우회전 후 5.2km → 한옥마을버스정류장에서 좌회전 후 125m → 좁은 골목길을 이정표 확인하면서 150m 이동 → **학무정** → 왔던 길 돌아나와 한옥마을버스정류장에서 좌회전 후 5.2km → 설악동A지구주차장 진입 → 도보이동(1km, 20분 소요) → **신흥사** → 도보이동(410m, 5~10분 소요) → **권금성(설악케이블카)** → 설악산로 따라 2.1km → 설악산국립공원탐방안내소 지나 좌측도로 1.1km → 목우재삼거리에서 미시령방면 좌회전 후 4.5km → 이정표 확인하며 우회전 후 220m → **속초시립박물관&실향민문화촌&발해역사관**

속초
1박 2일

이용안내

속초등대전망대 문의 033-633-3406 **주소** 속초시 영금정로5길 8-28 **이용시간** 09:00~17:30(하절기), 09:00~16:30 (동절기) **등대개방시간** 06:00~18:00(하절기), 07:00~17:00(동절기) **입장료** 없음

영금정 문의 033-639-2365 **주소** 속초시 영금정로 43

영랑호범바위 문의 033-639-2545 **주소** 속초시 영랑호반길 140

아바이마을 주소 속초시 청호동 아바이마을 1076 **갯배이용료** 대인 500원, 소인 300원 **이용시간** 04:30~23:00

속초엑스포타워 문의 033-637-4504 **주소** 속초시 엑스포1로 136 **운영시간** 09:00~21:30(연중무휴) **입장료** 성인 1,500 원, 청소년 1,200원, 어린이 800원 **체험 자전거, 바이크**(033-637-6300), **엑스포유람선**(033-631-1212), **요트체험**(033-637-4609), **엑스포월드바이킹**(033-635-9006)

석봉도자기미술관 문의 033-638-7711 **주소** 속초시 엑스포로 156번지 **홈페이지** www.dogong.net **운영시간** 09:30~18:00(7~8월 ~18:30) **휴관** 매주월요일 **입장료** 성인 5,000원, 어린이 2,500원

설악해맞이공원 문의 033-639-2501 **주소** 속초시 동해대로 3664(대포동)

학무정 주소 속초시 도문동 상도문1리

신흥사 문의 033-636-7044 **주소** 속초시 설악동 170번지 **홈페이지** www.sinhungsa.or.kr **문화재관람료** 성인 3,500원, 중고생 1,000원, 어린이 500원(주차료 5,000원)

설악케이블카 문의 033-636-4300 **주소** 속초시 설악산로 1085 **운임** 성인 10,000원, 소인 6,000원

속초시립박물관 문의 033-639-2972 **주소** 속초시 신흥2길 16 **운영시간** 3~10월 09:00~18:00, 11~2월 09:00~17:00 **휴관** 매주 월요일, 1월 1일 **입장료** 성인 2,000원, 청소년 1,500원, 어린이 700원 **홈페이지** www.sokchomuse.go.kr

먹을거리

많은 여행자가 찾는 해변도시 속초는 그만큼 먹을거리 가 풍성하다. 바다내음 가득한 해물뚝배기, 아바이마을 에서 먹는 아바이순대와 오징어순대의 향긋한 기름향과 콩꽃순두부촌에서 줄 서서 기다렸다 먹는 순두부까지 육해공을 넘나드는 다양한 먹거리로 넘쳐나는 곳이다.

속초영금정 해녀전복뚝배기

문의 033-635-5157 **주소** 속초시 영랑해안길 9(동명 동) **가격** 전복뚝배기 1인분 20,000원, 전복죽 13,000원

유진이네

문의 033-632-2397 **주소** 속초시 아바이마을길 21-1 **가격** 아바이순대 12,000원

김영애할머니순두부

문의 033-635-9520 **주소** 속초시 원암 학사평길 183 **가격** 순두부 8,000원

숙소소개

속초의 하룻밤은 7번국도 바닷길 설악항과 대포항 근처 에 있는 산과바다 베네키아호텔을 추천할 만하다. 저렴 한 가격대에 간단한 조식까지 해결할 수 있고, 객실에서 바다가 보여 일출까지 침대에서 감상할 수 있다. 아침산 책으로 바로 앞에 있는 설악해맞이공원을 거닐 수 있으 며, 다음날 첫 일정인 설악케이블카와 신흥사까지 15분 거리라 여러 면에서 편리한 위치에 자리하고 있다.

산과바다(베니키아호텔)

문의 033-635-6644 **주소** 속초시 동해대로 3691

현대수콘도미니엄

문의 033-635-9090 **주소** 속초시 이목로 153

대한민국 여행자를 위한
강원도 여행 백서

P a r t **02**

강릉 | 정선 | 동해

N S

p.103 묵호등대전망대
p.105 논골담길

p.91 정동진시간박물관
p.107 망상해수욕장

대진항
묵호항
동해시청
묵호역
망상IC

옥계항
옥계해수욕장
옥계역
옥계IC
매봉산

p.116 경포호
p.117 참소리축음기&에디슨박물관
동명해수욕장
임해자연휴양림
안인해수욕장
p.85 하슬라아트월드
p.119 정동진역

p.117 강릉카페거리

삿갓봉

송정해수욕장
강릉남대천
p.116 경포대
경포비치호텔
경포해수욕장
KTX강릉역
칠성산
백두대간 생태수목원

강릉향교
남강릉IC

p.84 서지초가뜰
환희컵박물관
p.115 선교장
강릉솔향수목원

강릉JC
강릉IC

석두봉
북강릉IC

p.115 매월당김시습기념관
p.80 오죽헌
p.113 대관령박물관
p.113 커피커퍼커피박물관
사달산

돌박물관
소금강계곡
천마봉
매봉
선자령
옥녀봉

구룡폭포
대관령IC
도암호
용평리조트

황병산
알펜시아리조트

두타산

삼척항
p.108
IC 근덕IC
삼척IC
삼척해수욕장
삼척시청
북평IC IC 삼척IC
동해항
동해역
용산
서원
삼화역
취병산

추암해변
p.109
추암촛대바위

추암조각공원
p.111

사금산(1,092m)
427

이끼계곡

미로역
38
도경리역
28
간대산
신기역
마차리역
고사리역
도계역
미인폭포
38

동해무릉계곡
두타산성
두타산(1,353m)
덕항산
용추폭포

가덕산
태백역
35

중봉계곡

p.98
정암사
38

백두대간 약초나라

424

p.94
삼탄아트마인

노목산(1,150m)
고한역

35

고한버스터미널
하이원리조트
강원랜드
사북역

구미정
구미계곡
42
421

정선미술관
정선소금강계곡
421

화암동굴
정선향토박물관
424
화암약수

민둥산(1,118m)
민둥산역

고양산

두위봉
자미원역

구절리역
(정선레일바이크)
아우라지역

덕산기계곡
59
선평역
별어곡역
421

골지천

선평역

조동역
함백역

상원산(1,421m)
나전역
42

정선역
p.99
정선아라리촌

벽암산
닭이봉

예미역

항골계곡
59
p.102
정선오일장

백석폭포

동강

석항역
38
31

숙암계곡
424
백운산

Theme 01 율곡이이와 신사임당을 만나러 가는 길
오죽헌

강릉을 대표하는 여행지 오죽헌과 선교장은 단체관람객이 많은 여행지이다. 오죽헌은 조선시대 성리학의 대가 율곡이이가 태어난 집으로 신사임당의 친정집 주변에 색이 검은 대나무가 많이 자라고 있다하여 붙여진 이름이다. 대한민국을 빛낸 인물로 모자가 모두 지폐에 등장한다. 존경받는 인물의 생활상을 엿볼 수 있는 생가를 찾아보는 것은 아이들에게도 큰 의미가 있다.

신사임당초충도병 속 풀꽃을 실물로 만나는
초충도화단

관리사무실을 지나면 율곡이이의 동상을 만난다. 왼손에 서책을 들고 있는 율곡동상 우측에 견득사의(見得思義)라는 글이 눈에 들어온다. 율곡의 청렴한 사상을 대변하는 사자성어로 '이득을 보거든 옳은 일인가를 생각하라'는 뜻이다. 율곡선생의 「격몽요결」 중에서 사람이 제 구실을 하기 위한 '9가지 용모와 9가지 생각(九容九思)'에 나오는 말이다.

동상을 지나면 초충도화단이 조성되어 있는데, 신사임당이 그린 여덟 폭의 병풍그림 '신사임당초충도병(강원도 유형문화재 제11호)' 속 수박, 가지, 오이, 맨드라미, 봉선화, 원추리 등의 풀꽃들을 실제 화단에 심어 살펴볼 수 있게 한 것이다. 초충도화단을 지나면 청풍당, 구용정, 매화동산으로 이어져 30여 분 정도 길을 따라 한바퀴 돌아볼 수 있다. 오죽헌 관람을 마친 후 잠시 시간을 내어 화폭에 담긴 생화들을 자세히 살펴보는 것도 의미가 있을 듯하다.

주거 건축으로 가장 오래된 건물
오죽헌

초충도화단을 지나면 비로소 오죽헌으로 들어갈 수 있는 자경문이 보인다. 자경문 앞에는 유적정화기념비가 세워져 있으며 오죽헌에 대한 설명과 위치안내도가 있어 동선을 미리 그려볼 수 있다. 오죽헌은 안채와 사랑채, 율곡이이의 초상화를 모신 문성사, 율곡의 유품 벼루와 격몽요결이 보관된 어제각, 유물전시관 등으로 구성되어 있다. 오죽헌 앞에는 과거 사용하던 오천 원권 화폐 뒷면의 오죽헌풍경을 담을 수 있는 스팟이 바닥에 표시되어 있어 기념사진 한 장 남길 수 있다.

1390~1440년에 지어진 오죽헌은 우리나라 주거건물 중 가장 오래된 건축물로 보물제165호로 지정되어 있다. 이곳은 신사임당이 태어난 곳으로 출가하였지만, 이곳에서 4남 3녀를 낳았는데 셋째 아들이 바로 율곡 선생이다. 신사임당은 이 집을 넷째 딸에게 물려주었고, 사위 권처균이 집 주변에 검은 대나무가 많다하여 자신의 호를 오죽헌이라 하면서 후에 이것이 집이름이 되었다. 별당건물인 오죽헌은 일자형으로 정면 3칸, 측면 2칸이며 우측 방은 몽룡실로, 사임당이 율곡을 낳기 전에 용이 날아드는 꿈을 꾸었다 하여 붙인 이름이라고 한다. 방안에는 율곡의 격몽요결에 나오는 글귀가 적혀있어 잠시 새기며 읽어 볼 수 있다. 오죽헌 앞에는 선비의 지조를 상징하는 율곡송과 신사임당과 율곡이 직접 가꿨다는 매실나무인 율곡나무(천연기념물 제484호), 600여 년이 넘는 배롱나무가 서 있다.

무심코 넘겼던
지폐를 살펴보며

문성사는 율곡이이의 영정을 모신 사당으로 문성(文成)은 인조가 율곡에게 내린 시호이다. 문성은 '도덕과 학문을 널리 들어 막힘이 없어 통했으며, 백성의 안정된 삶을 위하여 정사의 근본을 세웠다'라는 의미를 담고 있다. 율곡의 영정은 이당 김은호가 그렸으며, 문성사편액은 박정희 전대통령 친필이다. 문성사와 오죽헌 사이의 담문을 지나면 안채와 바깥채 건물이 있다. 바깥채의 주련은 추사 김정희의 글씨를 판각해 놓은 것이고, 안채에는 신사임당이 고향에 홀로 계신 친정어머니를 그리며 쓴 시와 글들이 걸려있다. '언제쯤 강릉 길 다시 밟아가 어머니 곁에 앉아 바느질 할꼬'라는 글귀 속에는 어머니에 대한 사임당의 애틋한 그리움이 묻어난다.

어제각은 1788년 정조의 어명으로 율곡이 쓰던 벼루와 친필 「격몽요결」을 보관하기 위해 지은 전각이다. 책 서문과 벼루 뒷면에는 정조가 율곡의 위대함을 찬양한 글이 새겨져 있다. 무심코 그냥 보고 넘겼던 과거 오천 원 권 지폐 앞면에는 벼루, 뒷면에는 오죽헌의 전체적인 모습이 도안되어 있었지만, 현재 통용되는 오천 원 권 앞면에는 오죽헌의 몽룡실과 오죽, 뒷면에는 신사임당이 그린 초충도 병 중 다산을 상징하는 수박과 벼슬을 상징하는 맨드라미가 도안되었다. 오만 원 권 앞면에는 신사임당 초상과 초충도수병의 가지그림, 그리고 조선중기 포도그림에 능했던 황집중의 묵포도도가 도안되었다. 뒷면에는 조선중기 매화에 능했던 어몽룡의 월매도와 대나무 그림에 능했던 이정의 풍죽도를 디자인하였다. 당시 재주가 뛰어났던 황집중, 어몽룡, 이정 이 세 사람을 삼절(三絕)이라 불렀다.

강릉의 향토문화**를 볼 수 있는**
전시관

오죽헌여행은 조선사대부의 주거문화 외에도 율곡기념관, 향토민속관, 강릉시립박물관, 야외전시장까지 한꺼번에 둘러보면 좋다. 율곡기념관은 오죽헌의 역사와 의미, 신사임당의 그

림과 글씨, 율곡이이의 학문, 신사임당 큰딸 이매창의 그림, 율곡이이의 가르침, 오죽헌의 명작, 막내아들 옥산이우의 그림과 글씨, 옥산의 장인 고산황기로의 글씨, 옥산 후손들의 발자취 등 신사임당과 관련된 주변인물들의 학문과 작품을 살펴볼 수 있다.

태극문양이 선명한 오죽헌 입지문을 내려오면 우측에 향토민속관과 기념품샵이 있다. 향토민속관 입구에는 현재 통용되는 5천 원과 5만 원권 화폐에 자신의 얼굴을 사진으로 남길 수 있어 아이들이 몰려 있다. 박물관 내에는 세계무형문화유산인 강릉단오제와 강릉농악놀이 장면을 축소된 모형으로 전시하고 있으며, 강릉의 초가집과 화전민들이 사용하던 물통방아 등을 살펴볼 수 있다. 강릉시립박물관에는 강릉지역에서 출토된 선사유물과 도자기, 불교유물 등을 전시하고 있는데 특히 독무덤인 독널은 초당동에서 발굴된 것으로 신라시대의 것으로 추정하고 있다. 야외전시장에는 신사임당동상과 옛 무덤, 옛집자리 등의 유구와 석조미술품 등을 전시하고 있다.

나오는 길에 근방에 인접해 있는 강릉예술창작인촌의 사임당과 자수박물관도 둘러보자. 오죽헌에서 우측 골목으로 100m 정도 들어가면 나오는데, 가는 길 담장에는 소박하고 아기자기하면서 정겨운 벽화도 만날 수 있다.

 여행 정보

찾아가는 길

🚐 동해고속도로 강릉TG 빠져나와 강릉IC 앞에서 강릉방면 좌측도로 1.4km → 사임당로 따라 주문진방면 우측도로 2.3km → 삼거리에서 솔올지구방면 우회전 후 800m → 솔올교차로에서 양양방면 좌회전 후 2.0km → 이정표 확인하면서 1km 이동하여 오죽헌주차장으로 진입

🚌 강릉고속버스터미널 하차 후 시내버스 202 번 탑승 → 오죽헌정류장 하차(9개 정류장, 20분 소요)

이용안내

오죽헌/시립박물관 문의 033-660-3301 **주소** 강릉시 율곡로 3139번길 24 **운영시간** 08:00~18:00(하절기), 08:00~17:30 (동절기) **휴관** 1월 1일, 설날, 추석(오죽헌 문성사는 연중무휴) **입장료** 성인 3,000원, 청소년 2,000원, 어린이 1,000원(주차료 무료) **홈페이지** ojukheon.gangneung.go.kr **귀띔 한마디** 오죽헌매표소에서만 판매하는 관광지통합관람권은 필요한 곳만 선택하여 구입할 수 있어 입장료를 절약할 수 있다.

먹을거리

🍴 서지초가뜰

창녕조씨 종부가 운영하는 전통한정식집으로 조옥헌가옥이 자리하고 있어 식사 후에 함께 둘러볼 수 있다. 농번기 때 이웃끼리 품앗이하던 미풍양속에서 비롯된 음식문화를 엿볼 수 있다. 모내기하다 논둑에서 먹던 기본 찬에 시대가 변하면서 현대인 입맛에 맞춘 김부각, 잡채, 각종 나물반찬, 생선, 묵 등이 다양하게 나온다. 특히 영계에 도라지, 인삼, 대추, 수제비 등을 넣어 끓인 부드러운 영계길경탕은 이곳에서만 맛볼 수 있는 보양음식이다.

문의 033-646-4430 **주소** 강릉시 난곡길 76번길 43-9 **가격** 못밥 15,000원, 질상 20,000원

주변볼거리

🚶 선교장

대관령옛길을 달려 동해 쪽으로 가다 보면 바다처럼 넓은 경포호가 보이고, 그 옆으로 우리나라 최고의 전통가옥인 강릉선교장이 자리한다. 효령대군의 11대손인 전주이씨 이내번이 전주에서 강릉으로 이사와 족제비 떼를 쫓다 이 터를 발견하고 집을 짓고 살았다. 이후 10대를 거치며 증축하여 99칸짜리 사대부주택으로 거듭나 오늘에 이른다. 선교장은 대문이 달린 긴 행랑채와 안채, 사랑채, 동별당, 사당, 연당과 정자까지 갖춘 완벽한 조선 사대부가의 면모를 보여주는 고택으로 중요민속자료 제5호로 지정되어 있다.

주소 강릉시 운정길 63 **문의** 033-648-5303 **입장료** 성인 5,000원, 청소년 3,000원, 어린이 2,000원 **홈페이지** www.knsgj.net

Theme ✓ 테마와 관련된 연관볼거리

세월이 느껴지는 고택

함양 정씨고가

함양 우명리 정씨고가(효리정씨고가)는 경남문화재 제121호이다. 조선중기의 학자 정여창선생의 7대손인 정희운이 정착하여 살던 집이다. 그의 아들 지헌이 처음 초가 4칸으로 세웠으며, 4대손 환식이 1895년 안채와 여러 건물을 증축하여 현재에 이르렀다고 한다. 정씨고가는 대문채, 사랑채, 안채가 ─자형 동북향으로 나란히 자리 잡고 있다. 사랑채 지붕은 일반적으로 초가집에 많이 사용하는 우진각지붕이다. 서재 뒷편 세한정에 오르면 효리정씨고가와 기와집이 많은 효리마을의 전경을 내려다볼 수 있다.

영동 김참판고택

영동 김참판고택은 양강면 괴목리 양지바른 배산임수지형의 마을에 자리 잡고 있다. 김참판고택은 17세기에 건축되었다고 전해지며 안사랑채, 부엌, 안방, 윗방, 대청을 차례로 배열한 전형적인 별당형식의 건물이다. 산자락 아래 산세의 흐름을 거스르지 않고 조화롭게 지어진 안채모습과 안사랑채의 바깥 창문이 항상 열려있어 덧창이 아름다운 고택임을 확인할 수 있다.

영천 정용준가옥

정용준의 8대조가 영조원년(1725)에 지은 집으로 본채와 정자로 구분되어 있다. 안채, 사랑채, 아래채, 곳간채가 ㅁ자 평면을 이루는 서남향형 가옥이다. 외양간, 방앗간, 광을 가진 아래채는 안채의 부엌과 광을 마주보고 아직도 방앗간에는 디딜방아가 그대로 남아있다. 영남대갓집의 보편적인 형식을 보이며 안방 전면은 2칸의 퇴청과 아랫방 뒤편에는 골방을 두었다. 다양한 수납공간과 다락이 건물 바깥에서도 느껴지며, 사소한 받침대에서도 생활의 지혜를 엿볼 수 있는 건축물임을 알 수 있다.

Theme **02** 자연과 예술의 조화

하슬라아트월드

하슬라는 강릉여행에서 빼놓으면 안 될 여행지로 부상하였다. 하슬라아트월드는 정동진역에서 약 3km 정도 해안도로를 따라 달리다보면 레고블록을 쌓은 듯한 철골구조물이 멀리서도 눈에 띈다. 조각가 박신정, 최옥영부부가 기획, 설립한 야외전문미술관으로 조각공원, 피노키오미술관, 현대미술관, 마리오네트미술관, 바다카페, 호텔, 레스토랑으로 이뤄져 자연과 함께 쉴 수 있는 공간이다.

자연 속에 동화된
야외미술관

하슬라(HASLLA)는 고구려 때부터 강릉의 옛 이름이다. 매표소를 중심으로 좌측은 야외공원, 우측은 호텔과 미술관, 레스토랑 등이 자리한다. 관람은 야외공원부터 시작하는데 이에 앞서 커다란 나팔꽃조형물이 있는 카페 '항상'에 들러 직접 로스팅한 커피 한 잔으로 여유롭게 시작하자. 하늘과 수평선이 맞닿은 등명해변의 탁 트인 풍경은 답답했던 가슴속을

시원하게 뚫어준다. 카페 안 아트숍에는 움직이는 피노키오, 피에로, 조각모빌 등 소소한 구경거리가 있다.

카페 옆 조그마한 출입문은 마치 세속과의 경계처럼 자연미술작품 속으로 들어가는 느낌이다. 야외공원코스는 성성활엽길, 소나무정원, 시간의 광장, 돌갤러리, 소똥갤러리, 하늘정원, 놀이정원, 바다정원으로 이어진다. 숲의 기운이 뼛속까지 스민다는 성성활엽길로 들어서면 숲길 양쪽으로 나무가 울창한데, 숲에는 다양한 작품들이 숨어 있다. 작가의 작품이 숲과 잘 어우러져 있어 어디가 작품인지 찾아보는 것도 즐거운 일이다. 해송사이로 조각작품들을 감상하다보면 어느새 바다가 한눈에 내려다보이는 데크전망대에 다다른다.

전망 좋은 관람동선과 호기심을 깨우는
정원과 광장

전망대에 서면 우측의 하슬라아트월드호텔 건물에 위태롭게 서 있는 남자가 눈에 띈다. 작품명 〈포세이돈의 귀환〉으로 최옥영교수가 포세이돈을 위태로운 현대인에 빗댄 작품이다. 소나무정원을 지나 조금 더 걷다보면 바다와 숲을 향해 있는 의자작품이 보이고, 대리석 의자를 지나면 풀밭에 어지럽게 널린 작은 조형물을 감상할 수 있다. 가까이 가보면 메뚜기, 거미, 무당벌레 등 다양한 곤충들을 형상화한 작품이다. 시간의 광장에는 초대형 해시계가 설치되어 있는데, 설명에 의하면 정동진역보다 해돋이 광경이 더 멋진 곳이라고 한다. 해시계 속으로 걸어 들어가면 비밀터널을 통해 하늘전망대로 이어진다.

돌미술관에는 매달린 커다란 바위 아래 귀뚜라미가 '찌르르' 소리를 내고, 그 모습을 석인이 조용히 바라보는 듯한 설치미술작품이 있다. 설명을 보면 흔한 돌이지만 공중에 떠 있을 때는 무게감이 달라져 보이는 작품이라

고 한다. 소똥미술관은 하슬라아트월드를 설
계한 최옥영작가의 작품이다. 대관령목장의
소똥을 숙성시켜 만든 예술작품 '하늘의 별'
은 우주의 순환과 배설, 재생을 의미한다. 야
외전시장 언덕에 올라서면 하늘에서 떨어졌
나 싶은 돌작품도 보인다. 하슬라아트월드에
서는 만나는 모든 작품들은 호기심을 자극하
기에 충분해 보인다.

잃었던 동심과 무한 상상력을 키우는
바다정원

돔하우스 하늘전망대에는 이곳을 대표하는
작품 〈그림자 자전거〉가 있다. 작품 옆 의자
에 앉으면 바다를 향해 자전거를 타고 하늘
을 나는 상상을 하게 된다. 내리막길로 바다
정원을 향하면 풍만한 빌렌도르프 비너스를
만날 수 있는데, 이 작품은 바다가 주는 생명
과 다산, 풍요를 의미한다. 예술과 사람, 자
연이 열린 공간 속에 자연스럽게 어우러져
저마다의 생각으로 작품을 바라보게 된다.

설치미술작품 '뇌 속으로 들어가기'도 그냥
지나칠 수 없는 호기심을 불러일으킨다. 구
조물 속으로 들어가 올려다보면 마치 나무
한 그루가 서 있는 듯한 느낌이다. 야외전시
장에는 '거꾸로 신발, 내내 바닷길, 바다의
여신군상, 새벽을 깨우는 닭, 거꾸로 돌부처'
등 상상력을 자극하는 작품이 이어진다. 하
슬라의 작품들은 잃었던 동심의 세계와 무한
상상력의 세계로 빠져들게 한다.

이색적인 미술관
상상력을 자극하는 공간

피노키오미술관은 장례스토랑과 같은 입구
를 사용하므로 아트샵을 둘러본 후 지하통로
로 들어가면 된다. 현대미술관과 연결된 피
노키오미술관은 영상관과 전시관, 마리오네

트전시관으로 구분된다. 미술관으로 향하는 발길은 입장부터 특별하다. 좌측 긴 터널을 들어서면 자동감지센스가 작동하면서 시시각각 변하는 조명이 마치 미지의 세계로 안내하는 모양새이다.

터널을 지나 탁 트인 바깥으로 잠시 나왔다가 현대미술관으로 들어가게 된다. 철문을 열고 들어서면 강릉을 대표하는 인물들의 청동 흉상이 무표정한 얼굴로 시선을 땅에 떨구고 있다. 하슬라아트월드에 전시된 대부분 작품은 제목이나 설명이 따로 없다. 내용이 궁금하지만, 작품이라는 것은 어쩌면 해석 나름일 수 있기에 억지로 끼워 맞출 필요는 없을 것도 같다.

음침한 기운이 감도는
피노키오미술관&마리오네트미술관

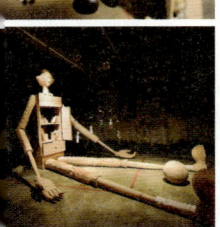

현대미술관과 자연스럽게 연결되는 피노키오미술관은 음침한 기운이 감돈다. 코가 움직이는 남녀흉상과 벽에 걸린 명화들 모두 피노키오 코 모양이다. 이탈리아에서 구입한 각종 피노키오인형과 피노키오를 모티브로 한 여러 작품이 몽환의 세계처럼 신비롭다. 150년 이상 사랑을 받는 카를로로렌치니(Carlo Lorenzini)의 「피노키오의 모험」은 여러 분야에서 동화 그 이상의 의미로 재해석된다. 기구를 타는 피노키오, 앉아있는 피노키오, 벽에 매달린 피노키오 등 다양한 작품의 피노키오가 우리 내 인간사를 표현하는 것 같다.

실을 매달아 조작하는 마리오네트(Marionette)는 르네상스시기부터 19세기에 걸쳐 큰 인기를 끌었다. 마리오네트는 나무인형의 머리와 척추, 손 등에 실을 연결하여 조정하는 시실리아형과 입과 귀도 움직일 수 있도록 한 체코형 그리고 18~19개 줄로 미세한 움직임까지 표현해내는 미얀마형으로 나눌 수 있다. 줄 숫자가 많을수록 조정은 힘들지만 그만큼 정밀한 동작을 표현할 수 있다. 고전적인 형태의 행위예술인 인형극의 주인공들이 전시장 곳곳에서 방문자를 향해 눈을 맞춘다. 동선대로 움직이다 보면 어느새 현대미술관 반대편의 전시관 쪽으로 나오게 된다. 여기서는 끝으로 사람 같기도 하고 말 같기도 한 인형, 수저로 만든 긴 장총 등 은유적인 전시물을 둘러볼 수 있다.

여행 정보

찾아가는 길

- 동해고속도로 강릉TG 빠져나와 강릉IC 앞에서 동해방면 좌측도로 4.1km → 삼거리에서 중앙시장방면 우회전 후 1.1km → 율곡로 우회전 후 13.2km → 하슬라아트월드 이정표 확인하며 주차장으로 진입

- 강릉고속버스터미널하차 후 터미널정류장에서 202-1, 206, 207번 버스 탑승 후 강릉여고정류장에서 하차(6개 정류장, 15분 소요) → 112, 113번 버스로 환승한 후 하슬라아트월드정류장 하차(21개 정류장, 45분 소요)

이용안내

문의 033-644-9411 **주소** 강릉시 강동면 정동진리 율곡로 1441 **운영시간** 09:00~18:00(연중무휴) **입장료** 공원 6,000원, 미술관 7,000원, 통합권 10,000원 **귀띔 한마디** 오죽헌 매표소에서 강릉주변관광지 패키지관람권을 구매하면 9,000원에 입장할 수 있다. **홈페이지** www.haslla.kr

먹을거리

🍴 장레스토랑

영화 〈내 아내의 모든 것〉에서 카사노바로 나왔던 류승룡의 펜트하우스로 시원한 바다를 한 눈에 조망할 수 있다. 예술과 요리를 동시에 즐기는 신개념 레스토랑으로 스테이크코스요리, 스파게티, 돈가스, 피자 등의 메뉴가 있다. 긴 통창으로 들어오는 바다전경과 함께 운치 있게 식사를 즐길 수 있는 곳이다.

문의 033-644-9411 **주소** 강릉시 강동면 정동진리 율곡로 1441 **가격** 피자 20,000원, 하슬라 산야초정식 30,000원

주변볼거리

🚶 정동진역

바다와 가장 가까이 인접한 정동진역은 서울 광화문에서 볼 때 정동쪽에 위치한다. 조그마한 어촌이 드라마 〈모래시계〉를 계기로 전국에서 제일 활기 넘치는 간이역으로 바뀌었다. 추억과 사랑 그리고 꿈같은 일출여행을 품고 방문하는 여행지가 되었다. 서울 청량리에서 정동진역까지는 6시간 정도로 전국 각지의 역에서 해돋이열차가 운행되고 있다. 눈여겨볼 정동진역팔경은 모래시계소나무, 정동진시비, 정동진표지석, 정동진역사, 정동진조형물, 정동진웹카메라, 정동진일출, 정동진야경이다.

문의 1544-7788 **주소** 강릉시 강동면 정동역길 17

Theme ✔ 테마와 관련된 연관볼거리

감각 있는 미술관

과천 국립현대미술관

전통적인 공간구성을 현대적 기능에 맞게 적용하여 전통과 현대적인 감각이 느껴지는 미술관이다. 야외에도 조형물이 많아 입장 전 이리저리 조각품을 감상할 수 있다. 미술관은 한국의 성곽과 봉화대 전통양식을 투영한 디자인이며, 동면의 3개 층, 서편의 2개 층으로 구성되어 있다. 총 9개의 전시실로 원형전시실, 상설전시실 등이 있으며 한국 근현대미술연구의 중추적 역할을 하고 있다.

영천 시안미술관

1999년 폐교된 화산초등학교 가상분교를 매입하여 6,000여 평의 잔디조각공원과 유럽풍 3층 건물에 4개의 전시관과 야외음악당 등을 갖추고 있다. 학생들이 떠나간 폐교건물을 건축가 홍기석씨가 지붕과 빔을 이용하여 단아하지만 웅장한 스타일의 미술관으로 리노베이션하였다. 미술관람도 좋지만 넓은 운동장에는 다양한 조형물이 많아 사진 출사지로도 유명하다.

진천 상촌미술관

충북 진천군 미잠리에 있는 이원 아트빌리지와 상원미술관은 건축가 원대연씨와 사진작가 이숙경씨 부부가 '예술을 주제로 한 마을 일구기'를 실현하여 지은 복합문화공간이다. 2004년 개관하였으며 모든 건물과 공간들은 자연과 일체하여 인간의 삶이 깃들 수 있도록 만들어졌다. 전시관은 '샛길, 작은숲, 윗마당, 예원당, 하늘못, 이상헌' 등의 자연 친화적인 이름을 사용하였으며, 커피숍, 아트숍, 음악감상실 등의 부대시설을 갖추고 있다.

Theme **03** 시간에 관해 우리가 몰랐던 것
정동진모래시계공원과 시간박물관

정동진모래시계공원은 정동진역에서 레일바이크나 걸어서 10분 거리에 위치한다. 모래시계공원에는 1년 동안 모래가 떨어지는 대형모래시계와 기차카페, 시간박물관, 북극성을 향하고 있는 정동진해시계 등이 있다. 정동진천이 모래시계공원을 휘감고 돌아 바다와 합류하는 지형으로 흰색과 연두색, 빨간색으로 제법 모양을 낸 다리를 건너면 정동진시간박물관이다.

일 년을 가늠하는 세계 최대의 모래시계
밀레니엄모래시계

박물관으로 들어가기 전 우선 모래시계공원부터 둘러보자. 가장 눈에 띄는 건 역시 이곳을 대표하는 대형 모래시계이다. 세계 최대 규모로 지름 8m, 폭 3.2m에 무게 40톤(모래무게만 8톤)으로 2000년 새천년을 맞이하여 설치한 모래시계이다. 가까이서 들여다보면 모래가 떨어지는 모습을 볼 수 있는데, 위쪽의 모래가 모두 떨어지는 데 1년이 걸리며, 매

년 12월 31일 24시에 레일 반대쪽으로 반 바퀴 돌리는 회전식행사가 강릉시 주관으로 성대하게 치러진다.

밀레니엄모래시계의 외관은 일반적인 호리병이 아닌 둥근 모양으로 시간의 무한성과 태양을 상징한다. 모래시계 원 가장자리에는 하루의 시간을 알려주는 십이지간 동물이 그려 있다. 이 외에도 커다란 정동진해시계는 화살표가 지구의 회전축과 일치하고 그 끝은 북극성

을 가리킨다. 화살과 지면이 이루는 각도는 정동진의 위도이며, 가운데 반원은 적도라인과 일치하여 화살의 그림자로 시간을 측정할 수 있다. 해변의 또 다른 볼거리는 오른쪽 끝 썬크루즈리조트와 유람선카페로 마치 금방이라도 바다로 출항할 기세이다.

달리는 기차, 흐르는 시간을 담은
박물관

정동진시간박물관은 제일 앞에 있는 증기기관차부터 객차 7량과 기차지붕 위 전망대까지 객차마다 주제를 달리하여 전시시설과 체험공간으로 꾸며져 있다. 제일 앞 칸 증기기관차는 특별연주이벤트 등을 진행하는 곳이며, 매표소 겸 카페를 겸한 첫 번째 칸은 뮤지엄숍으로 관람을 마친 후 입장권을 보여주면 방문객할인으로 커피를 마실 수 있다. 조금 더 특별한 추억을 만들고 싶다면 매표할 때 시간박물관과 레일바이크를 패키지로 묶어서 구매하는 것도 좋다.

객차 2~7번째 칸은 시간과 관련된 전시물들로 꾸며져 있다. 시간이야기부터 시간과 과학, 예술, 추억, 열정, 함께한 시간과 함께할 시간으로 구분하여 전시된다. 시간을 주제로 한 박물관답게 시간측정의 발달사, 과학관, 중세관, 시간과 추억, 현대관, 타이타닉 등의 테마로 동서양의 시간과 관련된 다양한 유물을 만날 수 있다. 눈여겨 볼만 한 것은 포토존으로 진짜 바다를 닮은 액자, 타이타닉호 연회장, 돌이킬 수 없는 사진 등이 있으며, 타이타닉호 침몰순간 멈춘 세계 유일의 회중시계가 특별 전시되어 있다.

우리가 몰랐던 경이로운
세상의 시계들

2~3번째 객차에 채워진 시간이야기와 시간과 과학코너에서는 시간의 탄생부터 오차를 극복하기 위한 인간의 노력을 살펴볼 수 있다. 시간을 측정하기 위한 물시계, 모래시계, 수정시계, 향시계, 양초시계, 오일시계, 전자시계 등을 살펴볼 수 있으며, 속도와 중력에 의해

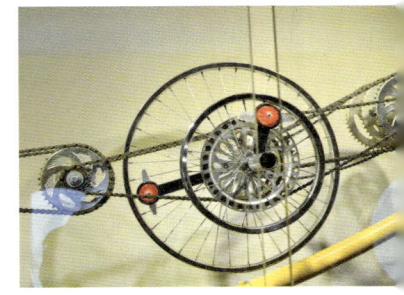

시간이 깨질 수 있다는 아인슈타인의 상대성이론까지 구현되어 있다. 4번 객차인 시간과 예술코너에서는 독일, 프랑스, 오스트리아, 중국, 네덜란드 등 왕과 귀족들이 부의 상징으로 소유했던 화려하고 진귀한 중세시계를 감상할 수 있다. 푸른색 도자기에 금장으로 장식한 1800년대 프랑스시계, 청나라 때 만들어진 중국 국보급 시계, 검은 대리석과 금장으로 장식한 시계 등 보기 드문 화려한 시계들이 전시되어 있다.

5번째 객차인 시간과 추억코너에는 영화 〈타이타닉〉에서 배가 침몰하는 순간 멈췄다는 세계 유일의 회중시계가 전시되어 있다. 시계내부는 완전히 녹슬었으나 외형은 금으로 제작되어 온전히 보존되었는데 딸의 행운을 기원하는 문구가 새겨져 있다. 6번째 객차인 시간과 열정코너에서는 설치미술작품들을 만날 수 있다. 서스펜디드타임은 54개의 자전거기어와 27개의 체인을 조합하여 정교하게 작동하는 시계이자 예술작품이다. 매시 정각에 구슬이 굴러 내려와 숫자만큼 종을 치는 스트라이키네틱, 축의 기울기와 쇠구슬의 중력에 의해 오르내리는 시지푸스타워 등 과학적 원리를 이용한 시계를 만날 수 있다.

다시 생각해보는
1분의 소중함

마지막 객차인 함께한 시간 함께할 시간코너를 끝으로 박물관 관람이 끝난다. 그리고 바로 이어지는 전망대가 있어 정동진해변을 탁 트인 공간에서 사방으로 둘러볼 수 있다. 전망대에는 잔잔한 감동을 주는 만화작가 최영순의 「타임카툰」 작품이 걸려있다. 1분이라는 시간은 노래 한 곡, 신문 한 꼭지, 커피 한 잔도 다 마실 수 없는 시간이지만 사랑하는 사람을 안아주기에는 충분한 시간이라는 것을 5컷 카툰으로 전하고 있다.

어디론가 무작정 달릴 것 같은 박물관열차와 사공이 많아 산으로 갔는지 모를 크루즈호텔까지 모래시계공원 전망대에 오르면 공간에 대한 상식이 일반적이지 않아 더 재미있게 다가온다. 정동진으로 떠나는 시간여행은 동해일출을 보면서 새로운 출발을 다짐하는 시간부터 사랑하는 연인과 평생을 함께하는 약속의 시간까지 혼자이든 함께이든 누구에게나 공평하게 흐르고 있다.

여행 정보

찾아가는 길

- 동해고속도로 강릉TG 빠져나와 동해방면 경강로 따라 3.5km → 갈림길에서 정동진방면 우측도로 680m → 홍제교차로에서 정동진방면 우회전 후 강릉대로 따라 14.2km → 정동진교차로에서 정동진방면 좌회전 후 1.4km → 삼거리에서 강릉방면 좌회전 후 1.2km → 정동삼거리에서 이정표 확인하면서 700m, 모래시계공원주차장으로 진입

- 강릉고속버스터미널 하차 후 터미널정류장까지 도보이동 (100m, 3분 소요) → 109번 버스 탑승 후 정동해변정류장에서 하차(11개 정류장, 60분 소요) → 모래시계공원까지 도보이동(430m, 5분 소요)

이용안내

모래시계공원 문의 033-640-4533 **주소** 강동면 헌화로 990-1 **정동진시간박물관 문의** 033-645-4540 **운영시간** 09:00~18:00 **입장료** 성인 7,000원, 중고생 5,000원, 어린이 4,000원 **홈페이지** www.jdjimuseum.com

먹을거리

🍽 썬한식

초당순두부와 돌솥밥, 해산물칼국수까지 메뉴가 다양하다. 부드러운 초당순두부는 촌두부의 진한 손맛이 느껴진다. 해물전복 칼국수전골은 진한 해물육수에 조개와 전복을 듬뿍 넣어 쫄깃한 칼국수와 어우러진 바다향이 느껴진다. 밥이 따로 나오므로 칼국수국물과 함께 먹어도 좋다.

문의 033-644-5460 **주소** 강릉시 강동면 율곡로 1167 **가격** 순두부 7,000원, 해물전복전골 40,000원, 돌솥밥 9,000원

주변볼거리

🚶 정동진레일바이크

레일바이크 탑승장은 정동진역과 모래시계공원 두 곳으로 왕복 5.1 km 구간이다. 정동진역에서 탔다면 모래시계공원을 한 바퀴 돌아오는데 다른 곳과 달리 자동운전이 가능해서 힘들이지 않고 바다를 만끽할 수 있다. 2인용과 4인용으로 주말과 휴가철에는 인터넷 예약을 하지 않으면 이용하기 힘들 정도로 인기가 있다.

문의 033-655-7786 **주소** 강릉시 강동면 정동역길 17 **운영시간** 09:00~17:00 **가격** 2인승 20,000원, 4인승 30,000원

Theme ✔ 테마와 관련된 연관볼거리

모래가 아름다운 해변

신두리해안사구

신두리해안사구는 우리나라에서 규모가 가장 큰 모래언덕으로 천연기념물 제431호로 지정되어 있다. 겨울철 강한 북서풍의 영향으로 모래가 바람에 날려 개펄과 육지까지 날라와 형성된 해안사구로 해변 길이만 약 3.4km에 달한다. 해안사구의 원형이 잘 보존되어 있으며, 독특한 경관과 해당화군락 등 생태학적으로 가치가 높다.

삼봉해변

아름다운 태안절경 천삼백 리 솔향기길 중 노을길을 걷기 전 삼봉해수욕장에 형성된 4km의 은빛 백사장이다. 삼봉은 22m, 20m, 18m의 봉우리 세 개로 삼봉해변의 좌측에 위치하고 있다. 삼봉해변에는 모래가 바람에 날려 해안을 따라 형성되도록 대나무로 설치된 모래사구의 모습을 볼 수 있다.

만리포해수욕장

태안반도의 중심을 이루며 바다 쪽으로 가장 멀리 나와 있는 해수욕장으로 백사장 길이가 2km에 달하며, 폭은 250m이다. 해변입구에는 만리포연가와 만리포사랑 노래비 그리고 대한민국 서쪽 땅끝을 알리는 정서진비석이 있다. 태안해안국립공원 중 제1경에 속하는 만리포는 수심이 완만하여 해수욕을 즐기기 좋고, 바닷물은 계곡물처럼 맑고 해안선이 아름답다. 만리포해수욕장을 사이에 두고 천리포, 백리포, 십리포 등의 해변이 이어진다.

Theme 04 드라마 <태양의 후예> 촬영지
문화예술광산 삼탄아트마인

정선은 1970년대 후반까지 전국 석탄생산량의 28%를 차지할 정도로 호황을 누렸던 탄전도시이다. 하지만 탄광들이 문을 닫으면서 탄전도시 명성은 사라지고 산촌으로 돌아갔다. 하지만 함백산자락 검은 황금을 품은 골짜기는 예술인들의 열정으로 리모델링되어 삼탄아트마인으로 다시 태어났다. 2013년 탄광지역의 생활현장보존과 복원사업의 일환으로 문화예술광산으로 탈바꿈하였다.

예술작품 같은 방에서 하룻밤
아트레지던스

삼탄아트마인은 삼척탄좌의 삼탄과 예술과 광산을 의미하는 영어단어를 합성한 이름이다. 삼탄아트마인에는 카페테라스, 마인갤러리, 예술놀이터, 작가스튜디오, 세계미술수장고, 현대미술관 캠, 삼탄뮤지움, 아트레지던스, 동굴와이너리, 레스토랑 832L 등이 있으며, 지금도 계속 발전하는 문화예술광산이다. 최근 인기드라마 <태양의 후예> 촬영지로 알려지면서 부쩍 찾는 사람이 많아지고 있다.

삼탄아트마인은 그냥 관람하는 것보다 도슨트 투어를 이용하면 작품을 이해하는 데 한결 도움이 된다. 주중에는 오전 11시 30분과 오후 2시 30분, 주말에는 오전 11시, 오후 2시와 4시에 가능하다. 맞은편 카페테라스에 앉으면 창밖으로 레일바이뮤지엄과 야외공연장 등이 한눈에 들어온다. 인포데스크 맞은편 아트레지던스부터 둘러본다. 방호수부터 특이한 이곳은 작가들의 작품활동을 위한 숙소 겸 작업공간이지만 일반 인숙박도 가능하다. 부티크호텔처럼 독특한 스타일로 꾸며진 방은 하나하나가 예술작품 같은 분위기로 이색적인 하룻밤을 보낼 수 있다.

예술품으로 승화된
광부의 흔적

4층부터 관람하기 시작해서 내려가며 둘러볼 수 있는데, 복도에 그려진 광부들의 삶이 애잔하게 다가온다. 탄광으로 들어가기 전 광부들의 모습을 그린 그림은 유난히 어둡고, 웃음기마저 찾기 힘들다. 삼탄아트센터는 과거 삼척탄좌 종합사무동이었는데, 샤워실, 세화장, 세탁실과 수직갱을 움직이던 종합운전실 등이 있었다.

아직도 한쪽에는 당시 서류들이 고스란히 보존되어 있어 그 자체만으로도 시간여행이 된다. 아무렇게나 버려진 낡은 책과 서류, 이력서, 월급명세서 등 과거의 흔적들이 현재와 자연스럽게 소통하며 광부들의 삶을 얘기해준다. 삼척탄좌의 급여는 주변 광산보다도 1.5~2배나 높았으며, 당시 공무원월급의 3배 이상이었다고 하니 얼마나 힘들고 위험한 일이었는지 짐작할 수 있다. 아트센터답게 과거 광부들이 사용하다 버린 폐품들도 작가의 손길을 거쳐 예술품으로 승화돼 전시되어 있다.

고단했던 광부들의 삶이 떠오르는
기획전시실

2층으로 내려오면 세계미술품수장고와 마인갤러리, 기획전시실 등이 있다. 과거 광부들의 화장실이었던 마인갤러리3(기획전시실)은 현재 시멘트로 메워져 있지만, 광부들의 삶을 사실적으

로 보여주기 위해 당시 재래식화장실로 복원할 예정이라고 한다. 삼탄아트마인이 한번 둘러보고 말 곳이 아님은 세계미술수장고를 보면 알 수 있다. 김민석대표가 20대부터 30여 년간 수집한 10만여 점의 희귀미술품을 총 10개 분야로 나눠 보관하고 있어, 앞으로 계속 순환전시할 예정이라고 한다. 소장품 중에는 1700년대 영국에서 만들어진 피아노와 축음기, 오르간, 콘솔형 재봉틀 등도 볼 수 있다. 여타 박물관과 달리 자유롭게 피아노를 만지며 쳐볼 수도 있어 살아있는 전시관답다.

과거 삼척탄좌에는 3천 명이 넘는 직원이 3교대로 천 명씩 출퇴근을 했다고 한다. 온몸에 석탄가루를 뒤집어쓴 이들은 퇴근할 때 샤워를 했는데, 이 샤워시설 또한 이색적인 전시실로 탈바꿈하였다. 천장에 매달린 186개의 샤워꼭지에는 고단했던 광부들의 삶이 예술작품으로 변신하였다. 폐나 척추를 촬영한 X-Ray필름과 급전을 위해 썼을 차용증 등이 쓸쓸하게 매달려 관람객에게 말을 걸어온다.

광부의 아내가 된 순백의 신부
석탄가루와 웨딩드레스

작업을 마친 광부들은 세화장에서 장화에 범벅된 석탄가루부터 씻어냈다. 현재 세화장은 마인갤러리1로 꾸며져 순백의 웨딩드레스가 눈길을 끈다. 이명환작가의 설치미술작품으로 숯검정 탄광촌에 순백의 웨딩드레스가 많은 사연을 얘기해준다. 실제 당시 탄광촌 아낙들이 대여해 입었던 웨딩드레스를 작품에 이용했다고 하니 더 눈길이 간다.

삼척탄좌의 조차장에 들어서면 '1978년 4월 20일 기공'이라 적힌 머릿돌부터 보인다. 입구는 채탄현장으로 내려가는 길과 일을 마치고 나오는 길, 두 갈래이다. 아트샵에서는 세계 각국의 기념품들을 팔고 있으며, 엽서를 구입하여 우체통에 넣으면 100일 후 받아볼 수 있어 삼탄아트마인의 추억을 되돌아볼 수 있다. 상상놀이터에서는 몽골의 대표적인 주거형태인 게르를 체험해볼 수 있고, 기념품도 직접 만들어 갈 수 있으므로 팝아트, 도자기, 판화, 토트백 등 다양한 미술체험에 도전해보자.

생과 사의 갈림길에 핀
레일바이뮤지엄

영화 속에서나 어렴풋이 보던 채탄현장이다. '가정, 나라, 직장을 사랑한다'라고 적힌 구호 옆에는 엘리베이터와 인차운행시간표가 보인다. 수직갱도는 수직 50m 간격으로 수평갱도와 연결되고, 수직 100m마다 20톤의 석탄을 적재할 수 있는 운반용 스킵시설을 갖춰 4분마다 20톤의 석탄을 끌어올렸으며, 광부 400명을 한 번에 작업현장으로 내려 보낼 수 있었다.

어지럽게 너부러진 철구조물과 움직이지 않는 컨베이어는 산업시대가 남긴 거대한 예술품이 되어 레일바이뮤지엄으로 다시 태어났다. '꿈의 조각들을 모으다'라는 신용구의 전시&퍼포먼스는 검은 석탄 위에 핀 염원의 붉은 꽃으로 문화감성을 끌어낸다. 열심히 일했을 그들의 모습이 마치 빨간 꽃으로 환생한 듯 강렬하여 잠시 동안 눈을 떼지 못한다.

아빠! 오늘도 무사히
와이너리 뱅과 동굴갤러리

레일바이뮤지엄을 나오면 자연스럽게 기억의 정원으로 이어진다. 1974년 갱도 내 채탄현장에서 희생된 광부 26명을 기리기 위한 '석탄을 캐는 광부'라는 조형물이 세워져 있다. 삼탄아트센트와 레일바이뮤지엄 그리고 겨울철 광부들의 몸을 데워주던 붉은 벽돌 건물 보일러실은 이제 사람의 마음을 따뜻하게 해주는 복합공연장으로 탈바꿈하였다.

동굴와이너리 뱅은 석탄을 캐던 수평갱으로 한여름에도 자연바람이 불어 시원하다. 연평균 온도가 매년 똑같고, 온도차가 20도 이상이라 천연 와인저장고로 제격이다. 바닥이 진흙길이라 미끄러울 수 있어 조심해야 한다. 뱅을 빠져나오면 '아빠! 오늘도 무사히'라 적힌 글이 유난히 가슴에 다가온다. 수평갱850은 깊숙이 매장된 석탄을 채굴하기 위해 뚫은 수평갱으로 약 500m까지 수평으로 진입한다. 이곳은 갱도의 모습을 직접 보고 느낄 수 있는 동굴갤러리 겸 탄광체험관이다. 국내 최대 민영 탄광이었던 삼척탄좌의 힘차게 움직이던 기계들은 시간이 멈춘 채 잠들어 있지만, 광부들이 떠난 자리는 소중한 지역문화유산이자 무한 창조공간으로 오늘도 작품을 캐고 있다.

여행 정보

찾아가는 길

🚗 중앙고속도로 제천TG 빠져나와 신동교차로에서 영월방면 우측도로 38번 국도 따라 84km → 상갈래교차로에서 상동방면 우측도로 2.3km → 이정표 확인하며 우회전 후 390m → 삼탄아트마인 주차장으로 진입

🚌 고한사북공영버스터미널 하차 후 고한사북공용터미널정류장에서 → 농어촌버스 60−1번(만항행) 탑승 후 못골정류장 하차(8개 정류장, 25분 소요) → 삼탄아트마인까지 도보 이동(700m, 10분 소요)

이용안내

문의 033−591−3001 주소 정선군 고한읍 함백산로 1445−44 입장료 13,000원 운영시간 아트센터 09:00~18:00(5~10월), 10:00~17:00(11~4월), 7월 18일~8월 23일 09:00~19:00(극성수기 무휴) 휴관 매주 월요일 레스토랑832L 10:00~20:00 850L카페 09:00~20:00 아트샵 및 미술체험 09:00~18:00

먹을거리

🍴 레스토랑832L

레스토랑832L은 레스토랑이 위치한 해발을 나타낸다. 탄광의 기계들을 제작, 수리하던 공장동 건물로 당시 탄광의 기계들을 고스란히 소생시켜 빈티지 콘셉트로 실내를 장식하였다. 돈가스, 파스타, 피자와 광부도시락을 맛볼 수 있다. 광부도시락은 양철도시락에 밥을 푸고 그 위에 달걀, 소시지 그리고 볶은 김치를 얹어서 내온다. 실제 광부들이 먹던 도시락인지는 의심이 가도 학창시절의 추억 한 줌을 깨울 수 있는 메뉴이다.

주변볼거리

🚶 정암사

태백에서 정선으로 넘어가는 골짜기에 자리한 산사로 오대산상원사, 양산통도사, 영월법흥사, 설악산봉정암과 함께 우리나라 5대 적멸보궁 중 한 곳이다. 신라 자장율사가 선덕여왕14년(645)에 창건하였으며, 1300년 전 자장율사가 지팡이를 꽂아 신표로 남겼다는 주목의 죽은 가지 일부가 회생하면서 관심을 받고 있다. 일주문을 들어서면 넉넉한 미소의 포대화상이 맞이하고 적멸궁, 관음전, 육화정사, 자장각, 삼성각, 목우당, 범종루, 요사채가 자리한다. 정암사 뒤편 산비탈에는 자장율사가 당나라에서 가져온 마노석으로 만든 칠층모전석탑인 수마노탑이 있는데 그곳에서 내려다보는 경관이 뛰어나다.

문의 033−591−2469 주소 정선군 고한읍 함백산로 1410

Theme 테마와 관련된 연관볼거리

석탄의 역사, 석탄박물관

보령석탄박물관

1995년 국내 최초로 건립된 석탄박물관으로 석탄의 기원과 효용성 등을 알 수 있으며, 우리나라 대표 에너지자원이었던 석탄과 연탄에 관련한 다양한 자료를 살펴볼 수 있다. 근대산업발전의 원동력이었던 석탄산업의 역사성을 보존하고 산교육의 장으로 활용된다. 탐구의 장, 발견의 장, 참여의 장, 확인의 장, 체험의 장 등 각각 5개의 전시장과 생활관으로 구성되어 있다.

태백석탄박물관

태백산 도립공원 안에 있으며, 석탄과 자연 그리고 인간이라는 주제로 석탄이 지닌 역사성을 재조명하는 박물관이다. 지질관, 석탄의 생성발견관, 석탄의 채굴이용관, 광산안전관, 탄광생활관, 태백지역관, 체험갱도관까지 일반적인 전시스토리가 아닌 구성 시뮬레이션 시스템, 특수효과 등 석탄에 관한 직간접적 체험을 두루 해볼 수 있다.

문경석탄박물관

석탄산업 변천사를 한눈에 볼 수 있는 박물관이다. 소품으로 광산장비, 광물/화석, 도면, 문서, 도서 등 6,730점이 있으며, 석탄이 형성되는 과정을 일목요연하게 전시하고 있다. 출갱장면, 매직비전, 장비전시, 폐광직전 활용했던 실제 갱도를 체험할 수 있다. 광택 사택전시관에는 광원사택, 이발소, 목욕탕, 주포, 구판장, 식육점, 직원사택 등 1970년대 사택모습을 재현해 놓았다.

Theme **05** 정선의 옛 주거문화 민속촌

정선아라리촌

아라리촌은 조양강변을 끼고 정선의 옛 주거문화를 재현해 놓은 민속촌이다. 강원도 전통가옥 굴피집, 너와집, 저릅집, 돌집, 귀틀집은 물론 주막, 토속상점, 물레방아, 통방아, 농기구 등의 생활문화도 살펴볼 수 있다. 입장료는 정선군 전통시장 활성화 차원에서 3,000원짜리 아리랑 상품권으로 교환이 가능하며, 체험비 등 관내에서 현금대용으로 사용할 수 있다.

누구나 양반으로 만들어주는
양반증서

매표소를 지나면 아리랑상품권을 사용할 수 있는 너와집카페와 굴피집, 기와집 등이 있고, 정선을 배경으로 연암박지원이 지은 「양반전」 속 스토리와 함께 등장인물을 만날 수 있다. 「양반전」은 양반의 무능과 부패를 풍자와 해학으로 고발하는 내용이다. 어질고 정직하며 책 읽기를 좋아하던 가난한 양반은 인품은 높지만 경제능력이 없었다. 하여 관가의 곡

식으로 연명하다보니 어느새 빚이 천 섬에 이르게 되어 감옥에 갇힐 형편이 된다. 그때 빚을 대신 갚아주고 양반신분을 동네 부자 상민이 사들이자 이를 안 군수가 직접 증인이 되어 양반문서를 만들어 준다. 문서에는 양반이 지켜야 할 까다로운 덕목들이 적혀 있어, 상민은 낙담하고 다른 것은 없냐고 요구한다. 이번에는 놀고먹을 수 있는 여러 특혜를 나열해주자 도둑놈이나 다름없음을 알고 상민은 양반되기를 포기했다는 이야기이다.

「양반전」 내용처럼 문화관광해설사의 집에서 '양반증서'라는 것을 만들어 준다. 양반증서 신청서에 이름을 한자로 적어 제출하면 '양반의 덕목'이 적힌 양반증서를 받을 수 있다. 양반의 덕목에는 새벽에 일어나 학문을 익히며, 밥을 먹을 때 국부터 훌쩍거리며 떠먹지 말고, 화가 나더라도 성내지 말며, 더워도 버선을 벗지 말라고 적혀있다.

강원지역의 다양한 주거형태를 살펴볼 수 있는
전통가옥

아라리촌에서 가장 먼저 만나는 가옥은 기와집으로 안채, 사랑채 등 우리가 흔히 봐 왔던 전통가옥이다. 사랑채는 현재 아라리학당으로 이용되는데, 무료로 정선아리랑(매주 수요일을 제외한 11:00~16:00)을 배우고 체험할 수 있다. 아이들 체험학습으로 정선군 캐릭터 '와와군과 친구들'을 공예체험장에서 직접 그려볼 수 있다. 체험료(기본 3,000원)는 입장권 구매 시 받은 상품권으로 지불해도 된다.

천천히 산책하듯 걸으면서 아라리촌에 조성된 강원도의 주거형태를 살펴보자. 굴피집은 원시형 산촌가옥으로 참나무 껍질인 굴피로 지붕을 이은 집이다. 정선, 강릉, 양양, 평창 지역에서 많이 볼 수 있었던 주거형태로 겨울에는 춥고 여름에 비가 많은 기후에 적합하여 보온과 제습에 효과적이다. 정선지역의 전통가옥 너와집은 소나무를 쪼갠 널판을 지

붕으로 얹었고, 돌집(청석집)은 정선지역에 매장된 청석을 두께 2cm 정도로 가공하여 지붕으로 올린 집이다. 귀틀집은 목재가 풍부한 지역특성을 잘 반영한 주거형태로 껍질을 벗긴 통나무를 우물정(井)자 모양으로 벽체를 쌓고 진흙으로 메워 지었다. 저릅집은 대마줄기를 짚 대신 이엉으로 이은 집이다.

잊혀 가는 전통농기구를 살펴볼 수 있는
농기구공방

농기구공방은 농업에 필요한 각종 기구가 전시된 공간이다. 도시인들은 잘 모르는 일구기, 김매기, 거두기, 알곡털기, 갈무리, 알곡찧기, 자리짜기 등 농사관련 용어부터 익힐 수 있다. 연자방아는 발동기가 없던 시절 많은 곡식을 찧거나 빻을 때 소나 말의 힘을 이용하던 방아로 호기심 많은 아이가 우마를 대신해 돌리고 있다. 통방아는 물방아 또는 벼락방아라고도 하는데 커다란 통나무를 파서 흘러들어온 물에 의해 방아를 움직여 곡식을 찧는다. 통방아 건너편에는 익히 알고 있는 물레방아도 있다.

물레방아 옆으로 서낭당이 있고, 연못에는 조양강에 서식하는 피라미, 금강모치, 퉁가리 등 대표적인 향토어종이 살고 있다. 아리리촌 한복판에는 놀이마당이 있다. 운이 좋으면 특별한 공연도 즐길 수 있다. 강바람이 느껴지는 곳으로 발걸음을 옮기면 육모정이 보인다. 육모정에서는 유유히 흐르는 조양강과 정선읍내를 한눈에 내려다 볼 수 있다. 시원한 강바람 따라 데크길을 걷는 것도 괜찮다.

여행 정보

찾아가는 길

- 영동고속도로 새말TG 빠져나와 안흥방면 우측도로 600m 이동 후 새말교차로에서 평창방면 좌회전 후 42번 국도 따라 34km → 방림삼거리에서 정선방면 우회전 후 31번 국도 따라 7km → 후평사거리에서 평창방면 좌회전 후 1.4km → 천변삼거리에서 좌회전 후 750m → 우회전 후 평창교 건너 42번 국도 따라 26km → 북실교차로에서 정선방면 우회전 후 4.3km → 애산교차로에서 진부방면 좌회전 후 350m → 이정표 확인하며 정선아리리촌 주차장으로 진입
- 정선시외버스터미널 하차 후 정선버스터미널정류장까지 도보이동 → 정선버스터미널정류장에서 농어촌버스 탑승 후 애산리, 여성회관정류장 하차(4개 정류장, 15분 소요) → 정선아리리촌까지 도보이동(130m, 3분 소요)
- 민둥산역 하차 후 민둥산역정류장에서 농어촌버스 100번 탑승 → 애산리, 여성회관정류장에서 하차(11개 정류장, 60분 소요) → 정선아리리촌까지 도보이동(130m, 3분 소요)

이용안내

문의 033-560-3435 **주소** 정선군 정선읍 애산로 37 **입장료** 3,000원(정선군 아리랑상품권 교환) **운영시간** 09:00~18:00(매주 월요일 휴무) **주차료** 무료

먹을거리

🍴 정선시장

시장 안에는 온통 먹거리로 가득하여 들어서는 순간부터 고소한 냄새가 코끝을 자극한다. 감자전, 수수부꾸미, 메밀전병과 김치전, 꼬치오뎅 등 종류도 다양하다. 식당에서는 정선의 풍미를 느낄 수 있는 곤드레밥, 콧등치기국수, 올챙이국수 등 토속적인 먹거리가 풍부하다. 가격도 저렴한 편이라 만 원 정도면 푸짐하게 먹을 수 있다.

주변볼거리

🚶 정선오일장

정선오일장은 매달 끝자리가 2일과 7일에 열린다. 청량리역에서 출발하여 중앙선, 태백선, 경전선을 경유하는 관광열차 정선아리랑열차를 이용한다면 시장과 더불어 낭만여행을 즐길 수 있다. 정선시장은 시골장터에서 흔히 볼 수 있는 다양한 물건들이 즐비하다. 정선역에서 걸어서 10분 정도 걸리며 정선장이 서는 날 오후 2시에는 정선문화예술회관에서 정선아리랑 뮤지컬극 '아리 아라리 공연'도 관람하면 좋다. 시장입구 제2교 아래 조양강 둔치에서도 5일 장날(매주 토~일요일 포함)에 맞춰 전통나룻배 무료체험을 즐길 수 있다. 장터근처에는 상유재, 봉양리뽕나무, 정선성당 등과 쉼터가 있다.

문의 033-563-6200 **주소** 정선군 정선읍 봉양7길 39 **운영시간** 09:00~18:00

민속체험박물관

증평 민속체험박물관

향토자료전시관, 두레관, 문화체험관, 한옥체험관, 공예체험관, 대장간체험장 등 증평의 농경문화와 역사를 직접 체험하면서 살펴볼 수 있다. 증평군에 전해 내려오는 장뜰두레놀이도 공연장에서 체험해볼 수 있다. 문화체험관에서는 세계 각국의 인형을 볼 수 있으며, 철의 예술가로 유명한 증평대장간의 대장장이 최용진의 철의 세계를 엿볼 수 있는 대장간전시관이 있다.

당진합덕수리민속박물관

조선3대 저수지중 하나였던 합덕제방을 기념하기 위하여 세워진 박물관으로 수리농경문화를 이해할 수 있는 여러 종류의 체험시설을 갖추고 있다. 전시실은 수리문화관, 합덕문화관으로 나눠져 합덕제의 기원부터 한국의 수리역사와 당진지역의 문화를 소개한다. 야외전시장에서는 초가체험시설과 가래, 도리깨체험장, 타작 및 농기구 체험시설, 제방다지기 및 허수아비체험시설, 씨름장, 윷놀이, 도정기구와 목수체험시설이 있다.

세종시립민속박물관

세종시의 민속자료를 체계적으로 수집, 연구, 전시, 교육하여 과거 생활 속 우리 농경문화를 이해할 수 있도록 구성된 박물관이다. 상설전시로 토기자기, 의식주, 우리의 일상생활민속, 사계절농업전시가 있으며 기획전시관이 따로 있다. 체험학습장에서는 직접 손으로 만지고 놀이를 통해 체험을 즐길 수 있다.

Theme **06** 붉은 언덕
묵호등대 담화마을(논골담길)

묵호항은 1941년 개항한 동해안의 대표적인 어업전진기지로 묵호라는 지명은 조선후기 순조 때 큰 해일로 사람들이 굶주리자 조정에서 파견 나온 이유응부사가 이곳은 바다가 검고, 물새도 검다 하여 묵호라 칭한 것에서 유래한다. 담화마을은 묵호항 인근마을로 묵호등대와 논골담길에 묵호 사람들의 살아온 이야기가 벽화로 그려져 있어 묵호의 대표관광지가 되었으며, 영화촬영지로도 유명하다.

해양문화공간으로 다시 태어난
묵호등대

묵호등대 주차장 근처에는 잠수함 모양의 버스정류장부터가 눈길을 끄는데, 실내는 미니도서관으로 아담하게 꾸며져 있다. 묵호등대는 1963년 해발 67m에 세워진 등대로 2007년 해양문화공간으로 조성하면서 전국적인 관광명소로 거듭났다. 나선형 계단을 올라가면 중앙기둥에는 바깥 풍경을 파노라마로 이어 붙여 지명을 표시해놓았다. 전망대에 오

르면 멀리 청옥산과 두타산의 백두대간 능선이 아련히 보이고 앞으로는 바다가 펼쳐진다.

묵호등대 주변은 수변공원으로 꾸며져 있는데 등대 100주년을 기념한 공모작품전 당선작과 안택규작가의 작품 〈화거〉, 영화의 고향 기념비가 설치되어 있다. 신영균, 문희 주연의 〈미워도 다시 한 번, 1968〉, 〈봄날은 간다, 2001〉, 드라마 〈찬란한 유산, 2009〉과 〈상속자들, 2013〉까지 시원한 경관만큼 많은 영화와 드라마가 이곳에서 촬영되었다. 묵호등대 문화공간에는 1908년 「소년」 창간호에 실린 최남선의 '해에게서 소년에게'가 적혀있다. 바로 아래에 전망 좋은 등대카페가 있고, 우측으로 묵호항이 보인다. 묵호항은 과거 연탄과 시멘트 중심의 무역항에서 현재는 울릉도와 독도를 가기 위해 들리는 여객항이자 어항으로 발전하였다.

논골담길 프로젝트로 활기를 되찾은
골목길

묵호등대마을은 1941년 개항과 더불어 전국에서 뱃사람들이 모여들면서 형성된 마을이다. 마을사람 대부분의 생업은 어부이거나 무연탄공장에서 일하던 사람들로 마을이 커지면서 가파른 산꼭대기까지 집이 생겼다. 30년 전까지만 해도 명태와 오징어가 많이 잡혀 북적거렸다. 2010년 동해문화원이 묵호를 재발견하자는 취지에서 실시한 '논골담길 프로젝트' 일환으로 담과 벽에 묵호사람들의 살아온 이야기를 벽화로 그려 묵호의 대표 관광지로 발전시켰다.

보통 벽화마을이라고 칭하지만, 이곳은 희망을 찾아 모여든 이들의 넘쳐나는 이야기를 담아 만든 길이다 하여 담화마을이라 부른다. 등대오름길, 한때 무거운 오징어나 명태를 짊어지고 오르내리던 골목길은 주민들이 직접 지은 시와 그림으로 채워져 있다. 등대오름길에서는 SBS 드라마 〈상속자들〉에서 여주인공 차은상이 살던 집도 만날 수 있다. 논골1

길에는 보물이 가득한 할머니의 자개장, 보따리 자판기 등 희망과 활기가 가득한 그림들이 채워져 그들의 삶과 함께 묵호의 현재를 느낄 수 있다.

묵호항을 배경으로 살아온
사람들

논골2길의 대표 주제는 묵호를 기억하고 희망하며 사랑하게 하는 모두의 묵호이고, 논골3길은 과거의 논골담길을 기억하며 그들의 이야기를 추억하게 하는 묵호의 과거를 벽화로 엿볼 수 있다. 마을을 걷다 보면 자주 눈에 띄는 명태와 오징어는 30여 년 전만 해도 묵호를 대표하던 어종이었다. 만선에서 끌어내린 명태와 오징어를 볕 좋은 곳에서 말리기 위해 이들은 장화를 신고 이 길을 무던히도 오르내렸다. 골목길을 걷다보면 그들의 삶이 어떠했는지 머릿속에 고스란히 그려진다.

지금처럼 정비되지 않았던 골목길은 흙길이었을 것이다. 그래서 비가 내리면 붉은 진흙이 흘러내려 붉은 언덕이라 불렸으며, 논처럼 질퍽거려 논골이라는 이름도 유래하였다. 아직도 슬레이트와 양철지붕이 빼곡한 논골길에는 묵호항을 배경으로 그들이 살아온 삶의 이야기가 구석구석 숨어 있다.

여행자들로 활기가 넘치는
논골담길

논골담길을 걷다 보면 원더우먼 할머니 벽화를 자주 보게 된다. 지금은 포토존으로 웃음을 안겨주지만, 할머니가 살아온 삶이 녹록지 않았음은 벽화에서 충분히 읽힌다. 골목길을 걷다보면 바다가는 길이라는 시와 소설의 한 구절이 적혀있어 자연스럽게 서성거

리게 된다. 등대가 어둠을 비추는 이유는 '사랑을 잃고 길 위에서 서성이는 눈먼 이들의 희망이기 때문', '지고 가자 고단한 삶, 애써 이기려 말고 실컷 지고 가자' 가파른 언덕 위로 바람에 떠밀린 사람들의 이야기가 시 한 줄에 고스란히 스며있다.

다닥다닥 붙어있는 주택들 사이로 한 뼘이나마 땅은 그들에게 얼마나 소중한 것이었을까? 아직도 골목길 곳곳에는 대야나 화분 등으로 텃밭을 대신해 푸성귀를 키우고 있다. 주인이 떠난 공터에는 새로운 세상을 향해 떠났다는 것을 알리듯 배 조형물이 서 있다. 이곳에서 촬영된 드라마 〈상속자들〉이 해외까지 인기를 끌면서 심심치 않게 외국인도 눈에 띈다. 이를 반영하듯 등대오름길에는 카페, 펜션 등 상가들이 제법 활기를 띠고 있다. 한국관광공사 '나를 찾아 떠나는 가을 여행지'로 선정될 만큼 논골담길은 점점 활기가 넘치는 여행지가 되고 있다.

사랑이 일렁이는
출렁다리

이곳의 또 하나의 명물은 묵호등대 출렁다리로 드라마 〈찬란한 유산〉에서 애틋한 키스신을 촬영하였던 곳이다. 이 달콤한 장소를 보기 위해서는 가파른 계단을 내려가야만 한다. 까막바위회타운에서 올라오면 출렁다리를 통해 등대까지 오를 수 있다. 출렁다리 언덕 위에 있는 펜션과 지그재그 길은 햇살을 고스란히 받아 무척 아름답게 보인다.

여기서 멀지 않은 곳에 드라마 〈상속자들〉 촬영지로 '고은상의 집'과 '영도와 은상이 엄마가 만난 길' 등이 보존되어 있다. 출렁다리에서 곧장 내려오면 회타운이 있어 바다를 보며 한 끼 식사를 즐기기 좋다. 그 앞에는 매년 풍어제를 지내는 꺼먹바위와 큰 문어상이 있다. 꺼먹바위에는 까마귀가 바위에 새끼를 쳤다는 이야기가 전해진다. 논골담길은 망상해수욕장, 추암촛대바위 등이 인접해 있어 함께 둘러보기 좋다.

여행 정보

찾아가는 길

🚗 동해고속도로 망상TG 빠져나와 묵호항방면 우회전 후 2.5km → 창호초교입구에서 묵호등대방면 좌회전 후 1.4km → 갈림길에서 좌회전 후 450m → 이정표 확인하면서 해맞이길로 우회전 후 1.1km → 묵호등대전망대주차장으로 진입

🚌 동해고속버스터미널 하차 후 고속버스터미널정류장까지 도보이동(120m, 3분 거리) → 시내버스 32-1번 탑승 후 갈매기횟집정류장 하차(9개 정류장, 15분 소요) → 묵호등대전망대까지 도보이동(380m, 5분 소요)

이용안내

묵호등대 문의 033-531-3258 **주소** 동해시 해맞이길 289 **운영시간** 09:00~17:30(동절기 09:00~17:00) **입장료** 무료

먹을거리

🍴 일출곰치국

예전 1박 2일팀이 동해일출 미션을 수행하고 이곳에서 내기 후 아침식사를 한 곳이다. 곰치국은 김치와 물곰이라는 생선으로 끓인 해장국으로 첫맛은 시원하고 김치가 들어가서 익숙한 맛이 느껴진다. 생선가자미에 좁쌀과 무말랭이로 만든 강원도음식 가자미식혜는 완전 밥도둑으로 직접 담가 판매도 하고 있다.(1kg 15,000원)

문의 033-532-7272 **주소** 동해시 묵호진동 일출로 131(도레 끝) **가격** 곰치국 15,000원

주변볼거리

🚶 망상해수욕장

서울에서 정동방에 위치한 망상해변은 동해안 제일의 명사십리로 울창한 송림과 2km에 달하는 백사장, 완만한 수심까지 해변휴양지로 손색이 없다. 특히 오토캠프장, 캐러반, 캐빈하우스 등과 해변 산책로, 놀이터 등 편의시설이 잘 갖추어져 있다. 또한 동해 주변으로 아름다운 자연환경과 다양한 축제가 펼쳐져 사계절 주목받는 휴양지이다.

문의 033-530-2800 **주소** 동해시 망상동 393-16

Theme ✓ 테마와 관련된 연관볼거리

벽화마을

전주 자만벽화마을

오목대에서 육교를 건너면 바로 벽화마을로 연결된다. 자만벽화마을은 이목대가 위치해 있으며 조선을 건국한 이성계의 고조부 이안사가 살았던 곳이다. 마을에는 과거 '이 마을은 자손의 번성을 위해 일반인의 출입을 금하였다'는 자만동금표가 있다. 벽화골목은 참 다양한 그림이 그려져 있다. 토속적인 그림. 동화나라를 연상케 하는 동심어린 그림 등 테마가 다양하여 골목을 누비고 다니는 재미가 있다. 벽화골목이 그리 큰 편이 아니라 30분이면 충분히 다 둘러볼 수 있다.

울산 야음동신화벽화마을

신화벽화마을은 1960년대 울산공단 형성으로 삶의 터전을 잃은 사람들이 모여들면서 형성된 공단이주민촌이다. 마을이름 신화는 '새롭게 화합하여 잘 살자'라는 뜻을 담고 있어 이주 당시의 상황을 미루어 짐작할 수 있다. 여천오거리 언덕에 자리한 마을에는 현재 주민 400여명이 186채의 가옥에 살고 있다. 울산의 경제발전에도 불구하고 도시 속 섬처럼 공단지역으로 둘러싸여 있으며 벽화마을과 예술마을이 되어 새롭게 활기가 넘치는 곳으로 발전하고 있다.

대구 마비정벽화마을

마비정은 화원읍 소재지에서 남평문씨 세거지인 본리 1리를 지나 약 2km 지점에 위치한다. 20여 가구가 모여 사는 이곳에는 흙담을 이용하여 정겨운 시골마을의 일상을 그대로 담아 놓았다. 다른 벽화마을과 달리 공동프로젝트가 아닌 한 작가의 작품이라는 것과 벽화에 여백을 두어 누구나 다녀간 흔적을 남길 수 있게 한 것이 이색적이다. 마비정벽화는 향토의 멋을 느낄 수 있어 더욱 친근감이 느껴지며 유년시절의 추억을 생각나게 한다.

Theme **07** 동해물과 백두산이~♪
추암해변과 촛대바위

강원도 최북단 고성에서 시작하여 삼척을 잇는 동해안은 한국의 낭만가도라 불리며, 빼어난 절경을 자랑한다. 그중에서도 1980년 삼척의 북평읍과 강릉의 묵호읍이 합쳐져 탄생한 동해시는 동해안 제일의 명사십리인 망상해변과 추암해변을 품고 있다. 특히 동해 추암해변의 촛대바위는 과거 애국가의 배경화면으로 등장하면서 아직까지도 일출명소로 유명세를 타고 있다.

조그마한 해변에 감춰진
애국가 배경

추암해변 촛대바위를 보러 가는 길, 굴다리를 건너면 오른쪽에 관광안내소가 있어 추암 및 동해 관련 여행정보를 얻을 수 있다. 건물 옆 계단을 오르면 추암역으로 이어지고, 좌측에는 추암조각공원이 잘 조성되어 있으므로 촛대바위를 구경한 후 나오면서 둘러보면 된다. 추암해변은 백사장 길이 150m 정도로 그리 넓지 않은 조그마한 해수욕장이다. 바닷물과 강물이 합쳐지는 지점에는 물고

기가 가득하고, 정면 해맞이 다리를 건너면 기암괴석과 송림이 보이는 나지막한 동산이다. 이 동산의 계단을 따라 올라가면 추암촛대바위를 만날 수 있다.

동산에 오르면 시원한 바다조망과 함께 추암촛대바위를 내려다볼 수 있다. 우측으로 추암해변이 보이고 멀리 울릉도를 부속시킨 신라장군 이사부를 기념하는 이사부사자공원도 보인다. 올라가는 계단 끝에는 능파대전망대 겸 관리사무소가 있고, 남한산성의 정동방(正東方)임을 알리는 표지석과 망원경이 보인다. 얼른 동해의 푸른 물결 속에 늠름히 서 있는 촛대바위를 만나고 싶은 생각에 가쁜 숨을 몰아 나선형 계단마저 빠르게 오른다. 전망대에서는 능파대 전체가 한눈에 내려다보인다.

하늘 찌를 듯 우뚝 선
촛대바위

하늘을 찌를 듯한 촛대바위와 기암괴석이 기묘하게 모여 있는 작은 바위섬 그리고 끝없이 펼쳐진 푸른 바다까지 모두가 조화롭게 어우러지면서 절경을 이룬다. 추암의 바위군은 주로 고생대 전기에 퇴적된 조선누층군의 석회암층으로 오랜 풍화와 침식으로 독특한 모양새를 띤다. 촛대바위 주변으로 거북바위, 형제바위, 부부바위 등이 있어 동해의 해금강이라 해도 과언이 아니다. 조선세조 때 강원도 제찰사였던 한명회는 이곳 경승에 취해 '미인의 걸음걸이'를 뜻하는 능파대(凌波臺)라고 하였다.

홀로 우뚝 솟은 촛대바위에는 전해지는 이야기가 있다. 추암바위에 살던 한 어부가 후처를 얻으면서 본처와 후처가 툭하면 다투자 하늘이 노하여 두 여인을 모두 데려갔고 혼자 남은 어부는 두 여인을 그리워하다 망부석(촛대바위)이 되었다는 전설이다. 오래 전에는 본처, 후처, 남자바위가 있었는데, 벼락을 맞아 무너졌다는 이야기

도 전해진다. 김홍도가 44세에 그린 화첩의 금강사군첩(능파대)은 추암전망대에 올라 당시의 기암괴석과 바위의 절리를 상세하게 묘사한 것이라 한다. 추암촛대바위는 보는 방향에 따라 모양새도 다양한데 위에서 내려다보는 것보다 추암해변 쪽에서 바라봐야 촛대처럼 우뚝 선 모습을 볼 수 있다.

안온하게 자리 잡은
북평해암정

추암바위를 보고 내려오다 보면 마치 엄마코끼리가 아기코끼리랑 입맞춤하는 듯한 기이한 바위도 볼 수 있다. 바위 앞쪽은 군사지역이라 철책이 설치되어 있어 데크가 놓여있는 곳 까지만 갈 수 있다. 철책이 눈살을 찌푸리게 하지만 한편으로는 바위를 보호하는 데 일조하고 있을 것 같다는 생각도 든다. 돌아서 나오는 길 조그마한 정자가 전망 좋은 곳에 자리하고 있다.

강원도 유형문화재 제63호인 북평해암정은 고려공민왕 10년(1361) 삼척심씨의 시조인 심동로가 낙향하여 지은 정자로 알려져 있다. 누마루 형식으로 뒤에는 기암들이 병풍처럼 둘러 서 있고, 앞으로는 추암해변을 정원 삼고 있다. 현재의 해암정은 소실된 것을 조선중종 25년(1530)과 정조 18년(1794) 2차례에 걸쳐 중수한 것이다. 우암송시열도 함경도로 귀양을 가다 이곳에 들러 海巖亭(해암정)이라는 글씨를 남겼다. 일출이 아름다운 추암촛대바위와 아담한 추암해수욕장은 간간히 지나가는 기차가 운치를 더한다. 자그마한 해변이라 뜀박질하면 금세 해변 끝에 도착해버릴 정도로 아담하며 호젓하게 시간을 보내기 좋다.

🚶 여행 정보

찾아가는 길

🚗 동해고속도로 동해TG 빠져나와 삼척방면 동해대로 따라 7km → 공단삼거리에서 추암해변면 좌회전 후 공단로 따라 1.7km → 촛대바위 이정표 확인하며 추암해변 주차장으로 진입

🚌 동해고속버스정류장에 하차 후 터미널앞정류장까지 도보이동 → 61번 버스 탑승 후 후 추암해변정류장(44개 정류장, 70분 소요) 하차 → 추암촛대바위까지 도보이동(400m, 5분 소요)

🚉 동해역 하차 후 동해역정류장까지 도보이동(200m, 3분 거리) → 61번 버스 탑승 후 추암해변정류장 하차(21개 정류장, 40분 소요)

이용안내
문의 033-530-2474 **주소** 동해시 촛대바위길 17-2

먹을거리

🅷 신해돋이횟집
추암역에서 바로 내려오면 만나는 횟집으로 바닷가에 오면 생각나는 싱싱한 회를 저렴하게 먹을 수 있는 곳이다. 회덮밥, 곰치국을 전문으로 하며 신선한 회와 조개구이 등 종류도 다양하다. 회덮밥은 회와 새콤달콤한 양념장으로 입맛을 자극한다. 관광지지만 양도 푸짐하고 시골인심을 느낄 수 있는 손맛이다.

문의 033-522-3411 **주소** 동해시 촛대바위길 22 **가격** 모듬회(1인 기준) 10,000원, 회덮밥 12,000원

주변볼거리

🚶 추암조각공원
추암촛대바위 일대에 조성된 조각공원으로 해돋이명소이다. 천천히 산책하기 좋은 곳으로 계절을 느낄 수 있는 꽃과 나무 그리고 평

화의 도원, 선원, 새벽, 파도소리, 빛과 인간, 일출, 생장, 회귀 등 상징조형물이 곳곳에 세워져 있다. 공원은 번잡하지 않고 잘 꾸며져 있어 작품성 있는 조각작품을 편안하게 감상할 수 있다. 위치상 인근의 추암해수욕장과 삼척이사부공원까지 함께 둘러볼 수 있다.

문의 033-532-2388 **주소** 동해시 추암동 474번지 일원

Theme 테마와 관련된 연관볼거리
일출 아름다운 명소

제주도 성산일출봉
유네스코 세계자연유산으로 등재된 성산일출봉에서 일출을 맞이하는 것도 뜻깊은 일이지만 성산일출봉과 함께 일출을 담고 싶다면 광치기해변이 최고의 포인트가 된다. 빛이 흠뻑 비친다는 뜻의 광치기라는 말처럼 이곳에서 담아내는 일출은 거의 환상적이다. 이곳은 제주 올레길 1코스의 마지막이자 2코스가 시작되는 곳이다.

부산 오랑대
오랑대에는 옛날 기장에서 유배 온 사람에게 선비 5명이 찾아와 아름다운 절경에 취해 함께 술을 마시며 시와 가무를 즐겼다는 이야기가 전해지는 곳이다. 특히 오랑대는 북풍이 심해 항상 파도가 거칠고, 동해바다 해무와 어우러진 일출이 장관이다. 근처에 대변항과 서암마을, 연화리 앞바다에 다양한 등대는 색다른 볼거리이다.

울산 명선도
고운 모래사장이 펼쳐진 울산제일의 진하해수욕장 앞에는 이덕도와 명선도가 있어 많은 사진작가들의 일출 스팟으로 유명하다. 가깝게는 간절곶등대가 보이고, 울주군의 발전과 미래상을 상징하며 랜드마크로 자리 잡은 명선교 일출이 유명하다. 다리 건너 강양항은 멸치잡이 어선과 함께 멸치 삶는 사진을 촬영하기 좋은 곳으로도 유명하다.

Special 02

산과 바다가 너울거리는
강릉 1박 2일

율곡이이와 매월당김시습의 유년시절, 신사임당과 허난설헌의 묵향이 배인 고장 강릉. 여행출발 전 강릉시청 홈페이지에서 무료여행 안내 지도와 책자를 신청하면 여행을 계획할 때 많은 도움이 된다. 강릉여행 코스는 크게 대관령·중앙권(시내권)코스, 경포·주문진권코스, 정동·옥계권코스로 나뉜다. 강릉은 동선이 짧아 1박 2일 동안 생각보다 많은 곳을 다닐 수 있다.

사진으로 미리보는 동선 지도

- 1일차 – 대관령박물관 → 커피커퍼커피박물관 → 오죽헌 → 김시습기념관 → 선교장 → 산과바다주문진리조트

대관령박물관
11.52km 자동차 20분
커피커퍼커피박물관
19.3km 자동차 30분
오죽헌
1.4km 자동차 3분
매월당김시습기념관
310m 도보 5분

주문진리조트
17km 자동차 20분
선교장

- 2일차 – 산과바다주문진리조트 → 경포호&경포대 → 참소리측음기&에디슨과학박물관 → 안목해변 → 하슬라아트월드 → 정동진역&모래시계해변공원

주문진리조트
19.5km 자동차 25분
경포호&경포대
250m 자동차 2분
참소리측음기&
에디슨과학박물관
6.5km 자동차 15분
안목해변
18km 자동차 35분

정동진역&
모래시계해변공원
3Km 자동차 5분
하슬라아트월드

대관령옛길 **끝에서 만난**
대관령박물관

대관령박물관은 평생 고미술품 수집과 연구를 하셨던 홍귀숙선생이 2013년 강릉시에 기증하면서 시립박물관으로 운영되고 있다. 박물관에는 불교 관련 석조물과 석등, 부도, 탑, 문인석과 동자승 등이 전시된 야외전시장과 6개의 실내전시공간으로 나뉜다. 청동기 시대부터 근세에 이르는 2천여 점의 유물은 백호방, 현무방, 주작방, 청룡방과 토기방, 우리방으로 전시되어 있다. 박물관을 들어서면 입구의 태합(胎盒)이 눈에 띈다. 고려시대 태합으로 왕실의 왕자나 공주의 태를 보관하기 위한 것으로 돌로 만든 합에 넣어 항아리에 담았다. 태의 주인과 태어난 일시 등을 기록한 태자석과 함께 산에 묻었는데, 이는 무병장수와 자손 번창을 기원하는 의미가 있다.

야외전시장은 볼거리가 풍성한데 문인석과 동자석, 민가의 토속신앙이 깃든 남근석 등이 세워져 있다. 박물관 우측에는 물레방아와 작은 연못 그리고 너와집이 재현되어 있다. 좌측의 작은 동산에는 석탑과 문인석, 부도 등이 자연스럽게 자연과 어우러져 독특한 분위기를 자아낸다. 특히 굵고 긴 통나무 한쪽에 공이를 달고 다른 쪽에 물이 차면 물이 쏟아져 방아를 찧는 통방아는 일반적인 방아와 달라 눈길이 간다.

커피**의 모든 것**
강릉 커피커퍼커피박물관

우리나라 커피 메카로 자리 잡은 강릉에는 200여 곳이 넘는 커피전문점과 박물관, 커피 거리 등이 조성되어 있다. 커피 박물관으로 가는 길은 왕산천을 끼고 11km 정도를 들어가야 하는데 작은 폭포와 여울, 소(웅덩이) 등 왕산골팔경도 덤으로 만날 수 있다. 커피박물관은 '커피커퍼' 커피농장으로 국내 최초의 상업용 커피를 생산하는 농장이다. 커피커퍼는 커피의 고유한 맛과 품질을 측정하는 커피 감별사를 뜻한다. 박물관은 우리나라 최대 규모로 가장 많은 수의 커피관련 유물과 로스팅부터 분쇄, 추출까지 동서양의 커피 역사와 문화를 한눈에 살펴볼 수 있다.

박물관은 5개의 테마로 에스프레소 역사전시관, 로스팅과 그라인딩관, 커피추출기구관, 커피나무전시관, 커피로스팅시음관으로 이어진다. 국내 최초의 커피농장으로 커피나무는 심은 지 3년이 돼야 꽃이 피고 열매를 맺는다. 커피나무전시관을 나오면 자연스럽게 카페로 이어진다. 카페에는 각종 원두와 커피 관련상품이 진열되어 있고, 판매장에서 바로 구입할 수도 있다. 카페 가운데에는 찬물로 장시간 커피를 내린 더치커피도 맛볼 수 있다. 더치커피는 동남아에서 생산된 커피를 유럽으로 운반하던 네덜란드선원이 고안한 추출방식으로 와인에 비견될 만큼 독특한 풍미를 느낄 수 있다. 들어올 때 받은 입장권을 보여주면 오늘의 커피를 무료로 마실 수 있다.

Tip

한국 커피문화의 산실 다방은 우리나라 최초의 영화감독 이경손이 1927년 종로에 '카카듀'로 문을 열었다. 이후 종로, 충무로, 명동 등 많은 곳에 다방이 자리를 잡았으며 당대의 지식인들이 주로 운영하였다. 다방은 예술과 문화소통의 장으로 문인들의 집합체였으며 60년대 이후 DJ로 상징되는 음악다방으로 변모하였다. 1980년대 이후 원두커피전문점이 들어서면서 다방은 점차 사라졌다. 지금은 동네마다 한집 건너 커피점이라 해도 과언이 아닐 정도로 우리생활 깊숙이 커피문화가 자리 잡았다.

신사임당과 율곡의 자취가 서린
오죽헌

오죽헌은 조선을 대표하는 학자 율곡이이가 태어난 집으로 신사임당의 친정집이다. 오죽헌은 집 주변에 색이 검은 대나무가 많아 붙여진 이름이다. 율곡과 신사임당은 오만 원권과 오천 원권 화폐에도 등장할 정도로 우리나라를 대표하는 위인이다. 오죽헌 입구에는 '견득사의(見得思義)'라는 글이 적혀있는 율곡이이의 동상이 방문객을 반긴다.

별당건물인 오죽헌은 1450~1500년경 지어진 일자형 정면 3칸의 건축물로 우리나라 주거건축물 가운데 역사가 오래된 건축물이다. 율곡이이의 영정을 모신 문성사와 오죽헌 사이의 담문을 지나면 안채와 바깥채 건물이 있다. 어제각에는 율곡의 유품인 벼루와 친필로 쓴 「격몽요결」이 보관되어 있다. 오죽헌에서는 주거건축뿐만 아니라 율곡기념관, 향토민속관, 강릉시립박물관과 야외전시장 등을 함께 둘러볼 수 있다. 야외전시장에는 신사임당동상과 옛 무덤, 옛집 자리 등의 유구와 석조 미술품이 전시되어 있다.

매화를 좋아한
매월당김시습

전통한옥으로 지어진 매월당김시습기념관은 무료 관람이며, 김시습의 서적과 유물, 인물소개, 문학세계, 매월당문집 영상자료, 금오신화 애니메이션 영상과 미디어데크 등을 살펴볼 수 있다. 금오신화의 애니메이션과 김시습의 일대기를 다룬 다큐멘터리를 감상할 수 있는 코너에는 그가 그렸던 묵매도를 마치 블라인드로 만들어 놓은 듯한 느낌으로 원형 소파에서 편안하게 감상할 수 있다.

유물전시관에는 김시습이 3살 때 지은 시를 영상으로 체험할 수 있으며, 김시습전(필사본), 장릉사보, 명원보감, 매월당집 동활자본, 매월당전집, 김시습글씨 등이 전시되어 있다. 특히 김시습은 자신의 호를 매월당이라 할 만큼 매화를 좋아해 묵매도를 남겼다. 영인본으로 만나는 묵매도에는 눈 쌓인 설매, 달뜬 밤 월매, 안개에 싸인 연매, 물속에 잠긴 침매, 줄기가 꺾인 절매, 오래된 고매에 이르기까지 다양한 매화가 그려져 있다. 김시습은 문인으로 철학자, 사상가, 인도주의자이자 우리 국토의 아름다움을 찬미했던 여행가였다. 시대와 불화했던 지식인으로 고결한 인품과 굳센 지조는 후세에 이르러 존경을 받았다.

300년 역사를 품은 전통가옥
선교장

한국 최고의 전통가옥 강릉선교장은 효령대군의 11세손인 이내번이 전주에 살다가 이곳에 터를 잡으면서 역사가 시작된다. 선교장은 대문이 달린 긴 행랑채와 안채, 사랑채, 동별당, 사당, 연당과 정자까지 완벽한 조선 사대부가의 면모를 갖춘 고택으로

국가지정 중요민속문화재 제5호로 지정되어 있다. 한국전통문화체험관, 열화당, 작은 도서관, 유품전시관과 한옥숙박시설 등을 운영하고 있어 한옥의 멋을 좀 더 가깝게 느낄 수 있다. 매표소를 지나면 선교장의 풍모가 가장 잘 드러나는 활래정이 보인다. 한국 민가정원의 극치를 보여주는 곳으로 다도체험장으로 활용된다. 벽이 없어 문을 모두 열면 정자에 앉아 선교장의 사계를 만끽할 수 있다.

안채로 통하는 평대문과 사랑으로 통하는 솟을대문이 나란히 있어 일반 사대부집과는 사뭇 다르다. 예전 마구간, 곳간, 부엌으로 사용됐던 행랑채는 민속유물들을 전시하는 전시실로 사용된다. 증조부까지 3대를 모신 사당에는 오재당 현판이 걸려있고, 큰 사랑채인 열화당의 독특한 테라스는 조선말 러시아공사관에서 선물로 해준 것이라 한다. 선교장 안쪽만 둘러보지 말고 산책로를 따라 울창한 송림을 즐기며 한 바퀴 돌아보자.

관동팔경 중 첫 번째로 꼽히는
경포호와 경포대

아름드리 노송과 벗나무가 에워싼 경포대는 경포호가 시작되는 낮은 언덕 위에 자리 잡고 있다. 일부러 찾지 않는다면 경포호 풍경에 빠져 지나치기 쉽다. 경포대는 고려 충숙왕 13년(1326년) 강원도 안무사 박숙정이 인월사 옛터에 세웠던 것을 조선 중종 3년(1508) 강릉부사 한급이 현 위치에 옮겨 지었다. 경포대는 팔작지붕의 익공계 양식으로 정면 6칸, 측면 5칸, 기둥이 28개나 되는 규모로 관동팔경 중 으뜸으로 꼽힌다. 관동팔경은 갈 수 없는 통천 총석정, 고성 삼일포, 간성 청간정, 양양 낙산사, 삼척 죽서루, 울진 망양정, 평해 월송정, 강릉 경포대를 말한다.

누마루는 누각 안에 단을 높여 경포호를 좀 더 넓게 감상할 수 있게 만들었다. 누각에 앉으면 사각 프레임 밖으로 가깝게는 벗꽃이 흩날리고, 멀리 바다 같은 경포호가 펼쳐져 선인들의 풍류가 느껴진다. 경포호는 거울처럼 맑다 해서 붙여진 이름으로 경관이 뛰어나 달이 네 개나 뜬다고 한다. 하늘과 바다 그리고 호수와 술잔에 뜬다 하니 저절로 시 한 수 나올 법도 하다. 지금은 호수주변이 난개발로 관광지화되면서 고즈넉한 맛은 사라졌지만, 경포대에서 내려다보는 경포호 경관은 여전히 아름답다.

백 년의 소리역사
참소리축음기&에디슨과학박물관

참소리축음기&에디슨과학박물관은 개인의 노력으로 만들어진 열정과 집념의 공간이다. 설립자 손성목관장은 한평생 세계 60여 개국을 돌며 축음기 4,500여 점과 음반 15만 장, 서적 5,000여 권 등 에디슨 발명품의 1/3 이상을 수집하였다. 소리와 과학의 만남에 관련된 소장품으로는 세계 최대 규모로 단순한 장식품이나 골동품이 아닌 전시기기 중 98%가 지금도 음악을 들을 수 있다. 참소리축음기관에는 축음기, 뮤직박스, 라디오, TV 등 약 2,500여 점의 유물이 전시되어 있고, 레코드처럼 원반형으로 설계된 음악감상실에서는 200명이 동시에 팝이나 클래식을 10여 분간 감상할 수 있다. 에디슨과학관은 축음기, 전구, 영사기를 비롯한 2,000여 점의 유물이 전시되어 있다.

옥외 자동차전시관에는 1920년대 제작된 포드자동차를 비롯하여 에디슨 전기자동차 등이 전시되어 있다. 에디슨 최초의 축음기 '틴포일'부터 앰베롤라, 오페라, 다이아몬드디스크 등 각종 에디슨축음기 200여 종과 에디슨전기회사에서 생산한 500여 개의 각종 전구가 불을 밝히고 있다. 또한 에디슨 최초의 영사기를 비롯한 150여 개의 영사기와 다이나모발전기, 자동차 배터리, 에디슨 마즈다전구와 홍보용 스탠드를 볼 수 있다. 또한 1913년 에디슨이 발명한 세계 최초의 전기자동차도 전시되어 있는데, 당시 제작된 2대 중 한 대라니 새삼 놀랍다. 이 외에도 카메라와 수많은 미니카, 음악관련 장난감과 인형 등도 볼 수 있어 그의 엄청난 열정과 노력이 경이로울 뿐이다. 박물관 바로 옆에는 손성목 영화박물관이 있어 패키지로 관람할 수 있다.

낭만 가득한
강릉카페거리&안목해변

안목해변은 길이 500m로 백사장은 그리 크지 않은 해수욕장이다. 80년대까지만 해도 해변에 줄지어 놓은 자판기가 많아 '길카페'라 불리며 종이 커피를 마시며 바다의 낭만을 즐겼던 곳이다. 지

금도 편의점 앞에 간간히 세워져 있는 자판기에서 카페라테, 카푸치노, 헤이즐넛 등 자판기 바리스타 맛을 만날 수 있다. 강릉커피거리의 시초라고 볼 수 있는 길카페 자판기 숫자만큼 지금은 유명 커피전문점이 자리 잡으면서 안목항보다는 강릉커피거리로 더 알려져 있다. 강릉커피거리는 한국관광공사가 선정한 '한국인이 가봐야 할 한국관광 100선'에도 선정된 바 있다.

2000년대 초반 네스카페 지점을 시작으로 안목해변에 가장 먼저 문을 연 커피커퍼, 산토리니, 엘빈, 코지 등의 커피브랜드가 들어서면서 현재는 27곳이나 밀집되어 있다. 커피커퍼를 시작으로 한국커피 1세대로 꼽히는 보헤미안, 테라로사 등에서 수준 높은 커피를 마실 수 있어 특별한 커피를 원하는 마나아들이 먼 길을 마다하지 않고 찾는다. 안목해변 중심에는 커피거리 조형물이 세워져 있고, 안목해맞이공원은 송림이 우거져 바닷바람을 쐬며 커피 한잔 즐기기 좋다. 안목벽화거리를 조성하여 골목길에 커피감성을 불어넣었으며, 평창올림픽 때 북한 응원단장 현송월과 올림픽 선수단이 많이 찾아 오면서 세계인의 입맛도 사로잡은 명실상부한 커피거리가 되었다. 매년 10월이면 강릉커피축제가 열려 체험, 문화공연, 에코캠페인 등 커피관련 다양한 행사와 볼거리를 즐길 수 있다.

자연과 문화가 공존하는
하슬라아트월드&피노키오미술관

조각가 박신정, 최옥영부부가 설립한 야외전문미술관으로 조각공원, 피노키오미술관, 현대미술관, 마리오네트미술관, 바다카페, 호텔, 레스토랑으로 이뤄져 있다. 야외미술관은 성성활엽길, 소나무정원, 시간의 광장, 돌갤러리, 소똥갤러리, 하늘정원, 놀이정원, 바다정원으로 이어지며 1시간 30분 정도면 산책하듯 둘러볼 수 있다. 공원입구부터 눈길을 사로잡는 다양한 작품이 있는데, 해가 가장 먼저 뜨는 동해를 초대형 해시계로 표현한 시간의 광장, 커다란 돌이 매달려 있는 돌미술관, 대관령 풀을 먹은 소의 똥마저 예술작품으로 승화시킨 소똥미술관, 허공에 떠 있는 '하늘을 나는 자전거', 바다의 신화를 품고 태어 난 빌렌도르프 비너스, 바다의 여신군상, 거꾸로 돌부처 등 쉴 새 없이 이어지는 작품들은 상상력과 호기심을 자극하기 충분하다.

피노키오미술관은 아트샵과 현대미술관, 피노키오영상관, 피노키오전시관, 마리오네트전시관으로 구분된다. 피노키오전시관을 가려면 긴 터널을 통과해야 하는데, 자동감지센서로 조명이 들어오므로 이색적인 경험을 할 수 있다. 계속해서 강릉의 대표인물인 율곡이이, 신사임당의 흉상과 틀이 있는 현대미술관으로 연결된다.

추억과 사랑을 실어 나르는
정동진역&모래시계해변공원

드라마 〈모래시계〉를 계기로 조그마한 어촌이 전국에서 제일 활기 넘치는 간이역으로 거듭났다. 정동진역은 관광명소답게 추억의 철도사진을 담을 수 있도록 역장체험복도 대여한다. 철길을 건너면 바로 눈앞에 바다가 펼쳐지고, 일명 고현정 소나무도 보인다. 정동진역의 또 하나 즐길거리는 레일바이크로 모래시계공원에서 정동진역을 지나 바람 안은 마당까지 왕복 5km를 해변의 풍경과 함께 달릴 수 있다. 매일 오전 09:00~19:00까지 9회 운영하며, 2인승과 4인승으로 각각 2만 원, 3만 원이다.

정동진역 바로 앞 해변은 역에서 내려 곧장 해돋이를 볼 수 있는 일출명소이다. 정동진 모래시계해변은 정동진역에서 1.5km 떨어진 곳에 있으며, 도보 10분 거리로 레일바이크를 타고 이동할 수도 있다. 1년 동안 모래가 떨어진다는 세계최대 규모의 대형모래시계와 기차카페, 시간박물관, 정동진해시계 등을 만날 수 있다. 특히 정동진시간박물관은 시간을 주제로 한 테마박물관으로 건축물이 아니라 실제 기차의 증기기관과 객차를 연결해 만든 이색적인 박물관이다. 시간측정의 발달사, 과

학관, 중세관, 시간과 추억, 현대관, 타이타닉 등의 테마가 있으며 동서양의 시계관련 유물을 둘러볼 수 있다. 진짜 바다를 닮은 액자, 타이타닉호 연회장, 타이타닉호 침몰순간 멈춘 세계 유일의 회중시계가 특별전시되고 있다. 또한 객차 끝에는 전망대가 있어 정동진 해변을 사방으로 둘러볼 수 있다.

여행 정보

찾아가는 길

1일차 영동고속도로 대관령TG 빠져나와 강릉방면 대관령순환도로 따라 1.2km → 기상대앞교차로에서 좌회전 후 14km → 이정표 확인하며 주차장 진입 → **대관령박물관** → 경강로로 우회전 후 2.3km → 성산방면 우측도로 들어서 성산삼거리에서 태백방면 우회전 후 3.7km → 오봉삼거리에서 왕산리방면 우회전 후 5.1km → 이정표 확인하며 주차장 진입 → **커피커퍼커피박물관** → 성산삼거리까지 왔던 길 8.8km 돌아나와 강릉방면 우회전 후 5.9km → 갈림길에서 양양방면 우측도로 1.2km → 터미널오거리에서 솔올지구방면 좌회전 후 1.8km → 갈림길에서 경포방면 우회전 후 840m → 경포사거리에서 주문진방면 좌회전 후 이정표 확인하며 주차장으로 진입 → **오죽헌** → 율곡로3139번길로 우회전 후 180m → 주문진방면 좌회전 후 300m → 선교장방면 우회전 후 900m → **김시습기념관** → 도보 혹은 자동차 320m → **선교장** → 운정길따라 550m → 주문진방면 우회전 후 16.2km → 주문삼거리에서 주문진방면 우회전 후 300m → 이정표 확인하며 주차장으로 진입 → **산과바다주문진리조트(1박)**

2일차 **산과바다주문진리조트** → 주문삼거리까지 빠져나와 동해방면 좌회전 후 16.3km → 운정길 경포방면 좌회전 후 1.4km → 운정삼거리에서 경포방면 좌회전 후 1km → 이정표 확인하며 주차장 진입 → **경포대&경포호** → 경포호변 따라 도보이동(300m, 5분 소요) → **참소리축음기&에디슨과학박물관** → 경포호 끼고 1.4km → 경포로 갈림길에서 우측도로 70m → 창해로 우회전 후 해변 따라 4.9km → 이정표 확인하며 주차장 진입 → **안목해변** → 창해로 좌회전 후 140m → 경강로 우회전 후 250m → 안목사거리에서 남항진해변방면 좌회전 후 2.4km → 월대산로 우회전 후 810m → 6주공오거리에서 동해방면 좌회전 후 13.7km → 이정표 확인하며 주차장 진입 → **하슬라아트월드** → 율곡로 우회전 후 2.6km → 이정표 확인하며 주차장 진입 → **정동진역&모래시계해변공원**

이용안내

대관령박물관 문의 033-660-3830 **주소** 강릉시 성산면 대관령옛길 1 **운영시간** 09:00~18:00 **입장료** 성인 1,000원, 청소년 700원, 어린이 400원 **홈페이지** daegwallyeongmuseum.gn.go.kr

커피커퍼커피박물관 문의 070-8888-0077 **주소** 강릉시 왕산면 왕산로 2171-19 **운영시간** 10:00~19:00 **휴무** 1월 1일, 설날, 추석 **입장료** 성인 5,000원 만 4~19세 4,000원 **홈페이지** www.coffeemuseum.kr

오죽헌시립박물관 문의 033-660-3301 **주소** 강릉시 율곡로 3139번길 24 **운영시간** 08:00~18:30(하계), 09:00~18:00(동계)/연중무휴 **입장료** 성인 3,000원, 청소년 2,000원, 어린이 1,000원 **홈페이지** ojukheon.gangneung.go.kr

강릉 1박 2일

강릉 지도:

- 참소리축음기&에디슨과학박물관
- 경포해수욕장
- 경포비치호텔
- 경포대 · 경포호
- 환희컵박물관 · 선교장
- 오죽헌꿈의드투
- 오죽헌 · 산과바다
- 사기막저수지
- 송정해수욕장
- 강릉남대천
- 강릉항
- 강릉카페거리
- 명주군왕릉
- 강릉고속버스터미널
- 강릉시청
- 강릉향교
- KTX강릉역
- 강릉IC
- 강릉단오문화관
- 안인역
- 안인해수욕장
- 신복사지
- 임해자연휴양림
- 대관령박물관
- 성산먹거리촌
- 굴산사지당간지주
- 하슬라아트월드
- 동명해수욕장
- 대관령옛길
- 오봉저수지
- 강릉솔향수목원
- 남강릉IC
- 정동진역
- 정동진시간박물관
- 썬크루즈리조트
- 단경골계곡
- 커피커퍼 커피박물관
- 칠성산
- 기마봉

매월당김시습기념관 문의 033-644-4600 주소 강릉시 운정길 85 운영시간 3~10월 09:30~18:00, 11~2월 09:30~17:00 입장료 무료 홈페이지 www.maewd.com

강릉선교장 문의 033-646-3270 주소 강릉시 운정길 63 운영시간 3~10월 09:00~18:00, 11~2월 09:00~17:00 입장료 성인 5,000원, 청소년 3,000원, 어린이 2,000원 홈페이지 www.knsgj.net

참소리축음기&에디슨과학박물관 문의 033-655-1130 주소 강릉시 경포로 393 운영시간 09:00~16:30/연중무휴 입장료 성인 17,000원, 중고생 13,000원, 어린이 10,000원 홈페이지 www.edison.kr

하슬라아트월드 문의 033-644-9411 주소 강릉시 강동면 정동진리 율곡로 1441 운영시간 09:00~18:00(연중무휴) 입장료 공원 6,000원, 미술관 7,000원, 통합권 10,000원 홈페이지 www.haslla.kr

안목해변 강릉커피거리 주소 강릉시 창해로 17 홈페이지 ggcoffeestreet.modoo.at

정동진역 문의 033-644-5062 주소 강릉시 강동면 정동역길 17

모래시계공원 문의 033-640-4536 주소 강릉시 강동면 헌화로 990-1

정동진시간박물관 문의 033-645-4533 운영시간 10:00~18:00 입장료 성인 7,000원, 청소년 5,000원, 어린이 4,000원 홈페이지 www.jdjmuseum.com

먹을거리

강릉은 강원도 대도시답게 먹거리가 풍성하다. 특히 초당순두부, 순두부전 골, 굴순두부전굴, 두부해물전골등 두부를 전문으로 하는 순두부집이 많다. 두부는 재래식 두부로 청정바닷물을 간수로 사용하여 직접 만들어 고소하 고 부드러운 것이 특징이다. 도토리묵과 해물파전은 자연스럽게 동동주를 마시게 만드는 안주로 자꾸 손이 간다. 강릉은 해산물이 풍부하여 먹거리 걱정은 하지 않아도 된다.

정동진초당순두부 문의 033-644-8853 주소 강릉시 강동면 헌화로 1096

썬한식 문의 033-644-5460 주소 강릉시 강동면 율곡로 1167

서지초가뜰 문의 033-646-4430 주소 강릉시 난곡길 76번길 43-9

아라궁 문의 033-662-7737 주소 강릉시 주문진읍 해안로 1585

숙소소개

바닷가에 위치한 강릉여행은 부지런만 떤다면 새벽일출은 덤이다. 바다를 낀 해변숙소라면 침대에 누워서 일출을 보는 즐 거움이 강릉이기에 누릴 수 있는 호사이다. 대한민국에서 가장 아름다운 해돋이와 천혜의 해안절경을 즐길 수 있는 숙소 는 출발 전 미리 예약을 하는 것이 좋다.

산과바다 주문진리조트 문의 033-661-7400 주소 강릉시 주문진읍 해안로 2070 홈페이지 www.jumunjinresort.com

썬크루즈 리조트 문의 033-610-7000 주소 강릉시 강동면 헌화로 950-39 홈페이지 www.esuncruise.com

경포비치호텔 문의 033-643-6699 주소 강릉시 해안로 406번길 17 홈페이지 www.gyungpobeach.com

하슬라뮤지엄호텔 문의 033-644-9414~5 주소 강릉시 강동면 율곡로 1441 홈페이지 www.lt4seasons.co.kr

임해자연휴양림 문의 033-644-9483 주소 강릉시 강동면 율곡로 1715-85 임해자연휴양림 2동 홈페이지 www. gnimhae.com

강릉선교장 문의 033-646-3270 주소 강릉시 운정길 63 홈페이지 www.knsgj.net

대한민국 여행자를 위한
강원도 여행 백서

P a r t **03**

영월 | 태백 | 삼척

N

S

KTX 평창역

두타산1,394m

두타산자연휴양림

410

415

410

수향계곡

백두대간 생태수목원

59

백석산

사달산

415

구절리역(정선레일바이크)

막동계곡

상원산(1,421m)

장전계곡

35

59

숙암계곡

42

구미정

백석폭포

항골계곡

구미계곡

중왕산

골지천

아우라지역

가리왕산(1,561m)

나전역

35

청옥산(1,256m)

424

회동마을휴양지

고양산

회동계곡

42

정선비룡굴

정선역

정선버스

정선군청

정선오일장

터미널

정선아라리촌

덕산기계곡

아리힐스

정선향토박물관

화암동굴

59

화암약수

정선소금강계곡

선평역

정선미술관

p.129

p.129

동강사진박물관

영월상동식당

닭이봉

벽암산

415

접산

별어곡역

민둥산(1,118m)

하늘벽유리다리

동강

38

노목산(1,150m)

p.131

동강전망자연휴양림

자미원역

민동산역

사북역

요리골목

어라연계곡

p.132

조동역

421

민동산역

고한버스터미널

38

별마로천문대

38

예미역

함백역

고한역

두위봉

강원랜드

38

31

하이원리조트

장릉

동강

석항역

단곡계곡

질운산

삼탄아트마인

연하역

연하굴

연하역

삼탄아트마인

망경대산자연휴양림

직동계곡

탄부역

38

31

연하계곡

영월역

계족산

청령포역

망경대산

단풍산

p.126

영월대야동굴

청령포

595

88

31

삼동산

옥계굴 동대굴
비선굴
서대굴
백두대간
약초나라

망상IC 7 대진항
65
묵호역 묵호등대전망대
묵호항
묵호항역
동해시청
42 IC 동해IC
p.157 추암촛대바위
p.161 죽서루 p.161 감나무
용산서원 동해역
동해항
삼화역
p.157 이사부사자공원 p.161 해도지횟집
삼척해수욕장
북평IC 삼척해변역
7
p.161 문화추어탕 p.161 씨스포빌리조트
IC 삼척IC
도경리역 삼척시청 삼척항
38 오분해수욕장 p.157 맹방해수욕장
65 삼척역
p.161 삼척왕코스모스축제 한재밑해수욕장
미로역 근덕IC IC
p.149 영경묘 하맹방해수욕장
마룡소 상정역 덕산해수욕장
p.140 귀네미마을
부남해수욕장 7
p.155 대금굴 p.149 대궐 p.150 삼척해양레일바이크(궁촌역)
신기역
38 원평해수욕장
p.136 금대봉 관음굴 424 초곡항
35 p.146 준경묘
p.137 비단봉 p.140 마차리역 427 p.161 산토리니펜션
고랭지 배추재배단지 장호항
p.141 검룡소 하고사리역
고사리역 두리봉
이끼계곡 p.150 삼척해양레일바이크(용화역) p.159 해신당공원
p.139 쑤이밭령 p.137 풍력발전단지
대덕산 도계역
427
용연동굴 작은피재
사금산
두문동 두문동재터널 추전역
버스정류장 p.137 매봉산 p.137 삼수령(피재)
p.139 싸리재기점 35 태백역 화약곡 416 복두산
태백시청 416
문곡역 연화산 동백산역 동활계곡 416
p.143 황지연못 백산역 뇌암산
석탄체험마을 태백고원자연휴양림
석탄박물관 철암역 910
가곡자연휴양림
태백산 동점역

Theme 01 단종의 눈물과 한이 서린 유배지
청령포

청령포는 3면이 강으로 둘러싸인 두메산골로 뒤편은 절벽이라 철옹성 같은 유배지였다. 단종이 이곳에 유배 당하면서 청령포는 눈물과 한이 맺힌 역사의 현장이 되었다. 현재 청령포에는 「승정원일기」를 바탕으로 복원 한 단종어소와 영조 친필이 음각된 단묘재본부시유지, 금표비, 청령포 수림지, 관음송, 망향탑과 노산대 등 단종의 흔적이 남아있다.

한 폭의 그림처럼 아름다운
청령포

매표소가 있는 영월강변저류지홍보관 광장에는 빨갛 게 녹슨 사람형상의 조형물이 눈길을 끈다. 송주철작 가의 〈오백 년 만의 해후〉라는 작품으로 작가의 말에 따르면 남녀가 교차한 형상은 단종과 정순왕후의 재 회를 의미하고, 가로로 반복된 원판은 영원성, 녹이 스는 소재를 사용한 것은 시간의 흐름과 역사를 암시 한다고 한다. 영월강변저류지홍보관은 청령포를 둘러

본 후 나오는 길에 방문하자. 홍보관 옥상전망대에 오르면 기구했던 단종의 삶을 잠시 잊을 만큼 빼어난 청령포의 절경이 펼쳐진다. 지상 2층 규모로 저류지관리를 위한 중앙감시실과 영월지역의 문화관광과 역사 등을 살펴볼 수 있다.

청령포는 매표소에서 도선료를 포함한 요금을 낸 후 배를 타면 된다. 시간에 맞춰 출발하는 것이 아니라 관람객이 어느 정도 승선해야 출발한다. 두 대가 왕복으로 오가는데, 청령포까지는 2분 남짓 걸린다. 휘돌아가는 서강이 한 폭의 그림처럼 아름답다. 이렇게 아름다운 곳에서 어린 단종은 홀로 밤을 지새우며 두려움에 몸서리쳤을 것이다.

거송도 머리를 조아리는
단종어소

청령포에 내린 후 강변 자갈밭을 지나면 바로 소나무숲으로 이어진다. 청령포는 국가지정 명승 제50호로 송림을 지나 「승정원일기」를 토대로 복원된 단종어소와 단종유배 시의 설화를 간직한 천연기념물 관음송, 한양의 왕비 송씨를 생각하며 쌓았다는 망향탑과 노산대, 금표비 순으로 돌아보면 되는데 대략 한 시간 정도 소요된다. 단종어소로 향하다보면 큰 소나무들이 단종의 유배처를 중심으로 마치 머리를 조아리듯 비스듬히 기울어졌음이 느껴진다.

단종어소가 가까워질수록 유난히 고개를 깊이 숙인 소나무도 보이는데, 일명 '충절의 소나무'라 불리는 '엄홍도소나무'이다. 엄홍도는 시신을 거두는 자는 삼족을 멸한다는 어명에도 동강에 버려진 단종의 시신을 수습한 인물이다. 영월의 호장이었던 그는 단종이 사사당하자 관까지 준비하여 장례를 치르고 은둔하였다. 영조 때 그의 충의를 기리는

정문(旌門)이 세워졌고, 후에 공조참판에 추증되어 영월 창절사에 모셔졌다. 단종어소에는 「승정원일기」의 기록에 따라 본채와 궁녀, 관노가 기거하던 행랑채가 복원되어 있다. 단종어소 앞에는 1763년 세워진 '단묘재본부시유지비'는 단종이 이곳에 있을 때 옛 터임을 영조대왕의 친필로 음각한 것이다. 본채에는 유배 당시의 모습을 밀랍인형으로 재현해 놓았으며, 처마 밑에는 단종이 직접 썼다는 한시가 적혀 있다.

단종의 눈물과 한이 서린
관음송과 망향탑

단종유배 시의 설화를 간직한 관음송은 크고 장대한 금강
송으로 천연기념물 제349호로 지정되어 있다. 단종은 종
종 이 소나무에 걸터앉아 한양을 향해 오열했고, 비참한
통곡의 소리를 들어준 소나무다 하여 관음송이라 부른다.
카메라로 담기 힘들 정도로 높은 소나무는 수령 600년에
높이 30m, 둘레 5m로 두 갈래로 갈라져 비스듬히 자라
고 있다. 오랜 세월만큼 주변에 산재한 소나무 대부분이
이 관음송 종자에서 비롯됐을 것으로 본다.

관음송 뒤로는 청령포 뒷산인 육육봉과 노산대가 있다.
노산군으로 강등된 단종은 우뚝 솟은 육육봉을 육지고도(
陸地孤島)라 표현했으며, 정순왕후를 그리워하며 노산대
가는 길 층암절벽 위에 망향탑을 쌓았다. 단종이 그렇게
그리워했던 정순왕후 송씨는 노비로 강등되어 평생 영월
땅을 바라보며 한을 달래다 세상을 떠났다고 한다.

고달프고 기구했던 단종의 삶
금표비와 장릉

금표비(禁標碑)는 영조2년에 세운 표석으로 일반 백성들
이 함부로 출입하는 것을 제한한다는 내용이다. 표석 앞
면에는 '청령포금표'라 쓰여 있고, 뒷면에는 '동서삼백척
남북사백구십척'이라 음각되어 있다. 청령포에서 동서로
90m, 남북으로 150m 내에는 출입을 엄금한다는 뜻이지
만 실제 유배시절 단종의 생활반경이었을 것으로 추측한
다. 단종은 유배 온 지 2달 만에 홍수로 청령포가 잠기면
서 영월부사의 관풍헌으로 처소를 옮겼다가 유배당한 지
4개월여 만에 세조에 의해 사사당한다.

동강에 버려진 그의 시신은 다행히 엄흥도가 수습하여 동
을지산 자락에 암장하였다. 이후 중종36년(1541) 영월군
수 박충원이 묘를 찾아냈고, 선조 때 상석, 표석, 망주석
등을 세웠으며, 숙종 때 비로소 단종으로 복위되고 무덤

도 장릉으로 봉해졌다. 청령포 입구에는 단종유배길 개념도가 그려져 있는데, 창덕궁을
출발하여 청령포까지 700리(275km)를 7일 만에 도착하였다니 얼마나 힘들고 고달팠
을까 싶다. 손치재옛길, 어음정, 역골, 주천사거리, 주천삼층석탑, 배일치마을, 옥녀봉,
선돌까지 영월 곳곳에는 어린 단종의 흔적이 배어 있다.

여행 정보

찾아가는 길

- 중앙고속도로 제천TG 빠져나와 4.8km 직진 → 신당삼거리에서 좌회전 후 1.5km → 용두교사거리에서 우회전 후 2.6km → 장락삼거리에서 영월방면 좌회전 후 22.5km → 영월교차로에서 영월방면 우측도로 590m → 갈림길에서 영월방면 우측도로 230m → 청령포교차로에서 영월방면 좌회전 후 360m → 이정표 확인하며 주차장으로 진입
- 영월시외버스터미널하차 후 버스터미널앞정류장까지 도보이동(107m, 2분 거리) → 농어촌버스 1-1번 탑승 후 청령포정류장에서 하차(6개 정류장, 15분 소요)

이용안내

문의 1577-0545 주소 영월군 영월읍 방절리 241 매표소운영시간 09:00~17:00 입장료 성인 3,000원, 청소년 2,500원 홈페이지 www.ywtour.com

먹을거리

🍴 영월상동식당

40년 이상의 전통을 이어가는 막국수집이다. 손으로 만든 막국수는 청양고추를 굵게 갈아 넣은 양념장과 육수를 기호에 맞게 넣어 먹으면 된다. 막국수에 새콤한 무김치를 감아 먹으면 훨씬 맛있다고 주인장이 귀띔해준다. 겨울에는 고기를 갈아넣지 않고 매콤한 김치로만 만든 메밀김치만두국도 먹을 만하다. 유명한 식당인 만큼 식사시간대는 줄을 서야 먹을 수 있다.

문의 033-374-4059 주소 영월군 영월읍 은행나무길 6 가격 막국수 7,000원, 메밀김치만두국 6,000원

주변볼거리

🚶 동강사진박물관

박물관 이름처럼 건물도 카메라모양으로 경관 우수건축물 최우수상을 수상한 바 있다. 지하 1층과 지상 3층 규모로 상설전시실, 기획전시실 등 3개의 전시실과 강당, 야외회랑 등으로 구성되어 있다. 상설전시실은 사진의 원리와 기원 등 사진 관련 이론과 역사를 짚어볼 수 있으며 영월군민들이 기증한 클래식 사진기 130여 점을 통해 사진기의 변천사를 알 수 있다. 기획전시실에는 동강사진박물관 소장품전과 강원다큐멘터리 사진전이 열리며, 야외전시장에서는 다큐멘터리사진, 회랑에서는 상설전시가 이뤄진다.

Theme ✔ 테마와 관련된 연관볼거리

제주도에서 만나는 유배지

대정향교

대정향교는 올레1코스 집념의 길과 3코스 사색의 길의 시작점이다. 태종16년(1416)에 현유의 위패를 봉안하여 배향하고 지방민의 교육과 교화를 목적으로 대정현 성내에 창건하였다. 처음에는 북성 안에 있었는데 효종4년(1653) 이원진목사가 현재의 위치로 이건하여 오늘에 이른다. 영조48년(1772)에 명륜당, 헌종원년(1834)에는 대성전을 다시 지었으며, 추사 김정희가 유배생활 중 이곳에서 학생들을 가르쳤다.

오현단

1891년 흥선대원군의 서원철폐령과 함께 제주의 귤림서원도 철거대상이 된다. 김정, 정온, 송시열, 김상헌, 송인수 이렇게 5명의 현인을 모시던 귤림서원이 철거되자 유생들이 그 터에 작은 돌 다섯 개를 비석처럼 세우고 매달 초하루 향을 피워 배향하며 그 뜻을 이어갔다하여 오현단이라 부르고 있다.

추사유배지

추사유배길에는 추사김정희가 9년 동안 유배생활을 했던 추사유배지와 추사관이 자리하고 있다. 추사유배지는 안거리, 밖거리, 모거리라 명명된 3채의 초가집으로 안거리는 이집 주인 강도순가족이 살았고, 모거리는 추사가 살던 집이며 밖거리는 김정희가 후학들에게 학문과 서예를 가르쳤던 곳이다. 방에는 추사와 제자들, 추사와 우정을 나눴던 초의선사의 모습이 밀랍인형으로 재현되어 있다.

문의 333-375-4554 주소 영월군 영월읍 영월로 1909-10 운영시간 09:00~18:00 입장료 성인 3,000원, 청소년 1,500원, 어린이 1,000원 홈페이지 www.dgphotomuseum.com

Theme 02 영화 <라디오스타>의 흔적,

요리골목과 별마로천문대

2006년 실화를 바탕으로 제작된 이준익감독의 영화 <라디오스타>는 많은 세월이 흘렀음에도 아직 회자되고 있다. 영화는 점점 잊히겠지만, 영월에 남아있는 <라디오스타>의 흔적은 오래갈 듯하다. 영월읍내 서부상가 건물에는 안성기와 박중훈 대형포스터가 그려져 있고, 요리 골목에도 아기자기한 벽화들이 그려져 있다.

환하게 반기는
영화주인공과 영화줄거리

<라디오스타>는 2006년 개봉한 안성기, 박중훈, 노브레인 등이 출연한 코믹영화이다. 한때 가수왕이었던 최곤(박중훈)은 대마초와 폭행사건 등에 연루되면서 카페에서 기타나 퉁기는 신세가 된다. 어느 날 카페손님과 시비가 붙어 유치장 신세까지 지는데, 매니저 박민수(안성기)는 최곤이 영월에서 DJ를 하는 조건으로 합의금을 마련한다. 그렇게 영월의 한 라디오

DJ가 된 최곤은 자기방식대로 막무가내 진행을
하지만 방송은 오히려 인기를 더해간다. 실제
록밴드 노브레인이 괴짜스런 모습으로 '넌 내게
반했어'를 부르고, 박중훈은 '비와 당신'이라는
노래를 불러 오랫동안 영화를 기억하게 한다.

영월도심여행은 읍내 서부시장 상가건물부터 시
작한다. 영월의 번화가이므로 차로 움직인다면
영월초등학교 쪽에 주차하면 된다. 영월초등학
교 정문에서 11시 방향에 보이는 건물이 서부시
장 영월종합상가이다. 건물외벽에 그려진 배우
안성기와 박중훈의 훈훈한 미소가 정겹다. '자기
혼자 빛나는 별은 없어, 별은 다 빛을 받아서 반
사하는 거야', '언제나 나를 최고라고 말해준 당
신이 있어 행복합니다.' 영화 속 명대사를 떠올

리다 보면 영화를 봤던 당시의 감동이 새롭게 전
해진다. 영월종합상가는 영월서부시장과 연결되며 동강순대, 닭강정, 메밀전병, 올갱이
국수 등 향토먹거리장터가 있어 영월에 오면 꼭 들러야 할 곳이다.

지붕 없는 야외미술관
요리골목

두 배우의 기분 좋은 미소를 뒤로하고 영월초등
학교 정문에서 우측으로 방향을 잡으면 바로 요
리골목이 시작된다. 1960~80년대 탄광촌이 번
성했던 시절 요리골목으로 번화했지만, 탄광촌
의 쇠락과 함께 침체된 곳이다. 2006년 공공미
술관공모를 통해 요리골목은 지붕 없는 미술관
으로 생기를 찾게 된다. 거리에는 영월의 정체
성에 공공디자인을 가미하여 광부들의 삶과 애
환, 요리골목 사람들의 이야기를 담아내고 있
다. 요리골목 지붕 없는 미술관은 영월문구에서
시작하여 청록다방까지 150m 정도 이어진다.

가장 먼저 만나는 벽화는 '한평공원'으로 동네주
민과 아이들이 직접 그렸다고 하니 그것만으로
도 의미가 더해진다. 맞은편에는 안도현시인이
자필로 쓴 시를 옮긴 '너에게 묻는다'와 우리나
라 단편문학의 완성자라 할 수 있는 이태준작가의 「영월영감」이라는 단편소설이 보인다.

영화 속 시간여행
청록다방

골목에는 고철로 만든 로봇조형물과 거리 마당도 조성되어 있다. 우물을 형상화한 느낌의 공원 한쪽에는 영월 출신의 영화배우 유오성과 사진을 담을 수 있는 포토존도 마련되어 있다. 공원 이층건물 벽에는 강원도의 아버지세대를 대변하는 광부가 그려져 있고, 아래 화단에는 이를 떠받치듯 장미꽃이 활짝 피어 있다. 이 동네에서 유명한 영월식당 주인과 며느리를 모델로 그렸다는 그림도 정겨운 모습이다.

요리골목탐방의 대미는 영화촬영지로 유명해진 청록다방으로 영월을 여행하는 사람이라면 반드시 들리게 되는 명소이다. 다방 옆에는 영화에서 외상값을 갚지 않아 망신을 당했던 곰세탁소와 철물점도 자리하고 있다. 다방 안에는 영화포스터와 유명인들이 많이 다녀간 듯 벽면을 온통 사인으로 도배해 놓았다. 오래된 의자 탓일까, 다방분위기는 여전히 영화 속 한 장면처럼 변하지 않았다. 화려하지는 않지만 길 끝에 찻집이 있다는 것은 여행을 조금 더 여유롭게 만든다. 관풍헌 뒤로 800m 봉래산정상에는 영화 속 라디오공개방송을 진행했던 별마로천문대가 보인다.

아름다운 밤하늘로 가는 길
별마로천문대

영월초등학교에서 별마로천문대까지는 약 9.3km로 삼옥재길부터 천문대까지 오르는 4km 구간은 곡예하듯 S자 길을 달려야 한다. 이 길은 '밤하늘 가는 길'로 급경사와 S자 길이 진땀을 나게 하지만 다행히 도로는 완만하면서 넉넉한 일차선이라 걱정할 필요는 없다. 올라가다 보면 산림욕장도 보이고, 마지막 급경사를 오르면 별마로천문대가 눈에 들어온다. 별마로는 합성어로 '별을 보는 고요한 정상'이라는 의미를 담고 있다.

별마로천문대는 지하 2층, 지상 4층 건물로 관측실, 천체투영실, 영상강의실, 휴게실, 전망대 그리고 천문과학교육관이 있다. 건물 앞 작은 돔은 화장실로 이곳 분위기와 잘 어울리게 지어져 있다. 그 옆에는 원거리의 소리를 증폭시키는 파라보라집음기와 조선시대 해시계 앙부일구가 놓여 있다. 이곳은 영화에서 특집공개방송이 진행됐던 곳으로 노브레인이 '비와 당신'이라는 노래를 부른 곳이다. 누워서 밤하늘의 별을 감상할 수 있는 천체투영실은 8m의 돔 스크린을 통해 가상의 별을 볼 수 있다. 3,500개의 별을 보면서 탄생별자리, 그리스로마신화 속 별자리, 계절별 별자리 등을 구분하는 방법도 배울 수 있다. 주관측실에서는 지름 80m의 반사망원경을 통해 달

표면이나 성운, 성단 등을 자세히 볼 수 있다. 보조관측실에서는 여러 종류의 천체망원경을 통해 행성, 달, 별, 성운 등의 천체를 관측하면서 천문학이야기도 들을 수 있다.

봉래산정상에서 떠올리는
영화 속 한 장면

천문대 바깥으로 난 계단을 오르면 봉래산 표시석이 있다. 봉래산은 영월의 주산으로 시가지 동쪽에 위치하며 별마로천문대와 함께 패러글라이딩 활공장이 있으며, 예로부터 봉래채운(蓬萊彩雲)이라 하여 아름다운 구름모양을 감상할 수 있어, 영월팔경 중 하나로 꼽혔다. 정상에서 낮에 내려다보는 영월 시내풍경도 좋지만, 야경으로 보면 하늘의 별이 땅에 내려앉는 듯한 영월의 모습을 볼 수 있다. 문득 안성기가 박중훈을 위로하던 명대사가 오랫동안 우리 가슴에 남는다.

곤아~ 별자리가 뭐여?
전갈자리...
그래서 성질이 더럽구나!
형은 뭐야?
난 물병자리, 술병자리잖아~
곤아! 너 아냐, 별은 말이지 자기 혼자 빛나는 별은 없어, 다 빛을 받아 반사하는 거야!

여행 정보

찾아가는 길

🚗 중앙고속도로 제천TG 빠져나와 4.8km 직진 → 신당삼거리에서 경찰서방면 좌회전 후 1.5km → 용두교사거리에서 의림지방면 우회전 후 2.6km → 장락삼거리에서 영월방면 좌회전 후 22.5km → 영월교차로에서 영월방면 우측도로 590m → 갈림길에서 영월방면 우측도로 230m → 청령포교차로에서 영월방면 좌회전 후 370m → 삼거리에서 청령포방면 좌회전 후 870m → 청령포입구교차로에서 영월군청방면 우회전 후 980m → 하송사거리에서 서부시장방면으로 좌회전 60m, 바로 우회전 250m → 영월초등학교 주차장으로 진입

🚌 영월시외버스터미널하차 후 요리골목까지 도보이동(350m, 7분 거리)

🚆 영월역하차 후 영월역앞정류장까지 도보이동(120m, 2분 거리) → 영월역앞정류장에서 농어촌버스 61번 탑승 후 관풍헌정류장 하차(2개 정류장, 8분 소요)

사진으로 미리보는 **동선 지도**

• **추천동선** 영월초등학교 → 요리골목 → 북코네 → 청록다방 → 관풍헌 → 영월초등학교 → 별마로천문대

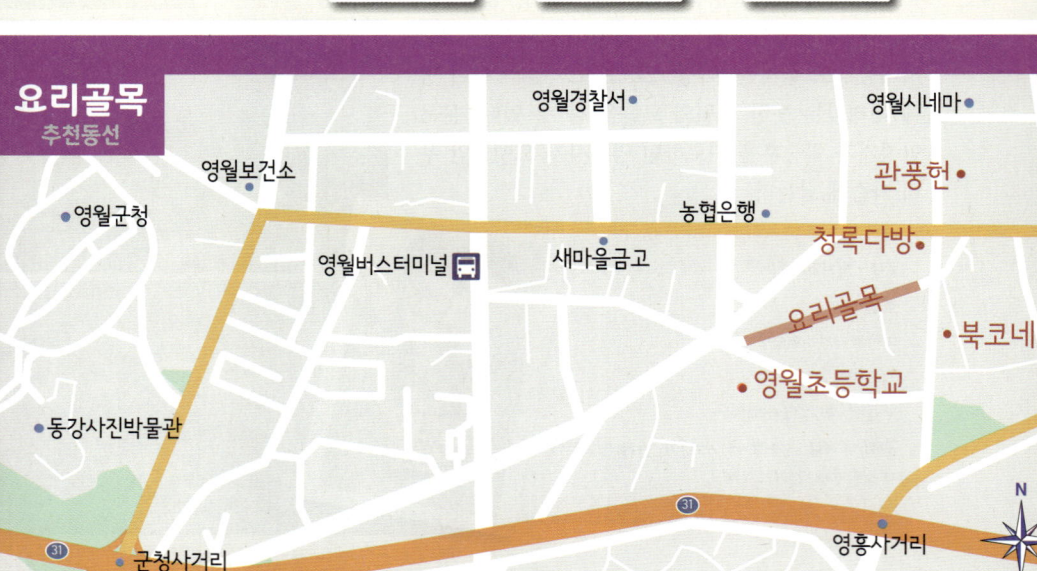

이용안내

요리골목 주소 영월군 영월읍 요리골목길 10 / **관풍헌 주소** 영월군 영월읍 중앙로 61

청록다방 문의 033-373-2126 **주소** 영월군 영월읍 중앙로 58

영월별마로천문대 문의 033-372-8445 **주소** 영월군 영월읍 천문대로 397 **운영시간** 15:00~23:00 **휴무** 매주 월요일, 공휴일 다음날, 설날 및 추석 당일 **이용료** 성인 7,000원, 청소년 6,000원, 어린이 5,000원(버스방문 시 사전예약 필수) **홈페이지** www.yao.or.kr

먹을거리

🍴 복코네

여행길에 먹거리가 애매할 때는 주변 현지인에게 물어보는 것도 좋은 방법이다. 주관적인 맛이긴 하지만 대체로 실패하지 않는다. 복코네 역시 그렇게 알게 된 냉면, 막국수전문점이다. 여름에 먹는 막국수 맛은 매콤하면서도 시원하고, 새콤한 맛이 더위를 잊기 충분하다. 영월서부시장 요리골목에도 먹거리가 풍부한데 많은 간식 중에 일미닭강정(033-374-0151), 가나닭강정(033-373-3125)이 전국적으로 유명하다. 매콤하면서 양이 많은 닭강정은 줄을 서야 먹는다.

문의 033-374-3527 **주소** 영월읍 관풍헌길 24 **가격** 냉면 6,000원, 막국수 6,000원

주변볼거리

👣 관풍헌과 자규루

강원도유형문화재 제26호로 지정된 관풍헌은 태조원년(1392)에 건립된 영월객사 동헌건물로 지방수령들이 공무를 보던 곳이다. 세조2년 단종이 노산군으로 강봉되어 청령포에서 유배생활을 하던 중 홍수를 피해 이곳에 머물다가 사사를 당한 곳이기도 하다. 정면 3칸, 측면 3칸의 단층 맞배지붕으로 지어졌으며, 관풍헌 동쪽에는 세조10년 지어진 누각이 있다. 처음 이름은 매죽루였지만 단종이 이곳에 읊었다는 자규시가 너무 절절해서 누각이름 마저 자규루로 변경했다고 전해진다.

문의 033-370-2531 **주소** 영월군 영월읍 중앙로 61

Theme ✔ 테마와 관련된 연관볼거리

영화촬영지

부여 서동요테마파크

2005년 방영된 SBS 드라마 〈서동요〉의 촬영지였다. 최근에는 〈장영실〉, 〈육룡이 나르샤〉를 비롯하여 〈계백〉, 〈대풍수〉, 〈선덕여왕〉 등을 촬영한 곳이다. 테마파트에는 신라왕궁, 백제왕궁, 왕궁촌, 태자궁, 망루, 초가집과 저잣거리 등이 재현되어 있다. 주변으로 부여청소년수련원이 있어 콘도형 가족휴양지로도 인기가 높다.

군산 초원사진관

영화 〈8월의 크리스마스〉 촬영지인 초원사진관은 촬영 후 철거되었지만 군산시에서 관광객들을 위해 복원한 곳이다. 사진관 앞에는 영화 속 한석규가 타고 다녔던 오토바이와 교통단속원 심은하가 타고 다녔던 자동차도 세워져 있다. 사진관 내에는 영화 속 심은하 복장을 한 안내원이 사진관을 지키고 있다. 양쪽 벽에는 영화 속 장면들이 걸려 있고, 영화에서 봤던 선풍기, TV, 전화기까지 그대로여서 아날로그감성을 자극하기에 충분하다.

부여 성흥산성사랑나무

성흥산성(사적 제4호)은 충남 부여군 임천면과 장암면에 걸쳐 세워진 산성이다. 백제동성왕 23년(501) 도성방어를 위해 쌓았으며, 성안에는 3곳의 우물과 군창지로 추정되는 건물지, 초석 등이 남아있다. 산성입구에는 사랑나무라 부르는 400여 된 느티나무가 있다. 이곳은 〈서동요〉 촬영지로 드라마 속 서동과 선화공주가 아름다운 사랑을 꽃피우던 곳이다. 그 외에도 〈신의〉, 〈각시탈〉, 〈대왕세종〉, 〈육룡이 나르샤〉 등이 촬영되었다.

Theme 03 최고의 야생화군락지
금대봉 & 대덕산

천상화원 금대봉의 산행 들머리는 두문동재이다. 금대봉과 은대봉을 잇는 두문동재는 고려말 유신들이 조선 건국에 반대하여 벼슬을 거부하고 은거하며 두문불출하던 곳이라 하여 두문동이라 부른다. 고갯길 정상에는 '백두대간 두문동재 해발 1,268m'라고 새겨진 표지석이 세워져 있다. 산행코스는 두문동재 - 금대봉 - 비단봉 - 매봉산 - 피재(삼수령)에 이르는 9.1km로 4시간가량 걸린다.

길섶에 야생화가 지천으로 깔린
산길

태백시와 정선의 경계에 있는 두문동재는 터널이 뚫리면서 한산한 옛길이 되었다. 여름에는 이곳까지 차로 올라갈 수 있지만, 차량통행이 많지 않은 겨울에는 제설작업조차 하지 않기 때문에 산행이 쉽지 않다. 백두대간 태백산권 구간 중 금대봉~대덕산 구간만 생태경관보존구역으로 통제되므로 출발 전 국유림관리소에 출입 할 수 있는지 문의하고 출발하는 것이 좋다.

산행은 함백산쉼터 옆에 차량을 주차한 후 싸리 재에서 시작한다. 산행 초입부터 길섶에는 야생 화가 지천이다. 여름산행이라면 처음 만나게 될 꽃은 이질풀이고, 조금만 걸어도 잔대, 그늘돌 쩌귀, 진범, 동자꽃, 금강초롱, 세잎꿩의비름, 노랑물봉선 등 감탄이 저절로 나오는 야생화꽃 길이 이어진다. 야생화가 핀 산길은 완만하여 여유를 부려도 금대봉까지 30분이면 충분하다. 정상은 나무 때문에 조망이 좋지는 않다.

넉넉한 육산길에 펼쳐지는
풍광

산행한 지 1시간 30분 만에 쑤아밭령에 다다르 는데 쑤아밭은 과거 화전으로 농사를 짓던 곳을 말한다. 쑤아밭령은 태백시 낙동강 최상류마을 화전동과 한강 최상류마을 창죽동의 경계를 나 누는 백두대간 마루금이다. 걷다보면 간간히 빛 바랜 백두대간 깃발이 보이고, 두문동재부터 2 시간 만에 도착한 곳은 비단봉(1,281m)이다. 발 아래 지나 온 능선들이 한눈에 펼쳐진다. 금대 봉과 은대봉 그리고 두문동재와 함백산까지 넉 넉하게 펼쳐진 육산임을 눈으로 확인할 수 있 다. 조금 더 멀리 운무에 가려진 태백산과 리조 트스키장도 희미하게 보인다.

비단봉을 벗어나면 지금까지의 산길과는 전혀 다른 고랭지배추밭과 풍력발전단지가 눈앞에 펼 쳐진다. 흔치 않은 풍경이라 사진기를 꺼내들고 연신 셔터를 누르다가 잠시 이국적인 풍 광을 감상한다. 개망초가 흐드러지게 핀 꽃길을 지나면 멀리 매봉산정상이 보인다. 자칫 길이 헷갈릴 수도 있지만 자세히 보면 앞서간 발자국을 찾을 수 있다. 오른쪽 비단봉 뒤 로 운무에 가린 금대봉까지 매끈하게 펼쳐진 능선은 걷고 나서야 비로소 더 눈에 들어온 다. 풍력발전단지를 벗어나 숲속을 걸으면 삼수령과 매봉산 이정표가 보인다.

산정의
변화무쌍한 날씨

매봉산정상 표지석은 천의봉과 매봉산이라고 앞뒤로 적혀있다. 다른 이름이지만 같은 봉우리인 것이다. 이곳에서 보는 백두대간 서남쪽 전망은 환상적이다. 태백시내 풍경이 한눈에 들어올 뿐 아니라 오투리조트스키장과 멀리 태백산 문수봉, 장군봉 등이 아름다운 능선으로 이어진다. 정상의 날씨는 변화무쌍해서 조망을 즐길 새도 없이 갑자기 운무가 들이닥치기도 하는데, 방금 전까지 눈앞에 선명히 보이던 빨간풍차도 보이지 않을 정도이다.

매봉산정상 풍력발전단지에는 130만 제곱미터에 달하는 고랭지배추밭을 배경으로 풍력발전기 8기가 설치되어 있다. 풍력발전기 밑을 지날 때면 돌아가는 소리가 음산하게 느껴진다. 차량으로 이곳까지 오를 수 있지만 배추 출하시기에는 통제되기도 한다. 데크전망대에 올라 넓게 펼쳐진 고랭지배추밭을 내려다보는 풍경도 장관이다. 필자가 갔을 때는 이미 출하를 마쳐 어수선한 모습이었지만 이곳이 아니면 볼 수 없는 이색적인 풍경이다. 배추밭을 지나 아스팔트길을 내려오면 피재이다. 피재는 3개 강의 분수령이라 해서 일명 삼수령(920m)이라고도 부른다. 서해로 흐르는 한강, 남해로 흐르는 낙동강, 동해바다로 합류하는 오십천까지 이곳을 기점으로 물길이 갈라진다.

 여행 정보

찾아가는 길

🚗 중앙고속도로 제천TG 빠져나와 4.8km 직진 → 신당삼거리에서 경찰서방면 좌회전 후 1.5km → 용두교사거리에서 의림지방면 우회전 후 2.6km → 장락삼거리에서 영월방면 좌회전 후 76km → 두문동재삼거리에서 함백산방면 우측도로 2.9km → 함백산쉼터(싸리재기점)

🚌 고한사북공영버스터미널 하차 후 고한사북공용터미널정류장에서 태백행 농어촌버스 탑승 후 두문동정류장 하차(10개 정류장, 20분 소요) → 함백산쉼터(싸리재)까지 도보나 택시이동(3km)

🚉 고한역 하차 후 고한정류장까지 도보이동(130m, 2분 거리) → 고한정류장에서 태백행 농어촌버스 탑승 후 두문동정류장 하차(5개 정류장, 10분 소요) → 함백산쉼터(싸리재)까지 도보나 택시이동(3km)

사진으로 미리보는 동선 지도

• **추천동선** 싸리재기점(함백산쉼터) → 금대봉정상 → 쑤이밭령 → 비단봉정상 → 매봉산풍력발전단지 → 매봉산정상 → 삼수령(피재)

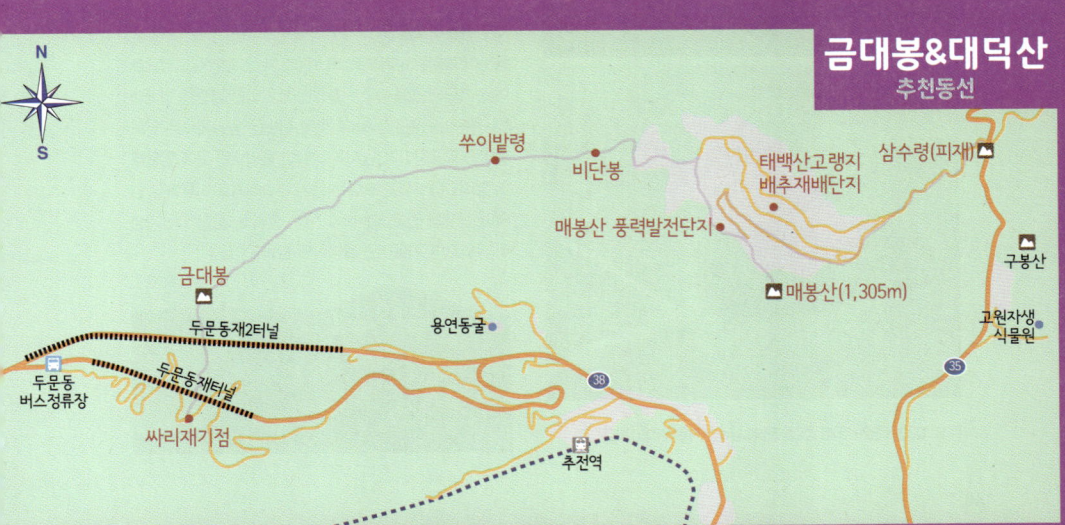

금대봉&대덕산
추천동선

이용안내

두문동재(함백산쉼터) 문의 태백국유림관리소 033-550-9910 **주소** 정선군 고한읍 금대봉길 296

먹을거리

🍴 주변에 마땅히 먹을 만한 곳이 없으므로 도시락을 준비하여 산행하는 것이 좋다. 산행 후 가까운 고한읍까지 내려오면 먹거리는 많은 편이다. 한식부터 막국수, 생고기전문점, 토종닭백숙 등 하이원리조트와 강원랜드 등이 있어 음식수준이 높은 편이다.

주변볼거리

🚶 귀네미마을

태백시 삼수동과 삼척시 신기면 대이리간 경계에 있는 해발 1,200m 고지 마을로 1985년 광동댐을 지으면서 형성된 마을이다. 덕항산 기슭, 축구장 50개 크기의 고산을 개간하여 고랭지배추 재배단지로 개발하였으며, 매년 5~9월까지 펼쳐진 초록의 배추밭풍경은 장관이다. 우리나라 3대 고랭지 배추밭 중 한 곳으로 이색적인 농촌분위기는 배추농사뿐만 아니라 관광자원으로도 각광받는 곳이다. 귀네미마을은 마을 뒷산에서 백두대간 능선으로 떠오르는 일출이 아름다워 동해해돋이 명소로도 유명하다.

문의 033-552-1376 **주소** 태백시 삼수동 귀네미1길

Theme ✔ 테마와 관련된 연관볼거리

야생화가 지천인 산

인제 곰배령

설악산과 마주하고 한계령을 사이에 두고 있는 점봉산은 활엽수가 가득하여 아름다운 원시림과 야생화로 가득한 곳이다. 그 원시림 끝에 부드러운 능선마루가 곰배령이다. 천상화원으로 손꼽히는 곳으로 아름다운 들꽃들을 만날 수 있다. 곰배령은 산림청홈페이지에서 인터넷으로 사전 입산허가증을 받아야만 방문이 가능하다.

완주 대둔산

대둔산은 논산, 금산, 완주군에 걸쳐있으며 작은 금강산이라는 애칭이 붙은 매력적인 산이다. 금남정맥의 주봉인 대둔산의 절경 중에서 석천암과 군지계곡, 수락폭포로 오르는 산길은 사계절 아름다운 풍경을 선사한다. 특히 4월이면 바랑산 월성봉 오르는 산길에는 초입부터 노루귀, 얼레지가 지천으로 깔려있다.

제주 용눈이오름

용눈이오름은 남북으로 비스듬히 누운 부챗살모양으로 여러 가닥의 산등성이가 흘러내려 기이한 경관을 빚어낸다. 용눈이오름은 248m로 동쪽 비탈은 남동쪽으로 얕고 벌어진 말굽형이며, 남서쪽 비탈이 흘러내린 곳에 알오름이 딸려있다. 오름기슭에는 용암 부스러기로 이루어진 언덕이 산재해 있고, 미나리아재비, 할미꽃, 꽃향유가 자생하고 있으며, 가을이면 물매화도 만날 수 있다.

Theme **04** 한강과 낙동강의 발원지를 찾아서

검룡소 & 황지연못

작은 옹달샘에서 솟아오른 물줄기가 계곡을 타고 끝없이 흘러 큰 강을 이루고 바다로 흘러가는 일은 인간의 삶과도 많이 닮았다. 태백은 우리나라 양대강인 한강과 낙동강의 발원지가 있는 곳이다. 한강은 창죽동 검룡소에서, 낙동강은 태백시 도심에 있는 황지연못에서 발원한다. 신성한 강의 발원지를 찾아 떠나는 여행은 색다르면서도 의미가 있는 여행이 된다.

우리나라를 대표하는 양대강의 발원지
검룡소

검룡소는 주차장에 차를 대고 1.3km를 걸어 올라가면 만날 수 있다. 주차장 뒤로 매봉산 바람의 언덕, 풍력발전단지가 마치 지척에 있는 것처럼 뚜렷하게 보인다. 양대강 발원지 탐방길은 한강발원지 검룡소와 낙동강발원지 황지까지 총 18km 구간이다. 작은피재를 지나 매봉산에 오르면 백두대간과 낙동정맥의 분깃점이 있고, 인

근에는 물길이 세 갈래로 갈라지는 삼수령이 자리한다. 시원한 높새바람을 맞으며 바람의 언덕, 고랭지배추밭단지 등을 지나면 천상화원에서 야생화를 즐기며 걸을 수 있다.

낙동정맥구간 황지연못 → 바람부리마을 → 화약골 → 창신월드(광업소) → 대박등 → 작은피재(총 9.5km/4시간 30분)
백두대간구간 작은피재 → 매봉산 → 바람의 언덕 → 쑤아밭령 → 검룡소주차장 → 검룡소(총 8.5km/4시간)

주차장에서 만나는 검룡소기념비는 태초의 용이 황금빛 여의주를 물고 하늘로 치솟는 역동적인 모습이라고 설명되어 있다. 200m 정도 아스팔트 길을 걸어올라 문화관광해설사의 집을 지나면 검룡소까지 1.2km의 산길이 시작된다. 검룡소에서 분주령 구간은 사전예약제로 운영되므로 출발 전 태백시청홈페이지에서 미리 신청해둬야 한다. 검룡소로 향하는 발길은 왠지 비장함도 더해진다. 민족의 젖줄인 한강 발원지로 검룡소에서 솟아오른 물은 임계를 거쳐 정선, 평창, 단양, 충주, 양평, 서울, 강화까지 12개의 하천과 3개의 강, 38개의 크고 작은 도시를 지나 서해까지 514km를 굽이쳐 흐른다. 한강의 원래 이름은 아리수로 아름답고 큰물을 뜻하며, 우리나라에서 네 번째로 긴 강(514km)이며 유역면적은 압록강에 이어 두 번째이다.

숲이 주는 호사를 누리며
걷기 좋은 길

길옆으로 계곡 물소리를 들으며 400m 정도 걸으면 대덕산과 검룡소로 향하는 세심교를 만난다. 하늘을 덮은 숲길은 뒷짐 지고 숲이 주는 호사를 누리며 쉬엄쉬엄 걷기에 좋다. 숲이 쏟아내는 피톤치드를 맘껏 만끽하며 도심의 번잡함을 잠시 내려놓자. 검룡소 주차장에서 채 30분이 걸리지 않아 데크가 보이면서 물소리가 커지면 검룡소가 가까워진 것이다. 커다란 바위에 '태백의 광명 정기에 솟아 민족의 젖줄 한강을 발원하다'라고 적혀있다. 이곳은 데크 위로 숲이 우거져 있어 빛이 새어 들어올 틈이 없는 것처럼 어둡다.

나무 사이로 내려앉은 파란 물빛이 투명하게 비치는 이곳이 바로 검룡소이다. 금대봉 기슭의 작은

샘인 제당궁샘, 고목나무샘, 물구녕석간수와 예터굼에서 솟아난 물이 지하로 스며들어 이곳 검룡소에서 솟구쳐 오르는 것이다. 1억 5천만 년 전 백악기에 형성된 석회암반을 뚫고 오르는 지하수는 하루 2~3천 톤가량을 뿜어낸다고 한다. 전설에 의하며 서해에 살던 이무기가 용이 되고자 한강 물길을 거슬러 올라 이곳에서 몸부림쳤다는 전설이 있다. 검룡소 주변의 암반에는 물이끼가 사계절 내내 자랄 정도로 평균 9도의 온도를 유지한다. 포토존에 서면 조용하던 검룡소와 달리 크지 않은 폭포인데도 떨어지는 물소리가 제법 웅장하게 들린다. 잠시 그 소리를 들으며 초록의 숲에 빠져보자.

1,300리를 흐르는 낙동강발원지
황지연못

검룡소를 둘러본 후 태백시내 중심지에 자리한 황지연못으로 향한다. 낙동강 발원지 황지연못은 태백시 번화가에 위치하고 있어 따로 주차장이 없으므로 중앙로 주변에 차를 대고 걸어가는 것이 좋다. 낙동강 발원지 황지연못이라고 적힌 이정표가 멀리서도 눈에 띈다. 숲이 우거졌던 검룡소 분위기와는 전혀 다른 풍경으로 도심 건물 사이 안쪽에 공원으로 조성되어 있다. 황지연못은 가운데 다리를 중심으로 둘레가 100m인 상지(上地)와 50m인 중지(中地) 그리고 30m인 하지(下地)까지 3개의 연못으로 이루어져 있다. 상지 쪽 연못은 깊이를 알 수 없는 수굴이 있어 하루 약 5천 톤의 물을 용출한다.

이곳은 해발 680m 고원분지로 태백시를 둘러싼 매봉산, 배병산, 함백산, 태배산 등에서 스며든 물줄기가 구문소를 지나 1,300리(510km)를 이어져 낙동강까지 흘러간다. 정말 물이 솟아나는지 의아할 정도로 상지연못은 너무나도 고요하다. 하지만 중지를 지나 하지로 이어지면 물에 유속이 생기면서 제법 속도를 내는데, 징검다리에서 낙동강까지 흘러갈 물에 손도 담가볼 수 있다. 수온은 여름에는 차고, 겨울에는 따듯하게 느껴지는 평균 15도 정도를 유지한다.

한국의 명수 100선 **중 한 곳인**
황지에 얽힌 전설

황지연못 표지석 아래에는 애기를 업고 뒤를 돌아보는 며느리동상이 서있고, 그 아래 황지 연못에 관한 이야기가 적혀 있다. 전설에 의하면 원래 이곳은 황씨가문의 옛터로 황부자는 인색한 수전노였다고 한다. 어느 날 남루한 노승이 시주를 청하자 황부자는 시주대신 쇠똥을 한바가지 넣었다. 이를 본 며느리가 몰래 노승에게 시주를 하니 노승은 '이집은 이미 운이 다했으니 애를 업고 소승을 따르시되 어떠한 일이 있어도 뒤를 돌아보지 마시오.'라고 했다. 며느리가 송이재를 넘어 구사리에 다다랐을 때 뇌성벽력과 땅이 갈라지는 소리가 들려 노승의 당부를 잊고 뒤를 돌아본 순간 돌로 변해버렸다. 황부자의 집은 땅 아래로 꺼지고, 대신 큰 연못이 생겼다고 한다. 그때 사라진 집터가 상지이고, 방앗간은 중지, 변소가 하지였으며, 황씨성을 따서 황지(黃地)라 부른다.

실제로 연못 속에 큰 나무 기둥이 여러 개 잠겨 있는데, 이를 황부잣집 대들보와 서까래로 여겼다고 한다. 황지연못은 유난히 물빛이 푸르러 이곳이 한국 명수 100선 중 한 곳인 이유를 알 것 같다. 검룡소에는 동전을 던지지 말라고 표시된 반면 황지연못은 아예 동전을 기다리는 거북이가 있다. 소원을 빌며 던지는 동전이 떨어진 자리를 보며 '평생행운, 오늘행운, 올해행운'이라 표시까지 되어 있다. 황지연못까지 왔으니 황지음수대에서 한국의 백대명수로 꼽히는 샘물도 시음해보자. 이 물은 지하 150m 경암층에서 용출된 지하수로 수질검사표도 붙어 있으니 안심하고 먹어도 된다.

 **여행 정보**

찾아가는 길

검룡소

🚗 중앙고속도로 제천TG 빠져나와 4.8km 직진 → 신당삼거리에서 좌회전 후 1.5km → 용두교사거리에서 의림지방면 우회전 후 2.6km → 장락삼거리에서 영월방면 좌회전 후 65km → 사북교차로에서 사북방면 우측도로 530m, 하이원리조트방면 우회전 후 175m → 사북오거리에서 좌회전 후 1km → 연세병원삼거리에서 화암면방면 좌회전 후 8.1km → 용소길 따라 태백방면 우회전 후 310m → 판문길 따라 태백방면 좌회전 후 6.3km → 역둔동로 따라 태백방면 우회전 후 6km → 백두대간로 따라 태백방면 우회전 후 780m → 검룡소방면 우회전 후 5.6km → 검룡소주차장으로 진입

🚌 태백버스터미널 하차 후 터미널정류장에서 13번 버스 탑승 후 검룡소입구정류장 하차(58개 정류장, 2시간 소요)

황지연못

🚗 중앙고속도로 제천TG 빠져나와 4.8km 직진 → 신당삼거리에서 경찰서방면 좌회전 후 1.5km → 용두교사거리에서 의림지방면 우회전 후 2.6km → 장락삼거리에서 영월방면 좌회전 후 86.6km → 화전사거리에서 시내방면 우회전 후 1.6km → 이정표 확인하며 황지공원 황지연못까지 이동

🚆 기차를 이용할 경우 태백역에 내려 태백버스터미널에서 1~12번 버스 중 아무거나 탑승 후 태백영프라자정류장 하차(2개 정류장, 5분 소요) → 황지연못까지 도보이동

이용안내

검룡소 문의 033-552-1360 주소 태백시 창죽동 산1-1번지
황지연못 문의 033-550-2081 주소 태백시 황지연못길 12

먹을거리

🍴 **태백순두부**

두문동고개 오르는 38번 국도변에서 예전 광부들의 관사였던 화투 팔광이 그려진 태백순두부집을 만날 수 있다. 직접 가마솥을 걸어 두부를 만드는데, 전통의 순두부만을 고집한다. 벽화가 말끔하게 그려져 있지만 식당내부는 예전 모습 그대로 허름하며 따로 메뉴판도 없이 소박한 모습이다. 순두부를 시키면 비지찌개와 된장찌개가 함께 나오는데 그 맛 또한 고향의 맛 그대로이다.

문의 033-553-8484 주소 태백시 초막2길 5 가격 순두부 6,000원, 모두부 6,000원

주변볼거리

🏃 **추전역**

우리나라에서 가장 높은 간이역으로 오트레인(O-Train)이 활성화되면서 여행자의 추억을 만드는 명소가 되었다. 1973년 험준한 산악과 협곡을 따라 부설된 태백선이 개통되면서 세워진 간이역으로 태백선 건설구간 중 가장 힘들었다는 정암터널(4,505m)을 바로 옆에 두고 있다. 역에는 매봉산 바람의 언덕을 옮겨 놓은 듯 풍력발전기 모형과 풍차가 세워져 있어 기념사진을 담기에 좋다. 추전역 내에는 주변 풍경을 담은 사진이 전시되어 있으며, 역장체험도 해볼 수 있다.

문의 033-553-8550 주소 태백시 싸리밭길 47-63

Theme ✓ 테마와 관련된 연관볼거리

전국의 물문화관

장흥댐 물문화관

수자원의 중요성과 자연친화성을 공유하는 장으로 활용되고 있다. 문화관은 1, 2층으로 나눠져 1층 역사문화자료실에서는 역사 속으로 사라져간 수몰지역의 모습과 유물이 전시되어 있고, 2층 탐진워터리움에는 장흥댐의 구조와 홍수조절, 용수공급, 수력발전 등의 내용을 소개하고 탐진강의 생태계를 살펴볼 수 있다. 장흥댐은 목포와 무안, 신안, 완도 등 9개 시군에 물을 공급하는 중요 댐이다.

대구 디아크

4대강사업 일환으로 조성되었으며, 물문화관 디아크는 마치 비행접시처럼 현대적인 모습이다. 지하 1층, 지상 3층 건물로 아트갤러리와 전시공간, 다목적실, 세미나실, 전망데크, 레스토랑 등을 갖추고 있다. 3개의 전시공간은 희망나눔존, 새물결홍보존, 서클영상존으로 물을 주제로 새로운 개념의 예술문화를 선보인다. 강정고령보 근처에는 자전거길, 봉촌언덕, 노곡부엉이골, 하빈습지원, 달성습지원 등이 있어 생태문화체험도 즐길 수 있다.

안동물문화관

안동댐 입구의 안동물문화관은 지상 2층 건물로 안동지역의 댐건설 과정과 발자취, 생활전반에 사용되는 물의 용도, 주변생태계의 모습이 전시되어 있다. 문화와 역사실은 물과 관련된 안동의 이야기와 선인들의 풍류, 안동에서 발생된 홍수 등을 소개 하고 있다. 문화관 맞은 편에는 안동댐 건설로 수몰된 월영대를 옮겨 만든 목조다리 월영교가 자리하고 있다.

Theme **05** 명당에 자리한 조선왕조의 발상지

준경묘

두타산의 지맥에 자리한 준경묘는 조선태조 이성계의 5대조인 양무장군의 묘로 재실을 갖추고 있다. 준경묘로 가는 길에는 금강송군락이 있는데, 경복궁과 광화문, 숭례문 복원 시 사용되었으며, 속리산 정이품송과 혼례를 치른 금강송도 있다. 또한 양무장군 부인 이씨의 묘인 영경묘도 있어 함께 둘러보면 된다. 국가지정문화재 사적 524호로 지정되어 있으며 조선왕조를 태동시킨 명당으로 풍수지리적 가치가 높다.

걷는 즐거움이 있는
산길

영경묘와 달리 준경묘는 많은 사람이 찾는 곳이라 주차장이 잘 정비되어 있다. 준경묘로 오르는 길, 두타산안내도에 따르면 두타산정상까지 6.1km로 3시간 정도 소요된다고 적혀있다. 마을입구에서 준경묘까지는 1.8km이며, 초입부터 오르막이라 가쁜 숨을 몰아쉬며 올라가야 한다. 하지만 아무 생각 없이 얼마간 오르다보면 편안하게 걷기 좋은 흙길이 나타난다.

오솔길로 들어서면 비로소 숲이 보이고 걷는 즐거움이 느껴진다. 구절초, 돌쩌귀, 꽃향유 등 들꽃이 하나둘 눈에 들어온다. 천천히 계절을 즐기며 걷기 좋은 숲길이다. 숲길이 끝날 때 쯤 지금까지 보았던 아기자기한 숲의 표정과는 전혀 다른 웅장한 소나무숲이 이어진다. 이곳은 아름다운 천 년의 숲으로 지정될 만큼 빼어난 숲으로 소나무숲을 몇 굽이 돌아서면 준경묘가 보인다. 오솔길과 소나무숲길이 1km 정도 이어져 처음이 힘들 뿐 30분 정도면 도착할 수 있다.

조선 창업의 전설이 서린
명당자리

준경묘에 얽힌 일화가 있다. 이성계 5대조이며 전주이씨 17대손인 이양무장군은 정중부와 함께 고려 무신정권을 세운 이의방의 동생 이인의 아들이다. 전주에 살던 이양무가 이곳 삼척에 묻힌 것은 고려 고종 18년(1231) 그의 아들 이안사가 지방관리와의 불화로 위험해지자 이곳으로 피신했는데, 그 이듬해에 죽으면서라고 한다. 이안사는 아버지의 묏자리를 찾아 이산저산을 헤매다 잠시 쉬게 된다. 이때 한 도승이 동자승과 함께 나타나 한 곳을 가리키며 '대지로다, 길지로다, 하지만 이곳이 명당이 되려면 무덤을 팔 때 소 백 마리를 잡아 제사를 지내고, 시신을 금관에 안장해야 한다. 그러면 5대 안에 기울어 가는 나라를 바로 잡을 창업주가 태어난다.'라고 하는 것이었다. 이 말을 우연찮게 들은 이안사는 가난한 살림에 궁여지책으로 소 백(百) 마리는 흰(白) 소 한 마리로 대신하고 금관은 귀리 짚으로 대신하여 장사를 치렀다고 한다. 실존 묘로는 우리나라 최고의 시조묘이며, 해마다 4월 20일 전주이씨 문중에서 제례를 올린다.

준경묘를 보는 순간 웅장한 기운이 느껴져 저절로 감탄이 나온다. 주변 산들이 성곽처럼 감싸고, 평지

같이 시원하게 펼쳐진 묘역과 앞에는 습지로 변한 수로까지 배산임수의 명당임을 한눈에 알 수 있다. 홍살문을 지나면 있는 일자로 지어진 제실과 비각이 왕릉의 정자각 설계를 따르고 있다. 제실 바로 옆에는 진흥수(振興水)란 글자가 음각된 샘이 있다. 본래 진응수(鎭應水)로 혈(穴), 즉 땅의 생기를 지상으로 분출시키는 물로 혈을 업은 산자락 양쪽에 보이지 않게 숨어 흘러내린 물이 모인 합수처이다. 제실을 지나 준경묘원에서 내려다보면 군더더기 없이 깔끔하게 정돈된 묘역의 좋은 기운을 온전히 느낄 수 있다.

가장 아름다운 숲에서 자라는
금강송

한국을 대표하는 소나무의 혈통보존을 위해 10여 년간의 연구와 엄격한 심사를 통해 우리나라에서 가장 형질이 우수하고 아름다운 소나무를 찾았는데, 그 미인송이 바로 준경묘 입구에 있다. 수령은 100여 년이고, 높이 32m, 둘레 2.1m인 이 소나무는 속리산 정이품송을 신랑으로 맞아 2001년 당시 산림청장이 주례를 맡고 보은군수가 신랑혼주, 삼척시장이 신부혼주가 되어 이곳 준경묘역에서 하객을 모시고 세계최초의 '소나무 전통혼례식'을 가졌다. 이 일은 한국기네스북에도 올랐으며 보은과 삼척은 사돈관계라고 한다. 정2품송과 혼례를 치른 이 소나무는 자연스럽게 정부인송이 된 셈이다.

준경묘 일대는 울창한 황장목으로 둘러싸여 있는데 특히 주변의 금강소나무는 경복궁복원 시 대들보로 사용하였다. 이후 2009년 광화문과 숭례문 복원을 위해 용맥능선의 소나무 20그루를 간벌하여 사용하기도 했다. 준경묘 뒤편 산길을 10여 분 올라가면 베어진 금강송의 모습을 볼 수 있다. 준경묘는 환경단체 생명의 숲에서 선정한 우리나라에서 가장 아름다운 숲이다.

여행 정보

찾아가는 길

🚗 삼척TG 빠져나와 등봉교차로에서 삼척방면 우측도로 1.2km → 도경교차로에서 태백방면 좌회전 후 7.2km → 하정교차로에서 환선굴방면 우회전 후 2.9km → 활기삼거리에서 준경묘방면 우회전 후 준경묘주차장까지 2.7km

🚌 삼척고속버스터미널하차 후 버스정류장에서 시내버스 31-6번 탑승 후 활기리정류장에서 하차(29개 정류장, 1시간 소요) → 준경묘까지 도보이동(1.9km, 30분 소요)

이용안내

준경묘 문의 033-570-3223 주소 삼척시 미로면 준경길 333-360
영경묘 문의 033-572-2011 주소 삼척시 미로면 하사전리 산53

먹을거리

🍴 대궐

예스러움이 물씬 풍기는 대궐은 카페와 식당을 겸하고 있다. 건축양식은 다르지만 대궐처럼 크게 지어졌으며, 마당에는 나무와 돌을 이용해 만든 조각품과 골동품들이 여기저기 전시되어 있다. 주메뉴는 등갈비정식으로 돌솥밥과 함께 깔끔하게 밑반찬이 나온다. 등갈비는 가스불 위에 올려 나오므로 끝까지 따뜻하게 먹을 수 있다.

문의 033-575-8320 주소 삼척시 미로면 준경길 108 가격 등갈비정식 15,000원, 망치국 8,000원

주변볼거리

🚶 영경묘

준경묘에서 4㎞ 떨어진 곳에 조선태조 이성계의 5대조모인 평창이씨의 묘가 있다. 영경묘가 자리한 영경마을은 '금강송 솔향기체험' 산책로가 잘 가꾸어져 있다. 마을에서 영경묘까지는 약 200m이다. 준경묘와 비슷한 재실과 고종황제의 어필로 목조대왕구거유지라고 적힌 비각, 홍살문이 세워져 있다. 영경묘는 특이하게 제실에서 약 100m 떨어진 곳에 묘가 자리한다. 울창한 송림으로 경관이 좋고, 준경묘와 같이 명당으로 매년 4월 20일에 전주이씨 문중에서 제례를 올린다. 태조 이성계가 조선건국 후 선조의 묘로 추봉하고 수축하고 정비하여 현재에 이른다.

Theme ✓ 테마와 관련된 연관볼거리

왕의 능

여주 영릉

경기도 여주시 능서면 왕대리에 있다. 조선 최초의 합장릉인 영릉(英陵)은 세종대왕과 그 비 소헌왕후 심씨의 묘로 효종과 그 비 인선왕후의 능인 영릉(寧陵)과 함께 사적 제195호로 지정되어 있다. 두 개의 왕릉은 700m 오솔길을 사이에 두고 있어 호젓한 흙길을 따라 숲을 감상하며 걷기 좋은 길이다. 산책로에서 천연기념물 노거수를 볼 수 있으며, 무덤 앞에는 상석, 문인석, 망주석 등의 석물이 있고 무덤 아래에는 정자각과 비각이 있다.

경주 선덕여왕릉

경주시 보문동 남산 남쪽 능선 중턱에 자리하고 있다. 646년 조성된 능은 2~3단의 자연석 석축 위에 둥글게 흙을 쌓아 올린 형태이다. 선덕여왕은 신라 제27대 왕이며, 신라 최초의 여왕으로 54년간 집권하면서 첨성대. 분황사 등을 세웠으며, 황룡사구층목탑을 건립하는 등 신라 건축의 금자탑을 쌓았다. 선덕여왕릉에 오르는 길은 송림으로 마치 호위병들이 서 있는 듯한 착각을 하게 만든다.

논산 견훤왕릉

후백제의 시조 견훤의 묘는 육군훈련소가 있는 연무읍 언저리 능선에 자리하고 있다. 견훤의 묘는 왕릉이라고 부르기에는 소박한 편으로 직경이 약 10m, 높이 5m로 석물이 전혀 없으며 묘 앞부분에 견훤왕의 묘임을 알리는 비석이 세워져 있다.

Theme **06** 청정해변 5.4km 달리다

삼척해양레일바이크

삼척여행에서 동해안의 절경을 빼놓을 수 없다. 해양레일바이크는 일제강점기 삼척의 지하자원을 수탈하기 위해 건설한 철로를 삼척시에서 2010년 관광자원화 한 것이다. 해양레일바이크는 5.4km의 청정해변과 동해 안의 수려한 풍경을 가장 근접하게 감상할 수 있는 해양레포츠이다. 복선으로 깔려 있어 궁촌과 용화 사이 2 개의 정거장 어느 곳에서 출발해도 좋으며 왕복도 가능하다.

복선으로 운행되는
해양레일바이크

7번국도와 인접한 궁촌역은 관광자원으로 개발되면 서 역사홀, 휴게음식점, 사진판매소, 유리공예, 한지 공예체험과 기념품판매소, 특산품판매장 등의 시설 을 갖추고 있으며 인근에는 궁촌해수욕장도 자리한 다. 궁촌역광장에는 백두대간의 혈과 혈이 맞닿아 기 가 넘치는 삼척시를 상징하는 태양과 역동적인 조형 물들이 곳곳에 설치되어 있다. 한쪽에는 상어지느러

미를 형상화한 레일바이크가 관광객을 실어 나를
준비를 하고 있다.

해양레일바이크는 궁촌역이나 용화역 어느 곳에서
든지 편도로 이용할 수 있고, 도착역에서 회송버스
를 이용하여 출발지점으로 편하게 되돌아 올 수도
있다. 레일바이크는 통상 하루 6회 운영되는데, 겨
울철에는 맨 처음과 마지막 시간을 제외한 4회만 운
행된다. 성수기에는 인기가 높아 미리 예약을 해야
만 이용할 수 있으며, 그 외 시기에는 현장구매도
가능하다. 편도 이용료는 2인승 20,000원, 4인승
30,000원이며 야간에는 10% 할증요금이 추가된다.

해송숲과 **해변길**이 이어지는
아름다운 코스

궁촌정거장에서 출발하면 해송길(원평해수욕장) →
초곡휴게소 → 초곡1터널(황영조터널) → 초곡2터
널(신비) → 용화터널(환영)을 지나 용화정거장까지
이어진다. 궁촌정거장에서 10여 분을 달리면 310~
500m 구간은 해송길로 원평해변과 소나무숲이 좌
우로 시원하게 펼쳐진다. 빼곡한 송림에서 뿜어나

오는 피톤치드를 양껏 들이키자. 거침없이 부서지
는 하얀 포말 또한 장관이라 기분까지 좋아지며, 저
절로 환호성이 터져 나온다. 향긋한 솔향과 바다내
음이 묘하게 조화를 이루며 상쾌함을 더하니 두 발
에 힘이 더해져 힘차게 페달을 밟게 된다.

레일 위를 달리다 보면 무인포토존이 보인다. 사진은
도착역에서 맘에 들 경우 구입하면 된다. 철길은 마

을구간도 통과하는데 사람들이 살고 있으므로 조용
히 달려야 한다. 울창한 해송길과 궁촌해변, 원평해
변, 문암해변, 초곡항, 용화해변으로 이어지는 바닷
가에는 모자바위, 용쟁호투, 미륵바위 등의 해안절경
도 펼쳐진다. 문암해변을 지나 초곡휴게소에서 15분
가량 쉬어 갈 수 있다. 매점에서 판매하는 간식을 즐
기며 초곡항 전경과 다양한 조형물을 감상하면 된다.
다시 레일바이크에 오르면 마주 오는 사람들과 손인
사도 즐길 여유가 어느새 생긴다.

다시 또 달리고 싶은
다양한 테마터널

해양레일바이크는 각각 테마가 다른 3개의 초곡터널을 지난다. 초곡1터널은 총길이 185m로 몬주익의 영웅 황영조터널이라고도 부른다. 삼척의 다양한 관광자원을 홍보하는데, 터널 끝에는 황영조선수가 태어나고 자란 초곡마을이 보인다. 시간이 된다면 근처 황영조기념공원을 따로 둘러보아도 좋다. 황영조선수를 기념하기 위해 조성한 공원으로 그의 성장과 훈련과정 등 각종 사진자료와 소품, 영상물 등을 전시하며, 역대 올림픽포스터와 올림픽에 대한 이야기를 살펴볼 수 있다.

초곡2터널은 총길이 1km로 형형색색 루미나리에와 화려한 레이저쇼가 펼쳐지는 코스이다. 계속 이어지는 용화터널은 해저터널을 모방한 디오라마공법으로 조성되어 있다. 불빛의 화려한 색채가 무지개처럼 발산되어 빛의 향연 속으로 달리는 묘미를 느낄 수 있다. 달리다보면 억새군락이나 길섶의 들꽃들도 볼 수 있어 운치가 더해진다. 1시간이라는 시간이 짧게 여겨질 정도로 얼마 달리지 않은 것 같은데, 어느새 용화정거장에 도착한다. 바로 아래 용화해수욕장이 있으므로 잠시 내려가 모래사장에서 바다 운치를 느낄 수 있다. 반달형 해안선에는 기암괴석도 보이고, 백사장 한편에는 오징어를 말리는 모습이 정겹다. 용화정거장 근처에는 고려의 마지막 왕인 공양왕릉이 있으며 어촌민속전시관, 습지생태공원, 남근조각상 등 해신당의 전설을 토대로 조성된 해신당공원이 있다.

 여행 정보

찾아가는 길

🚗 동해고속도로 근덕TG 빠져나와 울진방면 우측 동해대로 따라 10.5km → 궁촌교차로에서 궁촌방면 우측도로 420m 바로 이어지는 교차로에서 우회전하여 640m → 이정표 확인하면서 삼척해양레일바이크 궁촌주차장으로 진입

🚌 삼척종합버스정류장 하차 후 터미널앞정류장까지 도보이동(230m, 5분 거리) → 터미널앞정류장에서 24번 버스 탑승 후 궁촌정류장 하차(22개 정류장, 1시간 소요) → 삼척해양레이바이크까지 도보이동(150m, 3분 소요)

이용안내

삼척해양레일바이크 문의 033-0576-0656~8 **이용료** 2인승 20,000원, 4인승 30,000원 **주소** 궁촌정거장 근덕면 공양왕길 2 **용화정거장** 근덕면 용화해변길 23 **운영시간** 궁촌역 ↔ 용화역 09:00~17:00, 매시 정각출발(12시 제외) 성수기 주말, 공휴일 09:00~18:00 **정기휴일** 매월 넷째주 수요일 **홈페이지** www. oceanrailbike.com

먹을거리

🍽 동막골촌두부

1시간가량 레일바이크를 탄다면 누구나 배가 고플 수밖에 없어 뭘 먹어도 맛이 좋을 시간이다. 가까운 곳, 근덕초교 분교 앞에 매일 직접 두부를 만드는 촌두부집이 있다. 여름에는 서리태콩으로 콩국수를 하며 반찬으로 나오는 콩비지전은 바싹하게 구워 맛이 좋다. 일반 순두부보다 거친 맛이지만 깨와 김가루를 뿌려 고소한 맛을 더해 술술 넘어간다. 양념장으로 김치볶음과 간장양념이 나와 찍어먹기도 좋다.

문의 033-573-9225 **주소** 삼척시 근덕면 방재로5 **가격** 촌순두부 7,000원, 검정콩국수 8,000원

주변볼거리

🚶 해신당공원

남근을 테마로 한 공원이다. 신남마을에 결혼을 약속한 애랑과 덕배의 전설이 내려오는 곳으로 해초작업 중 큰 풍랑으로 죽은 처녀의 영혼을 달래기 위해 실물 모양의 남근을 만들어 제사를 지내던 풍습에서 유래된 공원이다. 해신당공원은 습지생태공원을 비롯하여 바다 품은 전망대, 솟대, 12지신상, 남근 분수조형물, 애랑이네집, 덕배총각의 집, 해신당, 덕배총각동상, 남근조각공원과 어촌민속전시관이 있다.

문의 033-572-4429 **주소** 삼척시 원덕읍 삼척로 1852-6 **운영시간** 09:00~17:00(동절기), 09:00~18:00(하절기) **입장료** 성인 3,000원, 청소년 2,000원, 어린이 1,500원 **휴무** 매월 18일(공휴일이면 그 다음 평일)

Theme ✔ 테마와 관련된 연관볼거리

4바퀴로 즐기는 여행지

섬진강레일바이크

섬진강기차마을(구 곡성역)에서 가정역(청소년야영장입구)까지 오가는 추억과 테마의 공간으로 증기기관차를 통해 시간여행을 즐길 수 있다. 또한 증기기관차와 더불어 땀 흘리며 섬진강변의 풍경을 즐길 수 있는 레일바이크체험도 추억을 만들기에 충분하다. 침곡역에서 가정역까지 5.1km 구간을 하루 5차례 운행하며, 약 40분 정도 소요된다.

양평레일바이크

양평레일바이크는 입구부터 아이언맨이 반기고 있어 아이들이 좋아하며, 승마체험장도 함께 있다. 단선으로 50분 정도 소요되며, 철길이 예쁘게 색칠되어 있어 달리는 재미를 더한다. 계절을 느낄 수 있는 주변 풍경과 아름다운 호수, 예쁜 조명과 불빛이 현란한 터널, 농촌풍경 등을 즐길 수 있다.

아산레일바이크

도고온천역에서 출발하여 반환점을 돌아 원점회귀하는데 40분 정도 소요된다. 볼거리가 많은 아산레일바이크는 시원한 들판과 트릭아트포토존, 아이언맨, 풍차가 있는 풍경, 쇼타임카페 등이 있으며 코미디홀과 스카이로드 체험장이 있어 이동하지 않고 바로 즐길 수 있다. 도고역 주변에 볼거리가 많아 시간을 갖고 둘러볼 만하다.

Special 03

해안절경을 즐기기 좋은 삼척 1박 2일

삼척은 두타산 정기를 받은 오십천이 휘돌아 동해로 흐르는 아름다운 풍취를 지닌 곳이다. 동해 해안 절경을 따라 국내 유일의 해안레일바이크, 5억 3천만 년의 신비를 품은 대금굴, 조선왕조의 뿌리가 되는 준경묘, 동해안 유일의 남근숭배신앙이 전해지는 해신당공원, 정조도 반했다는 죽서루 그리고 새천년해안도로를 따라 신라장군 이사부의 개척정신과 얼을 느낄 수 있는 공원까지 1박 2일이 짧다.

사진으로 미리보는 **동선 지도**

• 1일차 – 대금굴 → 준경묘 → 이사부사자공원 → 죽서루 → 씨스포빌리조트(1박)

대금굴

12.2km
자동차
20분

준경묘

21.8km
자동차
30분

이사부사자공원

5.5km
자동차
12분

죽서루

8.2km
자동차
15분

씨스포빌리조트(1박)

• 2일차 – 씨스포빌리조트 → 맹방해변 → 삼척해양레일바이크(궁촌정거장) → 해신당공원/어촌민속전시관

씨스포빌리조트

도보
2~3분

맹방해변

11.12km
자동차
17분

삼척해양레일바이크

12km
자동차
20분

해신당공원/
어촌민속전시관

태고의 신비를 간직한 석회암동굴
대금굴

동굴내부가 찬란한 황금빛이라 대금굴이라 칭하였으
며, 자연친화적 개발을 통해 2007년 개방하였다. 대
금굴은 40인승 모노레일을 타고 관람하는데, 하루
720명만 인터넷으로 신청 받아 동굴 안 190m까지
관람할 수 있다. 환선굴과 비슷한 시기에 형성된 석
회동굴로 동굴내부에 풍부한 수량이 흐르며, 대규모
흑포와 기이한 석순 등이 자라고 있다. 동굴길이는
1,610m, 9주굴 730m, 지굴 880m로 개방구간은
793m, 관람동선은 총 1,356m이며 모노레일은 동굴
외부 470m, 동굴내부 140m까지 들어간다.

대금굴은 우리나라 동굴 중 수량이 가장 많고, 생성
물들의 보존관리 상태도 최상이라 한다. 대금굴에서
가장 먼저 만나는 비룡폭포는 8m 높이로 겨울에도
얼지 않는다. 석회동굴은 세 가지 특성만 이해해도
관람에 도움이 된다. 천정에서 흘러내리는 종유석과
천정에서 물방울과 함께 떨어진 석회물질이 성장하
는 석순, 그리고 종유석과 석순이 만나는 석주이다.

커튼광장은 종유석이 띠 모양으로 넓게 형성된 것이며, 다랑논처럼 생긴 휴석소는 대금굴
내 흐르는 물이 방해석의 침전으로 형성된 것이다. 만물상광장에서는 종유석, 석순, 막대
형석순, 석주 등을 한꺼번에 만날 수 있는데, 이곳의 지름 5cm, 높이 3.5m의 막대형석순
은 국내 최대 길이를 자랑한다. 개방된 대금굴의 가장 끝부분에는 백두산의 천지를 닮은
천지연이 있다. 수량이 풍부한 대금굴은 어디나 우렁찬 물소리가 들리지만 이곳만큼은 잔
잔하고 평화롭다. 천지연 바로 옆에는 부처님을 닮은 석순도 보인다.

금강송이 빼곡한 기운 좋은 명당
준경묘

준경묘는 조선을 건국한 이성계의 5대조인 양무장군
의 묘로 재각, 재실을 갖추고 있으며 주변으로 금강
송이 빼곡히 심어져 있다. 이곳의 금강송은 경복궁,
광화문, 숭례문 복원 시에도 사용되었으며 속리산
정이품송과 혼례를 치룬 금강송도 있다. 소나무의
혈통을 보존하기 위해 2001년 이곳에서 가장 형질
좋고 아름다운 소나무를 뽑아 속리산 정이품송과 '소
나무 전통혼례식'을 올렸다.

준경묘는 조선건국의 전설이 서린 곳으로 1899년 양무장군의 부인묘인 영경묘와 더불어 두 무덤을 수축하고 제각과 비각을 지었다. 전주이씨 실묘로는 남한에서 최고의 시조묘로 해마다 4월 20일 전주이씨 문중에서 제례를 올린다. 준경묘에는 양무장군의 아들인 목조가 한 도승의 예언대로 백우금관을 준비하여 부모를 안장함으로써 후대에 조선을 창업할 수 있었다는 전설이 전해진다. 준경묘에서 5분 거리에는 양무장군의 부인 이씨의 능묘인 영경묘도 있어 함께 둘러보면 좋다.

관동팔경 제일루인
죽서루

죽서루는 관동팔경 중 가장 큰 누정이며, 가장 오래된 건축물로 바다와 접해있지 않고 내륙에 지어진 누각이다. 죽서루의 건립연대는 정확하지 않지만 고려충렬왕(1275년) 때 이승휴가 두타산에 숨어 지내며 죽서루에 올랐다는 기록으로 봐서 그 이전에 건립된 것으로 추측한다. '풍류를 모르면 죽서루에 오르지 말며, 죽서루 하층구조를 보지 않고서는 죽서루를 봤다 말하지 말라.'는 말이 있을 정도로 죽서루 누각 안에는 정조의 어제를 비롯하여 모두 29개의 현판이 걸려있다. 관동제일루와 죽서루는 숙종 때 이곳 부사였던 이성조의 글씨이며, 제일계정은 현종3년 허목의 글씨이다.

김홍도의 화첩 금강사군첩은 정조의 어명으로 그려졌는데, 정조는 죽서루 그림을 보고 무릎을 치며, 자신의 풍류와 삼척부사를 시샘하는 듯한 어제를 죽서루에 남겼다고 한다. 죽서루는 2층 누각임에도 중층사다리가 없이 암반을 통해 이층 누각에 오를 수 있는 구조이다. 정면 7칸, 측면 2칸 규모로 자연암반 위에 세워졌다. 1층 기둥받침은 높낮이가 모두 다른데 17개 중 8개는 다듬은 주춧돌, 나머지 9개는 자연암반 위에 세웠다. 죽서루 옆에는 사후 호국용이 된 신라문무왕이 동해를 지키다가 삼척 오십천으로 뛰어들어 바위를 뚫고 지나갔다는 용문바위가 있다. 이 바위구멍을 지나며 소원을 빌면 이뤄진다는 전설이 있으며, 용문바위 위에는 선사암각화와 성혈유적이 남아 있다.

삼척과 동해를 한눈에 내려다볼 수 있는
이사부사자공원

중산해변과 추암해변 사이에 자리한 이사부사자공원은 신라시대 이사부장군의 이야기를 토대로 조성된 공원이다. 해상왕으로 불리던 이사부장군은 지증왕13년(512)에 우산국(울릉도)을 점령하였다. 천혜의 요새였던 우산국정벌을 위해 이사부장군은 나무사자를 만들어 전선에 태우고 항복하지 않으면 사자를 풀겠다는 계교를 써서 우산국을 신라에 부속시켰다. 역사적 사실에 기초하여 조성된 이사부사자공원은 곳곳에서 사자상을 만날 수 있는데, 주제별로 만들어져 있어 둘러보는 재미도 쏠쏠하다.

전망타워에는 추암 촛대바위와 동해를 내려다 볼 수 있는 전망대, 사자공예품전시관, 유리공예체험실, 카페 등이 자리한다. 입구에는 이사부장군 영정이 전시되어 있으며, 그 옆에서 실시간으로 독도의 모습을 영상으로 살펴볼 수 있다. 도계유리마을 체험장에서는 체험비 10,000원을 내고 자신만의 유리공예품을 직접 만들어 볼 수 있다. 2층 전시실에서는 석재 사자조각상과 나무로 만든 '독도의 종' 등을 살펴볼 수 있다. 야외공원에서는 사자를 주제로 한 전국공예대전 수상작들을 만날 수 있으며, 사계절 즐길 수 있는 썰매장과 추억의 명화를 감상할 수 있는 시설도 있다. 인근에 수로부인공원이 있어 정자에 앉아 가깝게 바다를 만끽할 수 있다.

거침없는 파도와 일출이 유명한
맹방해변

맹방해수욕장은 4km에 달하는 백사장과 수심이 얕아 삼척 제일의 해수욕장으로 주목을 받고 있다. 해안선이 아름답고, 일출과 파도사진을 담기에 그만인 곳이다. 영화 〈봄날은 간다〉에서 실제 파도소리를 녹음하는 장면이 이곳에서 촬영되었다. 해수욕장답게 샤워실, 급수대, 화장실 등의 편의시설을 잘 갖추고 있으며, 마읍천의 담수와 바닷물이 섞이는 담수욕도 즐길 수 있는 이색적인 해수욕장이다.

여름에는 조개줍기대회, 맨손송어잡기대회 등 다양

한 행사도 펼쳐지며, 해수욕장 주변으로 울창한 송림산책로가 있어 산림욕을 즐길 수도 있다. 기암괴석 갯바위와 거센 파도, 고운모래 백사장에는 해안사구처럼 바람이 만든 모래자국도 볼 수 있다. 시간적 여유가 있다면 근처에 머물면서 이른 아침 덕봉산으로 피어오르는 물안개와 오메가 일출을 한 장의 사진으로 함께 담을 수 있다.

삼척의 청정해변을 즐기며 달리는
해양레일바이크

삼척해양레일바이크는 동해안의 수려한 풍경을 가장 근접하여 감상할 수 있는 해양레포츠이다. 복선이라 궁촌과 용화정거장 어디서나 이용할 수 있다. 궁촌역광장에는 삼척의 상징 태양과 레일바이크를 형상화한 조형물이 세워져 있다. 레일바이크는 하루 6회 운행하는데, 예약은 인터넷으로 가능하며 1시간가량 탑승한다. 성수기인 4~10월은 야간운행도 한시적으로 시행하고 있다.

궁촌역에서 출발하여 원평해변을 지나면 울창한 해송길과 기암괴석이 어우러진 해변을 파노라마로 감상할 수 있다. 레일구간 중간쯤에는 초곡휴게소가 있어 15분 정도 휴식을 취할 수 있고, 오르막구간은 전동으로 굴러가므로 체력적인 문제는 걱정하지 않아도 된다. 마라토너 황영조의 고향 초곡마을도 지나며 해양도시의 특징을 잘 살린 초곡 1, 2 터널과 해양터널에서는 루미나리에와 레이저쇼 등으로 환상적인 시간을 보낼 수 있다. 진한 솔내음과 바다경관을 만끽할 수 있는 명실상부 대한민국 최고의 해양레일바이크이다. 용화정거장 근처에는 고려왕조 마지막 왕인 공양왕릉이 있다.

애랑의 전설이 이어지는
해신당공원

먼 옛날 신남마을에는 결혼을 약속한 처녀 애랑과 총각 덕배가 살고 있었다. 어느 날 해초작업을 위해 덕배는 애랑을 인근 바위섬까지 태워줬는데 거센 파도와 심한 강풍에 애랑이 바다에 빠져 죽게 된다. 이후 애랑의 원혼 때문에 고기가 잡히지 않았는데, 한 어부가 바다를 향해 오줌을 쌌더니 만선을 이룰 수 있었다. 그후 마을에서는 정월대보름에 나무로 남근을 깎아 애랑의 원혼을 달래는 제사를 지냈으며, 지금도 매년 정월대보름과 음력 10월 첫 오일(午日)에 남근을 깎아 제사를 지내는 풍습이 전해진다.

삼척시에서는 이 전설을 테마로 남근조각경연대회을 열어 유명작가들이 제작한 남근 조각상을 해신당 일대에 세우고, 성민속공원으로 조성하였다. 해신당 공원 구석구석에는 갖가지 남근형상이 즐비하여 민망한 웃음을 짓게 된다. 500년 전 어촌생활상을 엿볼 수 있는 애랑의 집과 풍속화가 신윤복의 춘화도를 디오라마기법으로 재현한 덕배의 집이 있으며, 삼척의 어촌문화를 살펴볼 수 있는 어촌민속전시관도 함께 있다. 고대부터 다산과 풍요를 상징하던 남근조각상은 처음에는 당황스럽지만, 해학과 건강함이 느껴져 즐겁게 관람할 수 있다. 전망대에서 승강기를 이용하여 해변으로 내려갈 수 있어 기암괴석 가득한 해안에서 산책도 즐길 수 있다.

 가을꽃의 여왕, 삼척 왕의 코스모스축제

9월 말~10월 초, 가을에 삼척을 찾는다면 미로면 내미로리와 고천리 일대에 펼쳐지는 삼척왕의 코스모스축제장을 찾아보자. 축제는 끝이 보이지 않을 정도로 펼쳐진 코스모스 포토존과 코스모스 꽃길에서 진행된다. 축제기간에는 허수아비 만들기 체험, 왕의 복식체험, 전통놀이체험, 삼베짜기 길쌈시현 등 20여 종의 다채로운 체험행사도 진행된다. 또한, 고향체험 프로그램과 공연 및 전시프로그램, 농특산물판매, 향토먹거리 장터까지 있어 최고의 가을여행지가 된다.

대한민국 여행자를 위한, 강원도 여행백서

여행 정보

찾아가는 길

1일차 동해고속도로 삼척TG 빠져나와 등봉교차로에서 태백방면 우측도로 1.2km → 도경교차로에서 태백방면 좌회전 후 38번 국도 따라 7.1km → 하정교차로에서 환선굴방면 우회전 후 5.3km → 신기사거리에서 환선굴방면 우회전 후 8.2km → 이정표확인하며 대금굴주차장으로 진입 → **대금굴** → 환선로 따라 8.2km → 신기사거리에서 삼척방면 좌회전 후 2.5km → 활기삼거리에서 준경묘방면 좌회전 후 1.3km → 이정표 확인하며 준경묘주차장으로 진입 → **준경묘** → 준경길 따라 1.6km → 활기삼거리에서 삼척방면 좌회전 후 14.1km → 단봉삼거리에서 삼척방면 우회전 후 2.1km → 공단삼거리에서 추암방면 좌회전 후 1.7km → 굴다리 지나 이정표 확인하며 공원 주차장으로 진입 → **이사부사자공원** → 수로부인길 따라 1km → 굴다리쪽으로 우회전 후 1.2km → 갈천삼거리 에서 삼척방면 좌회전 후 333m → 주유소 끼고 우회전 후 1.8km → 당고길 따라 우회전 후 260m → 성당길 따 라 우회전 후 80m → 삼거리에서 좌회전 후 600m → 삼척죽서루주차장으로 진입 → **죽서루** → 삼척의료원앞 사거리에서 울진방면 우회전 후 1.7km → 삼척교사거리에서 울진방면 우회전 후 290m → 사직삼거리에서 울 진방면 좌회전 후 3km → 맹방해변방면 우측도로 830m → 삼거리에서 우회전 후 500m → 상맹방해변방면 좌 회전 후 300m → 해변길로 우회전 후 1.2km → **씨스포빌리조트(1박)**

2일차 **씨스포빌리조트** → 상맹방길 따라 1.1km → **맹방해변** → 맹방해변로 따라 500m → 좌회전 후 1.4km → 우회전 후 300m → 근덕교차로에서 왼쪽 삼척방면 동해대로 따라 5.7km → 동막교차로에서 태백방면 우측도로 방재 로 따라 700m → 좌회전 후 이정표 확인하며 주차장으로 진입 → **삼척해양레일바이크(궁촌정거장)** → 삼척로 따라 3.9km → 울진방면 우회전 후 7.2km → 신남길 신남항방면 좌회전 후 380m → 신남길 좌회전 후 100m 가서 주차장으로 진입 → **해신당공원/어촌민속전시관**

삼척
1박 2일

이사부사자공원
죽서루
북평IC
삼척해수욕장
삼척해변역
해도지횟집
감나루
삼척온천관광호텔
삼척IC
도경리역
문화추어탕
삼척시청
삼척항
삼척왕의
코스모스축제
삼척역
오분해수욕장
미로역
한재밑해수욕장
씨스포빌리조트
영경묘
근덕IC
맹방해수욕장
마룡소
상정역
하맹방해수욕장
준경묘
대궐
덕산해수욕장
신기역
부남해수욕장
귀네미마을
대금굴
관음굴
마차리역
삼척해양레일바이크
(궁촌역)
원평해수욕장
초곡항
하고사리역
산토리니펜션
삼척해양레일바이크
(용화역)
장호항
고사리역
두리봉
해신당공원

N
S

이용안내

대금굴 문의 033-541-9266 **주소** 삼척시 신기면 환선로 800 **홈페이지** www.sancheok.go.kr **입장료** 성인 12,000원, 청소년 8,500원, 어린이 6,000원(주차비 무료) **관람소요시간** 1시간 20분(동굴 왕복 20분, 내부관람 1시간) **모노레일 운행시간** 하절기(3~10월) 09:00~17:000(30분 간격 17회 운행), 동절기(11~2월) 09:30~16:00(30분 간격 14회 운행) **인터넷예매** samcheok.mainticket.co.kr **귀띔 한마디** 대금굴 입장권은 현장 판매하지 않으므로 반드시 인터넷 예매를 해야 한다.

준경묘 문의 033-570-3223 **주소** 삼척시 미로면 준경길 333-360

영경묘 문의 033-572-2011 **주소** 삼척시 미로면 하사전리 산53

죽서루 문의 033-570-3670 **주소** 삼척시 성내동 9-3

이사부사자공원 문의 033-573-0561 **주소** 삼척시 수로부인길 333

맹방해변 문의 033-572-3011 **주소** 삼척시 근덕면 맹방해변로

삼척해양레일바이크 문의 033-0576-0656~8 **이용료** 2인승 20,000원, 4인승 30,000원(야간 10% 추가) **주소** 궁촌정거장 근덕면 공양왕길 2 용화정거장 근덕면 용화해변길 23 **운영시간** 궁촌역 08:30/10:20/12:10/14:20/16:10/18:10 용화역 08:40/10:20/14:20/16:20/18:00 (야간은 4~10월 중에만 운행된다.) **정기휴일** 매월 18일 **홈페이지** www.oceanrailbike.com

해신당공원/삼척어촌민속전시관 문의 033-572-4429/033-570-3568 **주소** 삼척시 원덕읍 삼척로 1852-6 **운영시간** 3~10월 09:00~18:00, 11~2월 09:00~17:00 **입장료** 성인 3,000원, 청소년 2,000원, 어린이 1,500원 **휴무** 매월 18일(공휴일이면 그 다음 평일)

삼척 왕코스모스축제 문의 033-570-3846(관광정책과) **주소** 삼척시 미로면 동안로 540

먹을거리

삼척은 시내, 내륙, 해안권으로 나뉘어 싱싱한 해산물부터 토속음식까지 다양하게 맛볼 수 있는 지리적 여건을 갖추고 있다. 특히 감나무집은 착한 가격에 깔끔한 음식으로 기억에 남는 맛집이다. 마치 맛집 잡지를 보는 듯한 느낌의 상차림은 입맛을 돋우기 충분하다. 삼척항이 있어 시가지에서 자연산과 양식을 선택해 저렴하게 회를 맛볼 수 있다. 해도지횟집에서는 바다를 바라보며 파도소리와 함께 회를 즐길 수 있어 여행의 즐거움이 배가 된다.

감나무 문의 033-575-5733 **주소** 삼척시 대학로 74-7 **가격** 감나무정식 20,000원, 15,000원, 10,000원, 기본정식 7,000원

해도지횟집 문의 033-574-1575 **주소** 삼척시 새천년도로 511 **가격** 자연산활어 80,000~120,000원, 광어/우럭 60,000원

문화추어탕 문의 033-572-9558 **주소** 삼척시 원당로1길 8 **가격** 추어탕 7,000원

대궐 문의 033-575-8320 **주소** 삼척시 미로면 준경길 108 **가격** 망치국 8,000원, 등갈비정식 15,000원

숙소소개

삼척은 아름다운 동해안을 끼고 있는 관광도시로 숙소 또한 다양하다. 검봉산자연휴양림을 비롯하여 호텔, 모텔, 민박, 펜션까지 선택의 폭이 비교적 넓다. 아무래도 동해에서 해안가 풍경을 빼놓고 얘기할 수 없으므로 바다 쪽 숙소를 찾아보는 것도 특별한 여행에 도움이 된다. 방에서 일출을 감상할 수 있고, 새벽에 은은하게 피어오르는 해변의 물안개까지 볼 수 있어 삼척을 더 오래 기억할 수 있다.

씨스포빌리조트 문의 033-570-5000 **주소** 삼척시 근덕면 상맹방길 30-80

삼척온천관광호텔 문의 033-573-9696 **주소** 삼척시 동해대로 4098 (정상동)

산토리니펜션 문의 010-5375-8533 **주소** 삼척시 삼척로 2280

대한민국 여행자를 위한
강원도 여행 백서

P a r t **04**

원주 | 횡성 | 평창

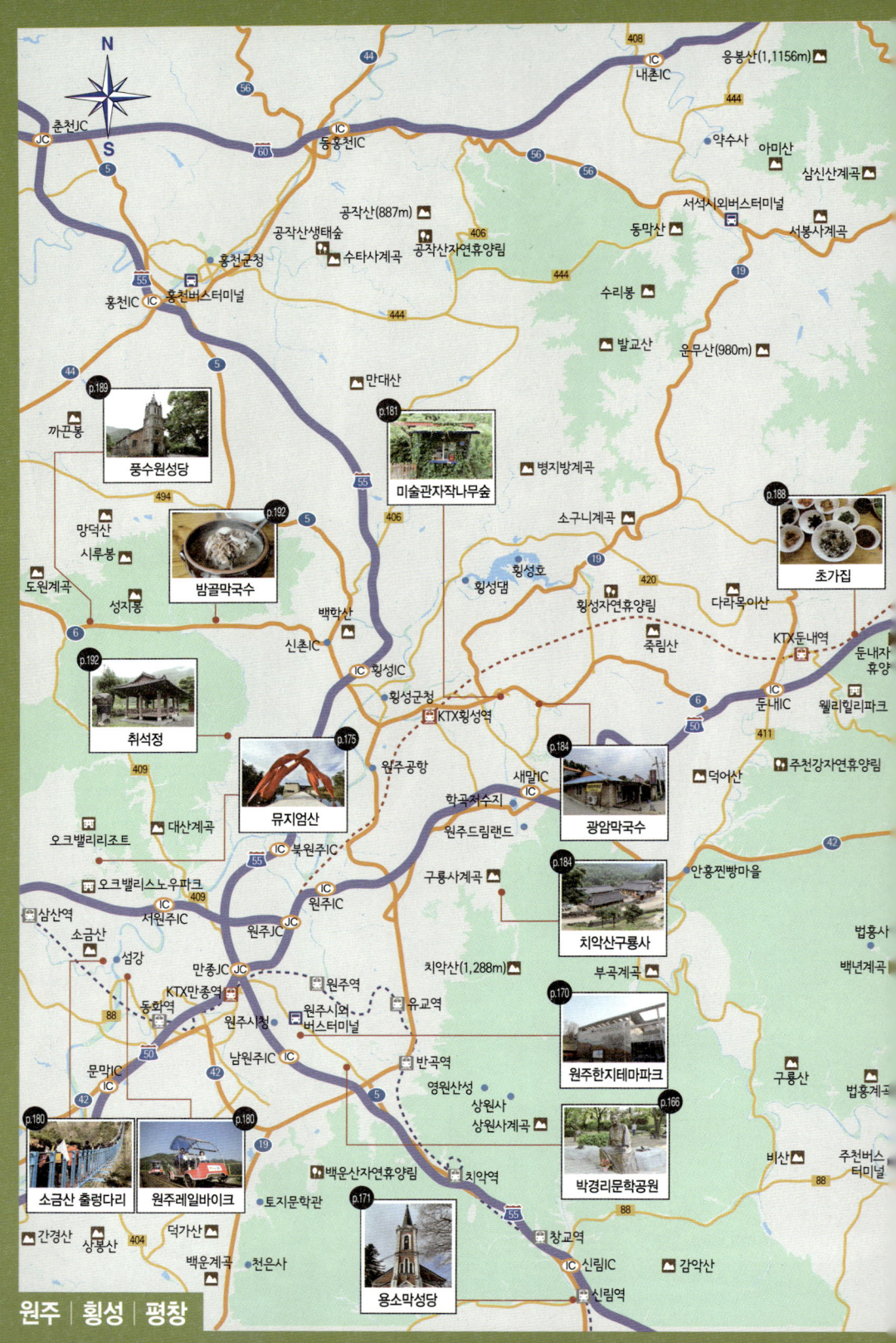

N

춘천JC
JC

동홍천IC
IC

내촌IC
IC

응봉산(1,1156m)

약수사

아미산

삼신산계곡

서석시외버스터미널

서봉사계곡

공작산(887m)

공작산생태숲

수타사계곡

공작산자연휴양림

동막산

홍천군청

홍천버스터미널

홍천IC
IC

수리봉

발교산

운무산(980m)

만대산

p.189

풍수원성당

까근봉

p.181

미술관자작나무숲

병지방계곡

소구니계곡

p.188

초가집

망덕산

시루봉

p.192

밤골막국수

도원계곡

성지봉

횡성호

횡성댐

횡성자연휴양림

죽림산

다라목이산

KTX둔내역

둔내자연휴양림

웰리힐리파크

p.192

취석정

백한산

신촌IC
IC

횡성IC
IC

횡성군청

KTX횡성역

둔내IC
IC

주천강자연휴양림

p.175

뮤지엄산

원주공항

새말IC
IC

p.184

광암막국수

덕어산

오크밸리리조트

대산계곡

학곡저수지

원주드림랜드

안흥찐빵마을

오크밸리스노우파크

북원주IC
IC

서원주IC
IC

원주IC
IC

구룡사계곡

p.184

치악산구룡사

법흥사

백년계곡

삼산역

소금산

섬강

만종JC
JC

KTX만종역

동화역

원주역

원주시청

남원주IC
IC

원주시외버스터미널

원주JC
JC

치악산(1,288m)

부곡계곡

구룡산

법흥계곡

p.170

원주한지테마파크

비산

주천버스터미널

문막IC
IC

유교역

반곡역

영원산성

상원사

상원사계곡

p.166

박경리문학공원

p.180

소금산 출렁다리

p.180

원주레일바이크

백운산자연휴양림

치악역

토지문학관

간현산

상봉산

덕가산

백운계곡

천은사

p.171

용소막성당

창교역

신림IC
IC

신림역

감악산

원주 | 횡성 | 평창

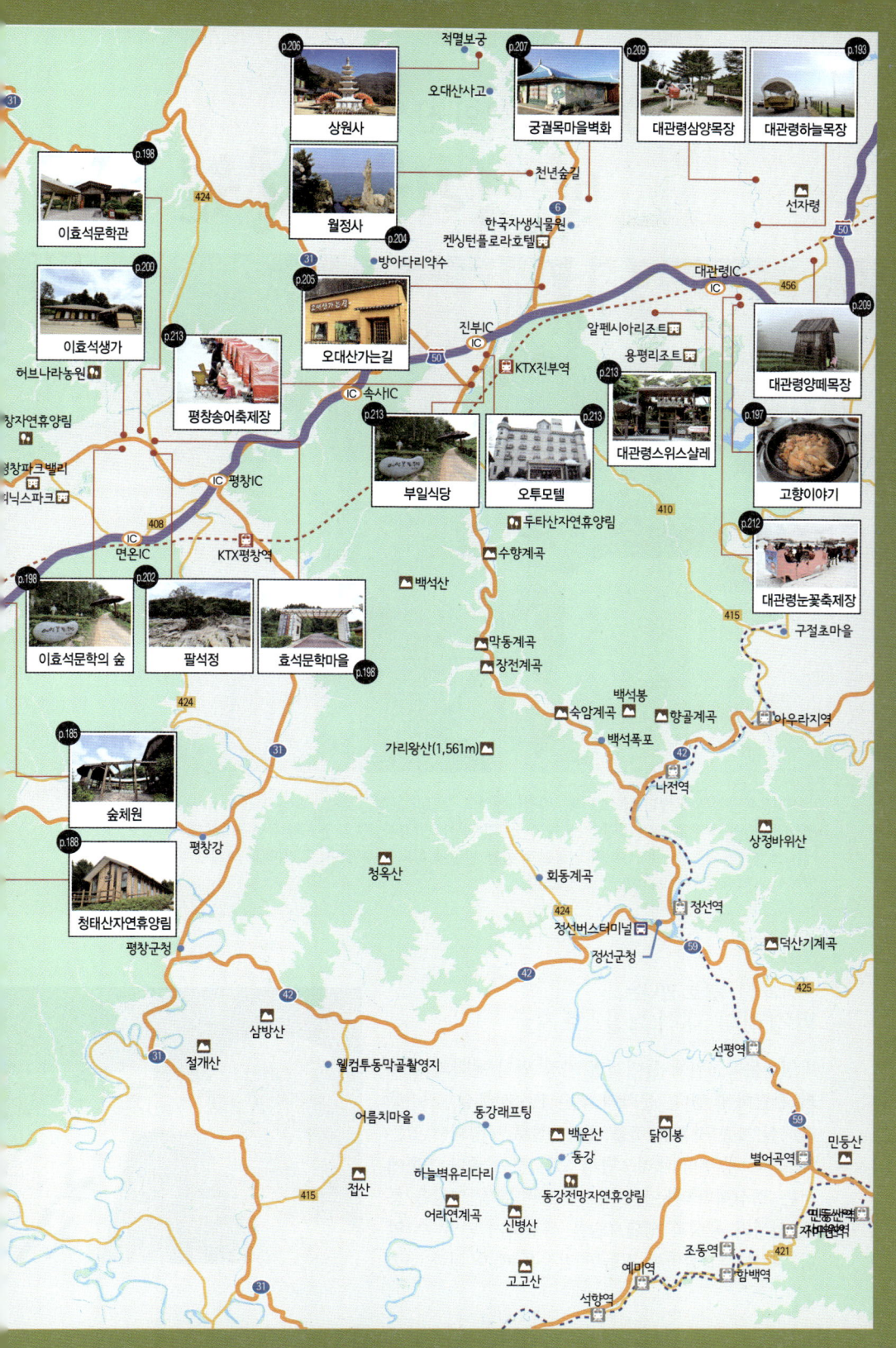

상원사 p.206

적멸보궁

오대산사고

궁궐목마을벽화 p.207

대관령삼양목장 p.209

대관령하늘목장 p.193

이효석문학관 p.198

월정사

천년숲길

선자령

50

이효석생가 p.200

한국자생식물원
켄싱턴플로라호텔

대관령IC
IC

456

오대산가는길 p.205

방아다리약수

진부IC
IC

알펜시아리조트
용평리조트

대관령양떼목장 p.209

허브나라농원

평창송어축제장 p.213

31

50

KTX진부역

대관령스위스샬레 p.213

고향이야기 p.197

창자연휴양림

송사IC
IC

오투모텔 p.213

410

대관령눈꽃축제장 p.212

청창파크밸리
닉스파크

평창IC
IC

부일식당 p.213

두타산자연휴양림

이효석문학의 숲 p.198

팔석정 p.202

효석문학마을 p.198

408

면온IC
IC

KTX평창역

수항계곡

백석산

415

구절초마을

424

막동계곡

장전계곡

숲체원 p.185

백석봉

숙암계곡

향골계곡

아우라지역

백석폭포

42

나전역

평창강

상정바위산

청태산자연휴양림 p.188

가리왕산(1,561m)

청옥산

회동계곡

정선역

덕산기계곡

평창군청

424

정선버스터미널

정선군청

59

425

42

삼방산

선평역

31

절개산

월컴투동막골촬영지

59

어름치마을

동강래프팅

백운산

닭이봉

민둥산

별어곡역

하늘벽유리다리

동강

접산

동강전망자연휴양림

신병산

민동쌍면
자미원역

어라연계곡

예미역

조동역

421

고고산

석향역

함백역

31

T h e m e **01** 한국문학의 산실
박경리문학공원

박경리문학공원은 문학의 집, 북카페, 박경리선생의 옛집과 소설 「토지」 속의 배경지 용두레벌, 홍이 동산, 평사리마당을 주제로 꾸며져 있다. 문학의 집 2층에서는 박경리선생의 연표와 유품을 살펴볼 수 있고, 3층에서는 소설 「토지」 속 시대상황과 인물관계 등을 한눈에 살펴볼 수 있다. 그 밖에도 북카페에서는 다양한 문학서적과 박경리 관련 도서를 만날 수 있다.

영상과 전시물로 만나는
박경리와 대하소설 「토지」

박경리문학공원에 들어서면 가장 먼저 문학의 집부터 관람하게 된다. 문학의 집은 1층 사무실, 2~3층 전시실, 4층 자료실, 5층 세미나실로 구성되어 있는데 먼저 5층부터 내려오면서 보는 것이 좋다. 5층에서는 '회상하다'라는 주제로 약 20여 분간 영상을 통해 선생의 육성과 생활모습을 생생하게 만날 수 있다. 해설사의 설명이 깃들면 감동은 배가 된다. 5층

창가에서 박경리선생의 옛집을 내려다보면 전체적인 집 구조를 살펴볼 수 있다. 4층 자료실은 '살펴보다'라는 주제로 박경리선생의 삶과 작품을 한눈에 살펴볼 수 있고, 3층 전시실에서는 토지의 역사적, 공간적 이미지와 영상자료, 등장인물들의 관계도 등을 알기 쉽게 꾸며 놨다.

소설 「토지」는 박경리선생이 1969년 집필을 시작해 1994년 총 5부 16권으로 완간한 대하소설이다. 1897년 한가위부터 1945년 광복까지 한 가문의 몰락과 다시 일어서는 과정이 경남 하동군 평사리와 간도, 러시아, 일본 그리고 진주와 부산, 서울 등을 배경으로 광범위하게 그려진다. 아버지 최참판이 신분문제와 사적욕망에 사로잡힌 귀녀와 평산 등에게 살해당하자 홀로 남은 외동딸 최서희는 먼 친척뻘인 조준구 계략에 말려 가진 재산을 모두 뺏기고 쫓겨난다. 서희는 간도로 야반도주하여 그곳에서 공노인을 만나 거상으로 재기한 후 평사리로 돌아와 예전에 살던 집과 땅을 되찾는다는 이야기가 우리 근대사와 맞물려 재미있게 전개된다.

작가 박경리에서
인간 박경리를 보다

문학의 집 2층 전시실은 '박경리와 만나다'라는 주제로 선생께서 문학보다 고귀하다 여긴 개인의 삶을 사진과 소박한 유품으로 만날 수 있다. 평범한 결혼사진으로 시작되지만 선생은 한국전쟁으로 남편을 잃고 어린 아들의 돌연사, 사위 김지하시인의 오랜 수감생활까지 지켜봐야 했다. 그녀는 평탄치 않은 암흑의 시대를 오로지 펜으로 이겨냈을 것이다. 소설 「토지」의 육필원고와 만년필, 안경, 두툼한 국어사전, 소설 「토지」의 여러 판본, 달항아리 백자, 텃밭에서 썼을 호미와 장갑, 손도장 등 작가의 손때 묻은 유품을 살펴볼 수 있다. 특히 조각가들로부터 극찬을 받았다는 '여인상(1970)'은 정릉에 살던 시절 집필을 하다가 머리를 식히면서 직접 조각한 조각품이라고 한다.

오른쪽에 걸려 있는 옷은 선생께서 직접 지어 즐겨 입던 옷으로 체격에 비해 넉넉하게 지으신 건 아마도 유방암수술 이후 활동이 편한 옷을 선호한 듯하다. 여성으로서 참 굴곡진 삶을 살았던 그녀, 그래서 그녀의 글귀에 더욱 삶의 질곡이 느껴지고 감동 또한 커지는지도 모르겠다. 북카페는 자유롭게 책을 대여할 수 있는 휴식공간으로 1,000여 권의 도서가 비치되어 있으며, 일제강점기 교과서, 희귀자료 등도 상설전시하고 있어 토지의 주요 시대적 배경을 살펴볼 수 있다.

그녀의 옛집
필경의 삶터, 하얀 집

선생의 옛집으로 가는 길 담장 아래 시집 「우리들의 시간」 속 글귀가 보인다. '견디기 어려울 때 시는 위안이었다.'라며 시에 대한 각별한 애정을 드러냈던 그녀의 말이 생각났다. '우리는 아픈 생각만 하지 혹 생긴 연유를 모르고 인생을 깨닫지 못한다.'라는 말의 의미를 다시 곱씹는다. 박경리선생의 옛집은 2층 양옥으로 18년 동안 이곳에 살았으며, 1980년부터 14년 동안 「토지」 4, 5부를 완성하였다.

선생은 '옛집은 필경(筆耕)의 삶터, 한국문학의 산실로 내가 자청한 유배지'였다고 말한 바 있다. 실제 그녀는 이곳에서 텃밭을 가꾸며 새, 고양이, 닭을 친구삼아 지냈다. 옛집 앞에는 당시의 모습을 절절히 적어 내려간 '옛날의 그 집'이라는 시도 볼 수 있다. 입구의 작은 연못 겸 풀장은 손자들을 위해 직접 사발 모양으로 파내고 연못 둘레와 바닥에 청석을 깔았다. 선생은 할머니 때로는 어머니로서 인혁당사건으로 수감 중이던 사위 김지하시인의 옥바라지를 위해 원주로 내려온 외동딸 김영주와 함께 이 집에서 살면서 「토지」를 완성하였다.

오롯이 혼자만의 시간 속에 글을 짓던
집필실

출입이 가능한 옛집은 거실, 집필실, 서재, 주방, 작은 방으로 나뉜다. 거실에는 오래된 소파가 정겹게 누워있고, 한쪽에는 박경리선생의 핸드프린팅이 보인다. 안방과 부엌은 나란히 붙어 있으며, 옛집에서 가장 궁금했던 집필실도 보인다. 집필실은 선생이 살아생전 외출할 때도 방문을 꼭 잠그고 다닐 정도로 철저하게 선생만의 공간으로 활용하였다고 한다. 지금은 문학공원을 찾는 사람들에게 개방되어 누구나 들여다볼 수 있지만, 과거 박완서선생이 왔을 때도 이곳만큼은 보여주지 않았다고 한다. 집필실에는 선생이 사용하던 손때 묻은 물건들을 그대로 책상에 올려뒀는데 평소 즐기셨다는 커피와 담배가 눈에 띈다.

책상을 가운데 두고 동쪽 창은 치악산, 남쪽 창은 백운산이 보였다고 하니, 눈을 감고 그녀가 보았을 창밖풍경을 상상해본다. 잠시 선생의 책상 곁에 둘러앉아 문화해설사가 읊어주는 그녀의 시를 듣고 있으면 가슴속에 특별한 감흥이 꿈틀거린다.

선생의 따뜻한 품이 느껴지는
마당

마당 한쪽 바위에 새겨진 원고지에는 '아침'이라는 시가 적혀 있고, 그 옆에 '꽁지'라고 불렸다는 고양이가 웅크리고 앉아있다. 텃밭을 일궈 모든 것을 자급자족하며 소박하게 살고자 했던 선생의 일상은 그녀의 시 속에서도 잘 드러난다.

꽁지 옆에는 박경리선생의 조각상이 있다. 단구동 옛집의 텃밭에서 일하다가 힘에 부치면 이렇게 잠시 바위에 걸터앉아 고양이, 새, 닭들의 친구가 되었을 것이다. 옛집 주변에는 아이들이 자유롭게 뛰놀 수 있는 작은 동산을 두었는데, 소설 「토지」 속에 등장하는 아이 이름 '홍이'에서 따온 '홍이동산', 평사리 들녘처럼 섬진강 선착장과 둑길이 아담하게 조성된 '평사리 마당', 「토지」 2부의 주요무대였던 간도 용정의 용두레우물과 간도의 벌판 용두레벌에서 일송정, 돌무덤, 흙무덤 등의 풍경을 둘러볼 수 있다.

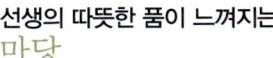

고추밭에 물주고 / 배추밭에 물주고 / 떨어진 살구 멪 알 / 시마룩에 주워 담아

부엌으로 들어간다 / 닭 모이 주고 물 갈아 주고 / 개밥 주고 물 부어 주고

고양이들 밥 맞아 주고 / 연못에 가루로 뿌어새끼 / 한참 들여다 본다

여행 정보

찾아가는 길

- 중앙고속도로 남원주TG 빠져나와 원주방면 우측도로 1.6km → 시청사거리에서 법원방면 우회전 후 3.1km → 귀론사거리에서 좌회전 후 700m → 다시 우회전 후 170m → 이정표 확인 후 주차장으로 진입
- 원주고속버스터미널 하차 후 터미널정류장에서 16번 버스 탑승 후 박경리문학공원정류장 하차(7개 정류장, 15분 소요) → 문학공원까지 도보이동(20m, 1분 소요)
- KTX만종역 하차 후 대보아파트정류장에서 시내버스 51번 버스 현진에버빌아파트정류장 하차(29개 정류장, 43분 소요) → 문학공원까지 도보이동(300m, 5분 소요)

이용안내

문의 033-762-6843 주소 원주시 토지길 1 운영시간 10:00~17:00 휴관 1월 1일, 설날, 추석, 매월 4째 주 월요일 입장료 무료 홈페이지 www.tojipark.com

먹을거리

🍲 토지옹심이

음식을 주문하면 전채 요리로 보리비빔밥이 나온다. 면을 먹기 전 식욕을 돋우는 구수한 강원도 인심이다. 칼국수는 감자를 갈아 넣어 뽀얗고, 걸쭉한 국물맛이 일품이다. 옹심이는 씹을수록 쫄깃하며 강원도를 대표하는 맛이다. 바삭하게 구워 나오는 만두 같은 메밀전병도 추천할 만하다.

문의 033-761-2392 주소 원주시 토지길 9-5 가격 옹심이칼국수 6,000원, 메밀전병 6,000원, 메밀왕만두 6,000원

주변볼거리

🏃 원주한지테마파크

한지의 과거와 미래를 살펴볼 수 있는 박물관으로 한지의 역사, 예술성은 물론 조상들의 삶의 지혜와 숨결을 느낄 수 있다. 전시관은 한지역사실, 한지영상실, 한지공예체험실, 한지뜨기체험실, 한지카페 등으로 구분된다. 2층 기획전시실은 다양한 테마 전시가 이뤄지므로 놓치지 말자. 한지체험장에서 체험비를 내고 목걸이, 나팔, 휴대전화고리, 손거울, 필통 등의 소품을 직접 만들어 볼 수 있다. 기념품매장은 작은 소품부터 한지로 만든 옷까지 구매가 가능하다.

문의 033-734-4739 주소 원주시 한지공원길 151 운영시간 09:00~18:00 휴관 매주 월요일, 1월 1일, 설날 및 추석 당일 입장료 1층 무료, 2층 성인 2,000원, 학생(7~18세) 1,000원 홈페이지 www.hanjipark.com

Theme ✓ 테마와 관련된 연관볼거리

우리나라 대표 문학관

전주 최명희문학관

언어의 연금술사인, 그녀의 주옥같은 글과 아름다운 우리 말의 세계를 느낄 수 있는 문학관이다. 한옥마을에 자리 잡은 최명희 문학관은 최명희선생의 문학정신을 기리며 문학강연, 토론회, 세미나, 문학기행 등 다양한 프로그램을 통해 문학의 산실 역할을 하고 있다. 「혼불」의 원고지 총 1만 2천여 장 중 3분의 1가량이 전시되고 있으며, 단편소설에 실렸던 글과 소설, 친필 사인이 있는 책, 최명희청년문학상 원고, 생전 인터뷰와 문학강연 모습을 담은 동영상 등을 통해 좀 더 생생하게 만날 수 있다.

김천 백수문학관

삶의 가락이 배어있는 백수문학관은 현대시조의 선구자로 시조의 중흥기를 열었던 한국 시조계의 거봉 백수 정완영선생의 생애와 업적을 기리고 문학인의 창작공간제공으로 지역문화발전을 도모하고자 설립되었다. 자연과 아름다운 삶을 노래한 시조시인으로 깨끗한 물, 오염되지 않은 물이 되어 세상을 정화하고자 했던 백수 정완영선생의 삶을 엿볼 수 있다.

보성 조정래태백산맥문학관

전시실은 1983년 집필을 시작하여 6년 만에 완결된 소설 「태백산맥」의 자료가 전시된 공간이다. 소설을 위한 준비와 집필, 태백산맥의 탈고, 출간 이후, 작가의 삶과 1만 6천여 매 분량의 태백산맥 육필원고를 비롯한 159건 719점의 증여작품을 전시하고 있다. 문학관 바로 옆에 소설 속 소화네 집과 현부자 집을 재현해 두고 있다.

Theme **02** 100년의 세월을 조용히 지켜온
용소막성당

용소막성당은 천주교원주교구장 소유로 풍수원성당과 원주성당에 이어 강원도에서 세 번째로 설립되었다. 설립 당시 원주, 평창, 영월, 제천, 단양 등 강원과 충청지역 5개 군, 17개의 공소를 관할하였다. 성당건물은 처음에는 초가형태였지만 시잘레신부가 현재의 벽돌조 건물로 고쳤으며, 고딕양식을 변형시킨 벽돌조 성당건물의 전형적인 형태를 띠고 있다.

백 년의 역사를 지닌 소박한 성당
용소막

용소막성당은 근처에 배론성지가 있어 함께 둘러보기에 좋다. 100년이 넘는 역사를 품은 용소막성당은 풍수원성당, 원주성당에 이어 강원도에서 세 번째로 건립된 유서 깊은 성당이다. 강원도 유형문화재 제106호로 지정된 용소막성당은 1890년(고종 35년) 원주본당소속의 공소였지만 본당승격을 꾸준히 요구하여 1904년 비로

소 본당으로 독립하였고, 초대주임으로 프와요베 다스토(V. Poyaud)신부가 부임하였다.

성당은 원주본당소속의 용소막공소일 때는 아담한 초가 10칸짜리 경당이었지만 본당으로 승격된 후 3대 주임으로 프랑스인 시잘레(P. Chizallet)신부가 부임하면서 고딕양식의 붉은 벽돌조 건물로 고쳐지었다. 본성당, 유물관, 두루의 집, 교육관, 수녀원, 사제관 그리고 십자가로의 길, 묵주기도의 길, 예수부활상과 성모상 등을 만나볼 수 있다.

성당의 역사를 대변하는
아름드리 느티나무

용소막성당은 용암교를 지나 마을입구로 들어서면 멀리서도 성당첨탑이 한눈에 들어온다. 입구에는 계절 따라 예쁜 꽃들이 활짝 피어 방문객을 먼저 반긴다. 특별해 보이지는 않지만 조용하면서 편안하게 둘러볼 수 있어 여행자들이 간간이 들어온다. 성당으로 향하는 계단에는 언제 적었는지 알 수 없지만 평화, 큰섬, 성령 등의 글씨가 또렷하게 새겨져 있다. 마당 한쪽에는 아름드리 느티나무가 성당의 오랜 역사만큼이나 운치를 더한다.

용소막성당은 고딕양식을 변형시킨 건축물로 정면 중앙에 장방형의 높은 종탑을 두었는데, 건물의 폭이 좁아서 유난히 더 높아 보인다. 붉은 벽돌과 회색빛 벽돌로 처리한 아치형창문과 창틀은 대비가 뚜렷해서 멀리서도 눈에 띈다. 대문과 창문 모두 세로로 긴 직사각형이며, 위쪽만 둥글게 아치형으로 모양을 냈다. 1915년 시잘레신부에 의해 완공되었지만 일제에 의해 종이 공출되고, 한국전쟁 때는 북한군창고로 사용되는 등 시대의 굴곡도 있었다.

화이트와 골드가 조화를 이룬
성당내부

성당 안은 마루구조로 신발을 벗고 들어가야 한다. 재단이 있는 후면은 8각형의 평면이고, 좌측에는 제의실이 있다. 양쪽으로 팔각형의 목조기둥이 반원형 아치구조의 천정을 안정적으로 받치고 있어 성당내부가 넓게 보인다. 벽면에는 화려하지는 않지만 스테인드글라스 창이 먼저 눈에 띄는데, 창문 상단은 아치형이고 테두리를 따라 회색벽돌로 장식하였다.

성당입구 쪽에는 성수와 옹기, 고해성사를 할 수 있는 곳이 있고, 이층에는 성가대가 합창과 연주를 할 수 있는 공간이 마련되어 있다. 이층에서 성당 안을 내려다보면 자연채광이 살포시 내려앉아 원목바닥이 더욱 온화하게 느껴진다. 전체적으로 성당의 내벽과 천정을 장식하는 화이트와 골드의 조화가 고풍스러우면서 경건한 느낌을 준다.

선종완신부의 유품과 성서자료를 만날 수 있는
용소막유물관

성당 앞마당에는 100주년 기념식수가 심어져 있다. 유물관이 따로 마련되어 있고, 그 앞에 선종완(라우렌시오)신부의 전신상이 세워져 있다. 선종완신부는 성모영보수녀회를 설립한 분으로 1942년 사제가 된 이후 한국의 천주교발전과 지역사회 발전을 위해 헌신하였다. 용소막유물관에는 유품을 비롯하여 다양한 종류의 성서와 자료들이 전시되어 있다.

교육관 뒤로 십자가의 길, 성모상, 묵주기도의 길, 예수부활상이 있는데, 십자가로의 길은 예수가 십자가를 지고 갈바리아산에 이르기까지 14가지 중요 사건을 조각으로 표현해 놓은 길이다. 이 길은 잠시 분주했던 마음을 내려놓고, 오롯이 주변풍광을 느끼며 걷기에 좋다. 용소막성당과 자동차로 5분 거리에는 중앙선기차역 신림역이 있다. 1941년 일제 강점기 때 개통된 역으로 하루 8번 정도 무궁화호가 이 역을 오간다. 용소막성당과 신림역 그리고 제천으로 넘어가면 배론성지가 있으므로 함께 연계하여 여행하면 좋다.

여행 정보

찾아가는 길

🚗 중앙고속도로 신림TG 빠져나와 좌회전 후 700m → 신림 삼거리에서 제천방면 좌회전 후 1.9km → 용암삼거리에서 백운방면 우회전하여 성당주차장으로 진입

🚌 신림시외버스정류장 하차 후 신림면사무소정류장에서 농어촌버스 21번 탑승 후 용암리정류장에서 하차(4개 정류장, 10분 소요) → 용소막성당까지 도보이동(540m, 10분 소요)

🚆 중앙선 신림역 하차 후 신림역정류장에서 농어촌버스 21번 탑승 후 용암리정류장 하차(1개 정류장, 1~2분 소요) → 용소막성당까지 도보이동(540m, 10분 소요)

이용안내

문의 033-763-2343 주소 원주시 신림면 구학산로 1857

먹을거리

🍜 황금룡

용소막성당 가는 입구에 있어 찾기 쉽다. 수타중화요리전문점으로 황금룡만의 특별한 별미는 단연 짬뽕이다. 이 집만의 노하우가 가미된 짬뽕은 굴낙지짬뽕, 문어짬뽕, 해물짬뽕 등 종류도 다양하다. 홍합은 기본이고 새우, 오징어, 표고버섯, 죽순 등에 통째 올린 문어까지 매운맛과 맑은 국물 등 기호에 맞게 골라먹을 수 있다.

문의 033-763-5250 주소 원주시 신림면 구학산로 1891
가격 해물짬뽕 8,000원, 매운굴낙지짬뽕 9,000원

주변볼거리

🚶 배론성지

제천십경에 속하는 배론성지는 치악산 동남쪽 구학산과 백운산 사이 골짜기에 있다. 마치 배 밑바닥 같이 생긴 지형 탓에 배론성지라는 이름이 붙은 사계절 아름다운 곳이다. 1801년(순조1) 신유박해가 일어나자 황사영이 이곳 토굴에서 박해사실을 〈황사영백서〉로 기록하였다. 조선 천주교 사상 두 번째 신부인 최양업순교묘가 있으며, 1856년(철종7) 한국 최초의 신학교 성요셉신학교가 세워졌던 곳이다. 십자가로의 길, 성요셉성당, 배론본당, 황사영백서토굴, 황사영 순교 현양탑, 최양업 신부조각공원 등 둘러볼 곳이 너무 많다.

문의 043-651-4527 주소 충북 제천시 봉양읍 배론성지길 296

Theme ✓ 테마와 관련된 연관볼거리

역사품은 성당

익산 나바위성당

나바위성당은 사적 318호로 지정된 유적이다. 우암송시열이 산세에 반해 화산(華山)이라 이름 붙인 너른 바위에 있어 나바위라는 이름이 붙었다. 1907년 순수 한옥목조 건물로 지어졌으며, 흙벽 기와지붕과 고딕식 종각, 회랑 등 한국의 미를 느낄 수 있는 아름다운 성당이다. 김대건 신부순교기념비가 있으며 십자가의 길을 오르면 금강환산포가 한눈에 내려다보이는 망금정이 있다.

부여 금사리성당

부여군 금사리마을 가운데 자리 잡은 성당이다. 1901년 착공하여 1906년에 완공되었으며, 홍산성당, 소양리성당이라 불렸으며 당시 이 지역에 들어선 최초의 성당이다. 이 지역에 선교하러 왔던 프랑스신부 줄리앙공베르(Julien Gombert)가 중국인 기술자를 불러와 지었으며, 현재 충청남도 기념물 제143호로 지정되어 있다. 성당, 사제관 그리고 새로 지은 성당이 함께 있다.

옥천천주성당

옥천여자중학교 맞은편 높은 옹벽 위에 자리 잡은 성당으로 빛깔이 아름다운 근대문화 유산이다. 등록문

화재 제7호로 지정되어 있으며, 충북에서 유일하게 남은 1940년대 성당건축물로 건축사적 의의도 있다. 보통 성당이 적벽돌로 짓지만 옥천성당은 하늘빛벽돌을 쌓아 지었다. 정면에서 보면 책을 펼쳐 엎어 놓은 듯한 박공형지붕과 아치형출입문, 중앙종탑이 조화롭게 어우러져 있다. 성당 앞에는 정원처럼 잘 조성된 십자가로의 길이 있다.

Theme **03** 하늘과 맞닿은 곳에서 예술과 소통하는
뮤지엄산

뮤지엄산은 노출 콘크리트기법의 대가 안도다다오의 설계로 시작하여 설치미술가 제임스터렐의 작품을 끝으로 2013년 개관한 미술관이다. 뮤지엄은 웰컴센터, 플라워가든, 워터가든, 스톤가든, 제임스터렐관 등으로 구분되는데 사계절 내내 건축과 예술이 조화를 이루는 곳이다. 뮤지엄산은 '소통을 위한 단절'이라는 멋진 표어 아래 잊고 지낸 삶의 여유와 휴식을 생각해볼 수 있는 공간이다.

느림걸음으로 마음을 따라
산책을 즐기자

원주시 오크밸리리조트에 자리한 뮤지엄산은 세계적인 건축가 안도다다오(あんどうただお)가 설계하고 7만여 명의 인원이 투입되어 7년간에 걸쳐 완성한 자연 속 미술관이다. 느림에서 쉼을 찾아 마음의 여유를 즐길 수 있는 뮤지엄산은 5가지의 구조를 갖춘 건축물이 산재해 있어 발품을 팔아야 한다. '폐쇄시킴으로써 개개의 공간을

확보하고, 동시에 개방하여 제각각이 결합함으로써 전체화할 수 있도록 한다.'라는 안도다다오의 말처럼 단순하면서도 기하학적인 다양한 형태의 공간이 자연스럽게 연결되어 제각각이던 건축물이 어느새 결합하여 주변의 자연환경과 연결된다.

안도다다오의 공간철학은 지름길 없이 건축과 대화하며, 마주하는 공간과 자연스럽게 소통할 수 있게 한다. 뮤지엄산은 웰컴센터, 플라워가든, 워터가든, 박물관, 미술관, 스톤가든, 제임스터렐관으로 이루어져 있다. 전체 길이 700m, 관람거리는 2.3km로 천천히 둘러보려면 2~3시간가량 소요된다. 뮤지엄산에 실린 다음 글은 이곳의 철학이 잘 드러난다.

느림걸음으로 마음을 따라 산책하십시오.
이 만남이, 당신에게 잊혀지지 않는 '기분 좋은 만남'이 되길 바랍니다.
오롯한 발걸음, 웃음소리, 빛나는 얼굴 모두 간직하겠습니다.

시적 감성을 불어넣은
조각품

오크벨리리조트와 골프장을 지나 해발 275m 리조트정상에 오르면 뮤지엄산이 그 모습을 드러낸다. 주차장으로 들어가는 길부터 참 독특하여 마치 원형성곽으로 들어가는 듯하며, 자작나무가 곱게 심어져 있어 운치를 더한다. 주차한 후 웰컴센터에서 매표부터 해야 하는데, 시간이 된다면 도슨트투어를 하는 것이 좀 더 효율적인 관람이 된다. 토요일, 일요일에는 오후 2시부터 어린이투어도 있다.

웰컴센터를 지나면 기프트샵이 보이고, 외부정원 플라워가든으로 이어진다. 넓은 잔디밭에는 지면패랭이꽃 80만 주가 심어져 있어 파란 하늘과 초록의 산 그리고 빨간 패랭이꽃이 한눈에 들어온다. 빛의 삼원색인 파랑, 빨강, 초록이 한곳에서 아름답게 어우러지는 것이다. 이 풍경을 놓치고 싶지 않다면 패랭이가 활짝 피어나는 5월의 봄을 기억해야 한다. 플라워가든에서 가장 눈에 띄는 것은 빨간 조형물이다. 미국인 조각가 마크디수베로

(Mark de Suvero)의 '제라드먼리홉킨스를 위하여 (For Gerald Manley Hopkins, 1995)'라는 작품으로 시인 홉킨스의 'The Windhover(황조롱이)'라는 시에서 영감을 얻어 제작하였다고 한다. 산업재료인 철제빔에 시적 감성을 불어넣어 마치 관람자를 두 팔로 맞이하는 듯한 느낌이다.

바람 한 점에도 흔들리는 물결과 반영
워터가든

플라어가든을 지나면 380그루나 심어진 하얀 자작나무 오솔길이 이어진다. 마치 치아를 드러내고 환하게 반겨주는 느낌의 자작나무는 하얀 껍질에 사랑을 고백하면 그 사랑이 이루어진다는 낭만적인 나무이다. 워터가든 입구에는 동전을 던져 가운데 구멍에 넣으면 안도 머그컵을 선물로 주는 이벤트도 있으니 한 번쯤 재미삼아 던져보자. 본관 건축물 외벽은 노출 콘크리트기법을 주로 사용하는 안도다다오 스타일답지 않게 황토빛을 띠는 파주석을 돌담처럼 쌓아 한국의 정서를 반영한 듯하다. 워터가든은 조각품과 본관 그리고 나무숲이 물에 비치도록 설계되어 있어 정형적인 안도다다오의 건축스타일을 고스란히 느낄 수 있다. 물의 정원 바닥에는 표면이 매끄럽고 동글동글한 해미석이 깔려 있고, 붉은 아치형 설치작품이 관람객을 맞는 대문역할을

한다. 이 작품은 알렉산더리버만(Alexander Liberman)의 〈Archway 1997〉로 설명에 의하면 'Archway'는 반복적인 형태를 통해 리듬감과 균형미를 구현한 작품으로 파란 하늘, 바람 한 점에도 흔들리는 물결과 반영까지 자연에 맡긴 작품이라고 한다. 뮤지엄산에서 가장 인상적인 곳으로 기념사진을 담다 보면 한참 머물게 된다.

종이의 가치와 드로잉의 재발견
페이퍼갤러리와 청조갤러리

본관은 페이퍼갤러리와 청조갤러리, 휴게소가 자리한다. 페이퍼갤러리에는 1997년 국내 최초로 개관한 한솔종이박물관에 전시됐던 지정문화재와 다양한 공예품 및 전적류를 보존, 전시하고 있어 종이의 가치를 재발견할 수 있다. '종이를 만나다, 종이를

품다, 종이에 뜻을 담다, 종이에 이르다'라는 주제로 종이의 탄생부터 역사적 의미와 역할 등을 살펴볼 수 있다. 호랑이를 해학적으로 표현한 호랑이베개, 닥종이에 찍은 목판본 대방광불화엄경진본 외에도 구텐베르그성서, 경국대전, 이륜행실도 등을 만날 수 있다.

청조갤러리는 20세기 한국미술을 대표하는 작가들의 회화작품과 판화드로잉 100여 점, 백남준의 비디오아트 등을 감상할 수 있는 곳이다. 드로잉전은 화가뿐만 아니라 문학가, 디자이너, 미술평론가, 만화가, 사진작가 등 다양한 예술가들도 소개하고 있다. 특히 비디오아트의 창시자인 백남준의 작품 '커뮤니케이션타워'는 눈여겨 볼만하다. 높이 5.2m로 과거와 현재, 전 지구를 연결하는 소통을 상징하며, 뮤지엄산의 모습을 상징적으로 보여준다. 작품감상 외에도 독특한 구조로 연결된 갤러리 내부공간을 걷다 보면 단순히 서로를 잇는 통로 이상의 거대한 예술작품을 보는 느낌이 든다. 잿빛 콘크리트는 차가운 도심 속을 걷는 느낌이지만 따스한 조명으로 낯선 시선을 잡기에 충분하다.

지붕 없는 미술관
스톤가든

지붕 없는 미술관 스톤가든은 경주의 신라고분을 모티브로 설계되었다. 부지를 조성하면서 나온 돌들을 쌓아 올린 9개의 돌무더기는 조선팔도와 제주도를 상징한다. 스톤가든 입구에는 미국의 팝아트작가 조지시걸(George Segal)의 '두 벤치 위의 커플(Couple on Two Benches, 1985)'이 있다. 인체를 직접 본떠 만든 석고상으로 연인이 의자에 앉아 평온한 시간을 보내는 일상적인 모습이다.

스톤가든을 천천히 걷다 보면 작품과 나 그리고 자연 사이에 기분 좋은 합의가 이뤄지는 듯한 느낌이 든다. 돌무더기 사이에는 영국 조각가 헨리무어(Henry Moore)의 '누워있는 인체(Two Piece Reclining Figure, 1970)', 무겁고 딱딱한 느낌의 소재인 철을 사용하여 유연하며 동적인 리듬감을 선으로 표현한 베르나르브네(Bernar Venet)의 '부정형의 선(Undertermined Line, 1992)', 4면과 8면의 복잡한 다면체 형상을 작품화한 토니스미스(Tony Smith)의 '윌리(Willy, 1962)' 등 세계적인 조각가의 작품들이 어우러져 있으므로 느긋하게 감상할 수 있다.

몽환적인
시간으로의 여행

제임스터렐(James Turrell)관은 아시아 최대 규모로 '지평선의 방(Horizon Room), 하늘 공간(Sky space), 완전한 영역(Ganzfeld), 웨지워크(Wedgework)' 4개 작품을 한 곳에서 볼 수 있는 세계 최초의 상설전시관이다. 작가는 사람들이 공간에 투영된 빛을 통해 근원적인 영감과 자연의 환영을 느끼고 소통하며 빛, 공간, 지각, 경험 같은 개념으로 삶의 의미와 가치를 재발견할 수 있도록 의도하고 있다.

내부로 들어서면 상상보다 더 놀라운 세계, 깊이를 알 수 없는 몽환적인 시간으로 빠져들게 된다. 빛과 하늘을 주제로 한 작가의 작품들은 촬영이 금지되어 있으므로 눈으로만 담아야 한다. 산 깊숙이 자리 잡은 미술관으로 과연 이곳까지 사람들이 찾아올까 싶지만, 한 바퀴 돌아보면 왜 이곳을 찾아오는지 자연스럽게 알 수 있다.

여행 정보

찾아가는 길

- 광주원주고속도로 서원주TG 빠져나와 오크밸리방면 우회
  전 후 월송석화로 따라 5.3km → 오크밸리 이정표 확인하
  면서 좌회전 후 1km → 오크밸리 주차장으로 진입
- 원주고속버스터미널 하차 후 셔틀버스이용(20.5km, 40분
  소요)_셔틀버스 문의 033-763-1005

이용안내

문의 033-730-9000 주소 원주시 지정면 월송리 오크밸리 2길
260 운영시간 10:00~18:00(매표 ~17:00, 매주 월요일 휴무) 관
람료 갤러리권(성인 15,000원, 학생 10,000원), 뮤지엄권(성인
28,000원, 학생 18,000원) 도슨트투어 건축 투어(박물관+미술
관+야외가든) 1시간, 박물관/미술관 투어 30분(투어 시작시간은
홈페이지에서 확인) 홈페이지 museumsan.org

먹을거리

- **뮤지엄산 레스토랑** 외떨어진 미술관이라 주변에 음식점
  이 없어 뮤지엄산에서 운영하는 레스토랑을 이용해야 한
  다. 하지만 운치와 분위기를 따진다면 단연 으뜸이다. 실외
  테라스는 주변에 물이 있어 음식보다 풍경에 시선을 뺏긴
  다. 레스토랑의 가격대는 조금 비싼 편이지만 그만한 값어
  치는 있다. 커피부터 간단하게 요기를 할 수 있는 스파게티,
  샌드위치, 오므라이스가 있으며, 특히 바삭한 샌드위치는
  단호박 페이스트가 가득 들어가 맛도 좋다.

가격 해산물스파게티 18,000원, 오므라이스 15,000원, 샌드
위치 8,000원

주변볼거리

- **원주레일바이크** 원주레일바이크는 간현역에서 풍경열차를 타고 판대역
  으로 이동한 후 다시 간현역으로 돌아오는 코스이다.
  7.8km로 20분간 왔던 방향으로 다시 내려가는 레일은
  오르막이 없는 내리막길이라 힘들지 않다. 차체가 일반
  자전거 라이딩과 같은 느낌이라 편안하게 주변풍경을
  만끽하며 즐기기 좋다. 패스트푸드점, 승마체험장, 카
  페, 포토부스, 미니기차 등의 부대시설도 갖추고 있다.

  문의 033-733-6600 주소 원주시 지정면 간현로 163

Theme 테마와 관련된 연관볼거리

제주의 건축여행

방주교회

일본의 건축가 이타미준(いたみじゅん)이 설계한 방주교
회는 구약성서에 나오는 노아의 방주를 본떠 만든 것으로
2010년 한국 건축가협회 대상을 받은 건축물이다. 방주교
회를 일컬어 '제주바람도 잠시 쉬어가는 아름다운 교회'
라고 한다. 그만큼 아름다운 교회로 역시 물이 있어 느낌
이 더 좋은 곳이다. 방주교회는 일반 교회처럼 운영되므
로 여행자를 위한 개방시간을 체크한 후 관람해야 한다.

본태박물관

본연의 모습이란 뜻의 본태박물관은 안도다다오의 작품이
다. 건축가 특유의 노출콘크리트기법에 빛과 물을 끌어들
여 수려한 경관과 잘 어우러지도록 지은 박물관이다. 전시
공간은 제1관부터 4관, 조각공원으로 나눠진다. 한국전통공
예품을 통한 미술품을 보면서 우리 고유의 색과 문양 등
훌륭한 가치를 느낄 수 있다. 현대미술과 더불어 다양한 문
화행사 등 복합문화공간으로 알찬 관람을 할 수 있다.

Theme **04** 하늘 길을 걷는 짜릿함

소금산 출렁다리

여행에 새로운 도전과 특별함이 함께한다면 더욱 오래 기억될 것이다. TV방송으로 유명세를 타게 된 원주 소금강출렁다리는 다리만 둘러본다면 1.3km이고, 함께 소금강 산행까지 즐긴다면 3.5km로 소금강의 비경을 제대로 만끽할 수 있다. 출렁다리 밑으로 훤히 내려다보이는 철제바닥과 산을 타고 내려오는 산들바람이 더해지면 잠시 정신까지 혼미한 아찔함을 느낄 수 있다.

작은 금강산이라 불리며
다시 유명세를 타는 소금산

원주 소금산(343m)은 경치가 빼어나 '작은 금강산'이라고도 부른다. 최근 이곳에 출렁다리가 놓이면서 이색적인 여행지로 관심을 받고 있다. 소금산 정상까지 산행을 원한다면 자연스럽게 출렁다리를 넘어야 한다. 산행은 간현유원지에서 간현교를 지나 500여 미터 남짓 데크계단이나 404 철제계단 중 한 곳을 선택하여 오를 수 있다.

등산로 입구에서 출렁다리까지는 데크 로드를 따라 500m로 15분 정도 걸으면 출렁다리를 만날 수 있다. 만일 다리를 올라가는 초입부터 사람들로 붐빈다면 코스를 변경하여 개미등지마을을 지나 포레스트 캠핑장이 있는 곳으로 이동하자. 이쪽 등산로는 404 철제계단을 올라 소금산 정상까지 오른 후 출렁다리 쪽으로 하산하는 반대 코스이다. 가파른 404 철제계단이 아찔하다면 그 옆에 있는 옛 등산로를 이용해도 된다.

소금산 정상까지 크게 한 바퀴를 돈다면 약 3.5km로 왕복 두 시간 정도가 소요된다. 등산코스는 경사가 급한 만큼 안전에 유의해야 하는데, 바윗길이 협소한 만큼 가끔씩 정체될 때도 있다. 이럴 때면 차도처럼 아예 산행을 일방통행으로 규정하여 정체를 해소하는 것도 좋겠다는 생각이 든다. 소금산 산행의 일부 구간은 앞사람 발뒤꿈치만 보고 걸어야 할 정도로 가파르다. 구불구불 흘러내리는 삼산천과 강을 넘지 못한 산자락 그리고 간현봉이 주변으로 어우러져 감탄을 자아낼 수밖에 없는 절경이다. 구 중앙선 폐역인 간현역에서 출발하는 레일바이크 철길, 조선시대 4대 문장가인 택당 이식선생의 동계기(東溪記)에 나오는 동계팔경 중 여덟 번째인 구암(鳩巖)도 보인다.

상하좌우로 흔들리는 스릴만점
소금산 출렁다리

정상 표지석 앞에 서보지만 탁 트인 조망이 아니라 아쉽다. 정상에서 내려와 마침내 만나는 국내 최장의 스릴 넘치는 소금산 출렁다리는 주말과 성수기에는 서로 오가는 사람이 교차하면서 줄이 끝없이 이어진다. 출렁다리는 길이 200m, 높이 100m로 국내 산악보도교 중 가장 길이가 길다.

출렁다리 위에 서면 사람이 많건 없건 등골을 따라 전율이 흘러 다리가 후들거린다. 다리 폭은 1.5m로 두 사람이 교차해서 지나가며 딱 맞을 정도이다. 철제바닥은 아래가 훤히 보이도록 설계되어 있어 발걸음을 내딛을 때마다 스릴이 더해진다. 하지만 성인 1,280명이 동시에 올라서도 안전한 다리라고 하니 안심해도 된다.

깊은 계곡을 건너는 다리라 다리 위에 서면 차가운 바람이 살갗을 휘감는다. 잠시 스릴을 느끼며 서 있고 싶어도 사람이 많이 찾는 곳이라 자연스레 인파에 밀려 움직이게 된다. 예능프로그램 〈무한도전〉에서 고소공포증이 있는 유재석이 다리 위 청소미션을 호들갑스럽게 수행하면서 더욱 유명해졌다.

출렁다리 못지않게 아찔함을 선사하는 곳이 또 있다. 출렁다리를 건너면 만날 수 있는 스카이워크이다. 규모는 작지만, 절벽 밖으로 삐죽 튀어나와 허공에 떠 있는 느낌으로 기념사진을 담을 수 있다. 올려다보기에도 아찔한 암팡진 산행길 마지막은 500m 데크길로 생각보다 만만치 않으므로 끝까지 긴장을 늦추지 말고 걸어야 한다.

송강 정철도 예찬했다는
원주 간현관광지

간현관광지는 원주를 대표하는 관광지이다. 송강(松江) 정철(鄭澈)이 관동별곡(關東別曲)에서 '한수(漢水)를 돌아드니 섬강(蟾江)이 어디메뇨, 치악(雉岳)은 여기로다'라고 절경을 예찬했던 곳이다. 삼산천 계곡의 청정함과 섬강의 푸른 물, 넓은 백사장과 기암괴석, 울창한 고목, 병풍처럼 감싼 바위절벽이 넉넉함마저 느껴지게 한다. 섬강은 길이 73km로

횡성군 둔내면과 평창군 봉평면의 태기산에서 발원하여 원주를 지나 남서쪽에서 물길을 바꿔 남한강으로 합류한다. 구불구불 산골짜기를 돌아 나온 계곡물이 흐르는 간현관광지는 금계천과 횡성천, 원주천 등의 지류가 합류하면서 수량이 풍부해 여름이면 계곡피서지로 인기가 높다. 민박과 펜션, 모래축구장과 족구장 등의 오락시설과 청소년 수련원, 공연장, 야영장 등 휴양 문화시설을 갖추고 있어 단체로 많이 찾는다. 개미둥지골로 들어서면 1993년 원주 클라이밍 협회에서 50개의 등반코스를 개발한 간현암이 있다. 주말이면 아슬아슬 암벽에 붙어 있는 산악인들의 모습을 지켜보는 것도 볼거리이고, 섬강 철교 옆 소나무와 바위가 어우러진 오형제바위도 감상해보자. 근처에 있는 원주레일파크는 열차와 레일바이크를 함께 즐길 수 있는 곳이다. 간현역에서 풍경열차를 타고 판대역에서 하차하여 레일바이크를 타고 간현역으로 돌아오는 코스이다. 레일바이크는 코스가 완만한 편이라 누구라도 큰 힘 안들이고, 편안하게 운행할 수 있다.

 여행 정보

찾아가는 길

🚌 광주원주고속도로 동양평TG 빠져나와 우회전 후 330m → 단석교차로에서 원주방면 우회전 후 14.1km → 간현로 간현방면 좌회전 후 다시 좌회전하여 소금산실 따라 가다가 간현광지 인근 적당한 주차장으로 진입

🚌 원주시외버스터미널 하차 후 AK플라자정류장까지 도보이동(480m, 8분 소요) → 57번 버스 탑승 후 레일파크정류장 하차(27개 정류장, 30분 소요) → 소금산출렁다리까지 도보이동(2km, 30분 소요)

이용안내

간현관광지 문의 033-731-4088 **주소** 원주시 지정면 소금산길 26 **운영시간** 하절기(3~10월) 08:00~18:00, 동절기(11~2월) 09:00~17:00(마감 30분 전까지 입장) **귀띔 한마디** 인기가 있는 만큼 주말이면 주차장이 복잡하므로 일찍 도착하는 것이 좋다.

간현원주레일파크 문의 033-733-6600 **주소** 원주시 지정면 간현로 163 **운영시간** 하절기(3월 초 ~ 11월 중순) 09:30, 11:10, 12:50, 14:30, 16:10, 17:50, 동절기(11월 중순 ~ 2월 말) 10:00, 12:00, 14:00, 16:00 **이용료** 2인승 38,000원, 4인승 48,000원 **소요시간** 풍경열차 약 20분, 레일바이크 약 40분, 총 소요시간 약 1시간 20분 **운행거리** 7.8km **운행간격** 1시간 40분 **귀띔 한마디** 예매취소는 인터넷으로 취소가 가능하며 당일 이용권에 한해 취소는 출발시간 30분 전까지 전화로 가능하다.

먹을거리

송탄어울림부대찌개

문막의 맛집으로 부대찌개는 1인분도 주문할 수 있고, 밥과 라면 사리가 무한리필이다. 부대찌개는 맑은 육수에 다진 고기, 햄, 베이컨, 만두, 두부까지 푸짐하며 양념을 풀어 넣으면 얼큰하게 먹을 수 있다. 왕돈가스는 곱게 채를 썬 양배추 위에 두툼한 국내산 등심을 얹어 내온다. 속은 부드럽고 겉은 바삭하며 고기 위에 땅콩가루를 뿌려 고소함까지 맛볼 수 있다. 밥도 흑미밥이며 짭조름한 김치까지 나와 주인장의 인심이 느껴진다.

문의 033-744-8908 주소 원주시 문막읍 동화리 371-9 가격 부대찌개 7,000원, 왕돈가스 8,000원

주변볼거리

미로예술 중앙시장

원주 중앙시장은 1950년 개장한 뒤 현재까지 역사를 이어오고 있다. 2013년부터 '예술로 연주하는 중앙시장 레지던시 사업'으로 문화관광형 시장으로 탈바꿈

을 시도하였다. 2층 구조가 미로처럼 조성되어 있어 미로시장이란 이름이 붙었다. 시장 골목길에는 친근함이 느껴지는 벽화거리와 독특한 아이디어가 돋보이는 휴게공간이 있다. 또한 아이들이 좋아하는 거리 피아노, 다양한 캐릭터, 이색 카페, 골목미술관 등이 조성되어 쇼핑과 체험, 문화생활을 동시에 누릴 수 있다. 골목마다 다양한 숨은 공간이 있어 구경하는 재미가 솔솔한 시장이다. 매주 주말에 열리는 프리마켓을 찾는다면 좀 더욱 즐거운 쇼핑이 될 것이다.

문의 033-747-6082 주소 원주시 중앙시장길 6 중앙시장

Theme 테마와 관련된 연관볼거리

마음까지 출렁거리는 출렁다리

청양 칠갑산 천장호 출렁다리

천장호는 청양군 정산면과 목면의 식수를 책임지고 있다. 이곳 출렁다리는 총길이 207m, 폭 1.5m로 주탑(높이 16m)은 청양의 특산물 구기자와 고추를 형상화하였다. 주병선의 '칠갑산' 노래가 늘 흐르는 곳으로 청정지역인 만큼 물빛이 참 좋다. 다리를 건너면 거대한 용호장군 잉태바위, 모자상 조형물이 있다. 승천을 하려고 천년의 세월을 기다린 황룡과 영물이 되어 칠갑산을 수호하는 호랑이의 기운을 함께 받아 건강한 아이를 낳을 수 있다는 전설이 전해진다. 출렁다리는 오후 6시면 위험하여 통제가 된다.

파주 감악산 운계 출렁다리

경기 오악, 파주의 명산인 감악산에 새로운 도로가 나면서 산허리가 깎인 아픔을 이어주는 출렁다리이다. 범륜사 앞 운계폭포 산허리와 설마천을 건너 능선으로 이어준다. 지상 45m, 길이 150m, 폭 1.5m로 성인 900명이 동시에 걸어도 문제가 없다. 다리 양쪽으로 조성된 감악 전망대와 운계 전망대에서 바라보는 풍경은 그림 같다. 주차장에서 범륜사, 전망대까지 2~3시간 정도 소요된다.

파주 마장호수 출렁다리

파주시 광탄면 기산리의 마장호수를 가로지르는 다리로 폭 150m, 길이 220m의 국내 최장의 흔들다리이다. 성인 1,200명이 한꺼번에 올라도 문제없는 안전한 다리이다. 일부 구간에 투명 강화유리를 깔아 발아래를 내려다볼 수 있어 더욱 아찔한 경험을 할 수 있다. 7m 높이의 전망대와 아름다운 호수, 산책로와 조망데크가 잘 조성되어 있다. 카누와 카약을 즐길 수 있는 수상레저시설과 오토캠핑장도 있다. 마장호수에서 찍은 사진을 호수 인근의 30여 개 음식점에 제시하면 10% 할인혜택을 받을 수 있다.

Theme **05** 일상탈출로 즐기는 힐링의 시간
미술관자작나무숲

미술관관람은 항상 설렘이 있다. 횡성 미술관자작나무숲은 두곡리 둑실마을을 지나 둑길을 걸으면 만날 수 있는 미술관이다. 1991년에 심기 시작한 자작나무가 이제는 하늘을 가릴 정도로 미술관을 덮고 있다. 2004년 문을 연 미술관에서는 다양한 장르의 작품과 원종호관장의 사진작품을 만날 수 있으며, 주인장이 내려준 커피 향을 즐기며 오롯이 숲을 만끽할 수 있다.

관광이 아닌
문화공간을 즐기자

두곡리 깊숙한 곳에 자리한 미술관자작나무숲은 입구 매표소부터 범상치 않다. 덩굴식물이 매표소를 온통 감싸고 있으며 빨간 우체통이 매표 창구임을 알려준다. 매표소에서 만난 운종호관장은 그저 관광이 아닌 문화공간을 아끼고 감상할 수 있는 관람객만을 모시고자 유난히 비싼 입장료를 받는다고 했다. 실제 홈페이지 유의사항에는 다음처럼 적고 있다.

'사소한 것에 아름다움을 느끼지 못하는 분은
방문을 다시 한 번 생각해주십시오.
아무것도 보지 못할 수도 있으니까요.'

입장료를 내면 자작나무숲을 담은 예쁜 엽서 한 장을 준다. 티켓대용으로 미술관에서 직접 로스팅한 커피를 마실 수 있고 엽서를 적어 매표소 우체통에 넣으면 배달도 된다. 입구에 소박하게 그려진 '미술관자작나무숲'과 미술관약도를 보며 어디부터 돌아볼까 잠시 망설여진다. 왼쪽으로 가면 엽서에 나온 건물과 차를 마실 수 있는 카페 J가 있다. 마음은 바로 달려가고 싶지만, 천천히 미술관 관람부터 한 후 마지막 선물로 차를 마시며 사치를 부리는 게 좋을 것 같다.

30년간 담아온 풍경사진

치악산

백두산 자작나무숲을 보고 반해 1991년 12,000여 주의 자작나무를 심은 것을 시작으로 스튜디오, 기획전시장, 상설전시장을 차례로 오픈하며, 2004년 5월 미술관으로 정식 개관하였다. 자작나무숲과 철쭉 길을 지나면 제2전시장으로 이어지는데, 이곳은 원종호관장의 작품이 전시된 공간이다. 파란 문 양쪽에는 원종호의 '산을 보고~'라는 글과 서현숙의 자작나무숲에 관한 시가 보인다. '우리들 모두는 진흙구덩이 속을 뒹굴고 있다. 그러나 우리들 중 몇몇은 하늘의 별을 바라보며 꿈을 갖고 산다.'라는 오스카와일드의 글도 눈에 들어오는데, 문득 생각에 잠기게 한다.

조용히 문을 열고 들어가 슬리퍼로 갈아 신고 조용히 작품을 감상한다. 전시실 가운데 있는 의자는 오롯이 나만을 위한 배려처럼 보인다. 전시관

벽을 채우고 있는 작품들은 그가 30여 년간 담아온 치악산의 모습이다. 시린 겨울밤, 어둠 속에서 담은 흔들리는 나무는 바람과 빛의 환영으로 쓸쓸하면서도 뭔가 꽉 찬 느낌으로 다가온다. 사진가 이완교는 '원종호의 나무들은 전혀 다르다. 창세기적 나무의 본질과 이미지를 보여줌으로써 일상으로부터 해탈을 안겨주기 충분하다'고 적었다.

자연 그대로의 숲, 혼자 오면 더 좋은
미술관

전시실을 나와 무심코 본 글이 오늘 내가 어떻게 살았는지 다시 생각하게 한다. '인생을 내 의도대로 살기 위해 인생의 본질을 마주하기 위해, 그리하여 죽음을 맞이했을 때 내 삶을 후회하지 않기 위해 나는 나무를 심고 이 숲에 살고 있다.' 숲지기로 살고 있는 작가의 글이다. 카페 J가 보이고 그 앞으로 넓은 잔디밭이 조성되어 있다. 신발 벗어두는 곳에 자신도 모르게 신발을 벗고 좀 더 가깝게 자연에 맞닿는다.

제1전시장은 수시로 주제가 바뀌는데, 주로 지역의 예술가들을 발굴하여 소개하는 전시회가 많고, 초대전이나 기획전도 만날 수 있다. 작가의 글 중에 '연인은 사랑할 때가 아름답고 화가

는 유명하지 않을 때가 가장 아름다운 것 같다'라는 생각처럼 무명작가들에게 전시공간을 제공하고 있다. 제1전시관 바깥쪽은 테라스로 벽에는 미술관의 사계절 풍경을 담은 사진이 걸려 있어 다른 계절의 모습을 상상해볼 수 있다. 전시장 주변에 은은하게 울려 퍼지는 FM 라디오방송이 빠른 속도로 살아가는 우리들의 아날로그감성을 살짝 흔들어 준다.

느릴수록 더 많은 것을 볼 수 있는
미술관

마지막에 들린 카페 J, 문을 열고 들어서니 카페를 가득 채운 진한 커피향이 먼저 느껴진다. 입장할 때 받은 엽서를 내밀고, 음료를 선택한다. 커피 외에도 보이차, 오디차, 망고주스, 허브 꽃차 등 다양하다. 삶의 흔적이 고스란히 밴 서재와 아기자기한 소품들, 테이블마다 분위기가 색다르다. 카페 창가에 놓인 허름한 삼각대에서 작가의 열정이 느껴진다.

한쪽 눈을 감고 바라보는 세상, 사진은 찍는 순간 그 이미지는 과거가 되지만 그 속에는 다양한 시간이 흐른다. 미술관자작나무숲이 더 애착이 가는 건 아름다운 자작나무숲을 담는 작가가 있기 때문이다. 숲길에는 빈 의자가 늘 짝을 지어 놓여 있다. 느긋하게 앉아 바라보는 숲은 그림이 되고 사진이 되며, 시적 감성을 부른다. 뭔가를 얻고자 허덕이는 시간을 잠시 내려놓고 오롯이 자연에 몸을 맡긴 채 느리게 흐르는 시간을 즐기기 좋은 미술관이다.

여행 정보

찾아가는 길

- 🚗 영동고속도로 새말TG 빠져나와 횡성방면 좌회전 후 3.9km → 득실마을 이정표확인 후 한우로두곡5길 우회전 후 1.9km → 미술관자작나무숲 주차장으로 진입
- 🚌 횡성시외버스터미널 하차 후 만세공원정류장까지 도보이동(400m, 7분 소요) → 2-2번 버스 탑승 후 두곡리정류장 하차(9개 정류장, 30분 소요) → 미술관자작나무숲까지 도보이동(2km, 30분 소요)

이용안내

문의 033-342-6833 주소 횡성군 우천면 한우로 두곡5길 186 관람시간 4월 4째주~11월 10:00~일몰(매주 수요일 휴관), 12~4월 3째주 11:00~일몰(매주 화~목요일 휴관) 입장료 성인 20,000원, 3~18세 10,000원 홈페이지 www.jjsoup.com

먹을거리

🍴 광암막국수

오래된 느낌이 나는 이 집은 100% 순메밀로 만든 막국수를 맛볼 수 있는 곳이다. 메밀 함량이 많은 막국수는 냉면과 달리 하얗고 부드럽다. 물막국수도 좋지만 새콤한 명태가 소복이 올라간 비빔막국수도 감칠맛이 난다. 편육도 담백하고 깔끔하며 그 자리에서 바로 부쳐주는 녹두전도 맛이 좋다.

문의 033-342-2693 주소 횡성군 우천면 경관로 2887 가격 물막국수 6,000원, 명태비빔막국수 7,000원, 녹두전 6,000원

주변볼거리

🏃 치악산구룡사

구룡사는 비로봉 자락에 자리한 조선중기 고찰이다. 신라 문무왕 때 의상대사가 창건하였으며 대웅전 자리 연못에 아홉 마리 용이 살고 있었다 하여 구룡사(九龍寺)라 불렀다. 이후 절 입구에 있던 거북바위 때문에 절의 기가 쇠한다 하여 혈을 끊었지만, 더 쇠락해지자 다시 거북바위를 살리는 뜻에서 아홉구자를 거북구자로 바꿔 구룡사(龜龍寺)라 불렀다. 대웅전, 지장전, 관음전, 응진전, 삼성각, 보광루, 서상원, 설선당, 심검당, 조사전, 종각, 미륵불, 사천왕문 등 고찰답게 구색이 갖춰져 화려하다. 절 입구에는 이일대 무단벌목을 금한다는 조선시대 황장금표가 있고, 구룡교에는 거북이와 용의 형상이 있다.

문의 033-732-4800 주소 원주시 소초면 구룡사로 500

Theme ✔ 테마와 관련된 연관볼거리

자연 품은 제주미술관

제주도립미술관

제주도립미술관은 제주의 땅과 바다, 공기, 햇빛과 바람, 한라산과 오름이 품은 다양한 빛깔과 소리, 향기 등 제주인의 혼과 삶을 담은 문화예술공간이다. 기획전시실과 상설전시실, 시민갤러리, 상징광장, 이벤트광장(백록담), 노천카페, 장리석기념관 등으로 구분되어 다양한 작품들을 감상할 수 있다.

제주이중섭미술관

이중섭의 삶과 예술적 혼을 살펴볼 수 있는 다양한 작품을 상설전시하고 있으며, 기획전시실에는 소장품을 중심으로 기획전을 열고 있다. 상설전시실에서는 1951년 제주 서귀포에 살면서 그가 남겼던 〈서귀포의 추억〉, 〈섶섬이 보이는 풍경〉 등의 작품이 전시되어 있으며 이중섭과 가족 간의 애틋한 편지와 작은 그림들을 볼 수 있다.

김영갑갤러리두모악

올레 6코스에 포함된 김영갑 갤러리, 미로처럼 얽힌 길은 모든 것이 예사롭지 않게 느껴진다. 생전에 그가 사랑했던 동자석, 현무 돌담들 작은 감나무 아래 그가 영원히 잠들어 있다. 제주의 산과 바다, 오름과 들판을 렌즈에 담았으며, 특히 용눈이오름은 그가 가장 사랑했던 오름으로 사진으로 감상할 수 있다.

Theme 06 자연과 동화되어 즐길 수 있는
숲체원

숲체원 사진

횡성군 둔내면 청태산 일원은 자연휴양으로 유명하다. 횡성자연휴양림, 청태산자연휴양림 그리고 국내 유일의 숲문화체험시설인 숲체원이 있다. 숲체원은 치유의 숲으로 청태산 7부 능선(해발 850m)에 조성되어 있다. 친환경목재를 사용한 아늑한 공간에서 숙박을 즐기며, 다양한 편의시설을 이용할 수 있다. 정상까지 데크로 연결된 편안한 등산로를 비롯하여 다양한 숲 체험코스가 있다.

오롯이 숲만을 느낄 수 있는 곳

국립횡성숲체원은 오로지 예약제로만 운영된다. 미리 인터넷으로 방문이나 숙박을 예약해야만 입장이 가능하다. 숲체원은 숲을 오롯이 느끼기기 위해 취사가 허용되지 않는다. 인터넷으로 예약할 때 식사까지 함께 예약할 수 있다. 식단은 건강한 먹거리로 집에서 먹는 듯한 손맛이다. 방문자센터에 들리면 예약자 확인과 예약한 방열쇠, 식권, 숲체원 안내지도 등을 받을 수 있다. 숲체원 시설은 친환경 목조건물로 냉

난방은 지열시스템, 조명은 태양열과 풍력을 사용한다. 단, 객실에도 텔레비전은 없다.

객실은 군더더기 없이 단출하며 2인실은 작은 냉장고, 탁자, 수납장이 가구의 전부이다. 하지만 창문을 열면 800고지 숲의 신선한 공기가 고스란히 전해지는 곳으로 그 이상은 필요 없을 듯싶다. 오롯이 숲만을 느끼며 교감하기 충분한 곳으로 자연은 치유의 장이 된다.

숲체원의
다양한 시설들

방문자센터 앞 본부동은 참 독특한 건물이다. 건물 안쪽은 중앙대광장으로 막힘없이 시원하게 뚫려 있다. 대강당은 아치트러스트 목재구조의 300석 규모이며 활동적인 공연, 체육활동을 즐길 수 있는 첨단시설을 갖추고 있다. 대강당은 체험학습공간으로도 활용되는데, 숲의 이야기를 보고, 느낄 수 있는 작은 전시관에서 전시된 작품을 보며 잠시 나무에 대한 소중함을 일깨울 수 있다.

그밖에도 염색, 목공예 등 직접 만지고 해볼 수 있는 체험교육시설과 1,000여 명을 수용할 수 있는 계단식 야외공연장 등이 있어 단체로 투숙한 경우 다양한 공연, 예술행사 등도 진행할 수 있다. 둥근 목조건물은 독특한 프레임으로 사진을 찍을 수 있어 한참 머물게 된다. 밤에 이곳에 앉아 별과 교감하며 자연의 가치를 느낄 수 있는 특별한 시간을 가져보는 것도 좋을 듯하다.

숲과 교감할 수 있는
편안한 등산로

데크를 따라 전망대까지 올라갈 수 있는 '편안한 등산로'에는 자작나무로 만든 재미있는 조형물이 있다. 휠체어나 유모차도 해발 920m 정상까지 오를 수 있도록 조성된 약 1km의 데크로드이다. 초입에는 빨간 '추억의 우체통'이 서 있는데, 이 우체통에 엽서를 써넣으면 1년이 지난 후에야 받아 볼 수 있는 아주 느린 우체통이다. 숲체원에

서의 하룻밤을 즐거운 추억으로 남겨보는 것도 좋을 듯하다.

숲은 지루할 틈을 주지 않는다. 숲이 주는 미션과 식물도감처럼 설명된 시설물들을 보고 걷노라면 자연스럽게 숲에 대한 상식도 늘어난다. 완만한 데크 경사로를 따라 자작나무와 잣나무숲 오솔길이 이어지는데 걷다 보면 자연스럽게 자연과 교감이 된다. 천천히 20분 정도 걸어 오르면 전망대에 다다른다. 잠시 쉬었다가 내려올 때는 올라왔던 길로 내려와도 되고, 반대쪽으로 내려와도 되지만 반대쪽은 가파른 계단길이다.

호젓하게 즐길 수 있는
숲속체험길

숲체원탐방로의 걷기 편안한 데크길과 테라피코스는 길이 완만하여 산책하기 좋다. 숲길에는 자작나무를 비롯하여 함박꽃나무, 물박달나무, 산벚나무 등이 빼곡하게 식재되어 있다. 걷다 보면 강풍으로 쓰러진 낙엽송까지 그대로 두어 자연에서 자라 자연으로 회귀하는 숲의 생태를 배울 수 있다.

숲체원에는 아이들이 좋아할 오감체험장도 있다. 울림통치기, 공놀이장, 소리나무, 숲속에 거울길, 불 피우기 체험장, 숲속에 오두막 길 등 호기심을 불러일으키는 길이 이어진다. 숲이 끝나는 지점에는 넓은 평상이 있어 잠시 쉬어 갈 수 있다. 숲체원은 여느 자연휴양림과 달리 예약제로만 운영되므로 방문객이 제한되어 호젓하게 즐기기에 더할 나위 없다.

웰빙식단으로 간편하게 즐기는
식사

요즘 캠핑이다 뭐다 하면서 숲에 오면 고기부터 구워 먹는 일이 흔한데, 숲체원은 취사시설이 없어 바비큐파티는 생각도 하지 말아야 한다. 숲체원에서의 식사는 인터넷예약제로 구내식당에서 해결해야 한다. 실제 숲을 즐기러 온 만큼 식사를 하기 위해 나갔다가 다시 들어오는 것도 참 번거로운 일이

다. 만일 주변 여행지까지 둘러볼 생각이 아니라면 저녁과 다음날 아침까지는 이곳에서 예약을 통해 식사를 해결하는 것이 좋다. 식당에서 제공되는 식사는 면역력 강화를 위한 특별식, 녹황색 채소, 등푸른 생선 등을 활용한 건강한 웰빙식단으로 한 끼에 6,000원이다.

여행 정보

찾아가는 길

- 영동고속도로 둔내TG 빠져나와 오른쪽 길 980m → 둔방 교차로에서 웰리힐리방면 우회전 후 9.2km → 숲체원이정 표 확인 후 좌회전하여 주차장으로 진입
- 원주시외버스터미널 하차 → 시외버스 탑승 후 둔내터미널 하차 → 숲체원까지 택시이동(10분 소요, 요금 12,000원)

이용안내

문의 033-340-6300 주소 횡성군 둔내면 청태산로 777 운영시 간 4~10월 09:00~17:00, 11~3월 09:00~16:00 식사시간 조식 07:30~09:00, 중식 11:30~13:00, 석식 17:30~19:00 시설이용 료 숙박비 2~3인 30,000원(성수기 50,000원) 식비 1식 7,000원 귀띔 한마디 수건, 세면도구 등이 없고, 숲체원 내에서는 취사 불가. 사전방문을 예약한 고객만 입장 가능. 1일 최대 70명 이하 로 제한된다. 홈페이지 www.soopchewon.or.kr

먹을거리

초가집

꽃을 정성스럽게 가꾸는 집이라 음식도 믿음이 간다. 토속 적인 분위기 탓에 밥맛이 더 좋아진다. 메뉴에는 곤드레나 물밥, 더덕구이백반, 더덕두루치기 등이 있다. 기본 밑반찬 은 소박하지만, 주메뉴가 정성가득하다. 곤드레나물밥의 향 긋함과 고소함을 제대로 즐기려면 강된장을 넣어 비비면 된다. 곤드레의 효능이 그대로 전해지는 듯 입맛부터 돈다.

문의 033-342-2466 주소 횡성군 둔내면 청태산로 260 가 격 곤드레나물밥 8,000원, 더덕구이백반 12,000원

주변볼거리

청태산자연휴양림

이성계가 아름다운 산세에 반하고, 큰 바위에 놀랐다하여 청태산(靑太山)이라는 휘호를 하사했다고 전해진다. 청태 산은 각종 야생동물과 식물이 고루 자생하며, 편의시설들 이 잘 갖춰져 있어 하룻밤 묵으며 숲을 즐기기에 좋다. 박 물관 같은 자연휴양림은 등산로만 6개 코스로 세분화되어 체력에 맞게 즐길 수 있다. 울창한 잣나무숲에서 즐기는 산 림욕은 산을 오르는 것 이상으로 매력적이다.

문의 033-343-9707 주소 횡성군 둔내면 청태산로 610

Theme 테마와 관련된 연관볼거리

삼림욕하기 좋은 숲

제주 교래자연휴양림

곶자왈지대에 조성된 자연휴양림으로 휴양지구와 야영지 구, 생태체험지구, 산림욕지구로 나뉜다. 생태관찰로는 왕 복으로 40분 정도 소요되고, 오름산책로는 왕복 2시간 30 분 정도가 소요된다. 곶자왈은 함몰지와 돌출지가 불연속 적으로 형성된 지형의 영향으로 난대수종과 온대수종 등 독특한 식생과 다양한 식물군 분포를 보인다. 체력에 맞 게 생태관찰로나 오름산책로를 둘러 볼 수 있다.

대전 장태산자연휴양림

장태산은 높이 374m로 대전팔경에 속하는 아름다운 곳이 다. 장태산자연휴양림은 곤충원, 야생화원, 생태연못, 숲속 어드벤처, 메타세쿼이아 산림욕장, 산림문화휴양관, 숲속 의 집, 암석식물원, 교과서식물원 등으로 구분되어 다양한 편의시설을 갖추고 있다. 특히 장태산자연휴양림은 잡목 숲과 독일가문비나무, 메타세쿼이아 등이 독특한 배열로 심어져 있으며 산림욕을 즐기기에도 좋은 곳이다.

서천 희리산자연휴양림

국내 유일의 천연해송림으로 사계절 푸른 4.4km의 편 안한 산책로이다. 등산로는 희리산정상 문수봉까지 5.4km이며, 산 중턱에 저수지가 있어 더욱 아름답다. 자연휴양림시설인 전시관과 야생화관찰원, 다목적체육 시설, 숲속수련장 등을 갖추고 있어 자연학습의 장으로 좋다. 특히 숲속의 집은 소나무, 낙엽송, 삼나무, 잣나무, 해송, 층층나무, 참나무 7개 수종의 판재로 만들어진 목 조건물로 각 수종이 지닌 독특한 향을 느낄 수 있다.

Theme **07** 한국인 신부가 지은 한국 최초의 성당

풍수원

100년이 넘는 역사를 간직한 풍수원성당은 1982년 강원도 지방유형문화재 제69호로 지정되어 보호되고 있다. 풍수원성당이 있는 횡성군 유현리마을 일대는 유현문화관광지로 거듭나면서 선조들의 생활상과 신앙생활을 살펴볼 수 있는 유물전시관이 들어섰고, 마을전체는 산타마을을 연상케 하는 각종 조형물과 벽화로 가득하다.

고딕양식으로 지어진
유서 깊은 성당

풍수원은 강원도 최초의 성당이며, 한국인 신부가 지은 우리나라 최초의 성당이자 전국에서 네 번째로 지어져 역사적 의미 또한 큰 건축물이다. 1801년 신유박해 이후 신자들이 피난처를 찾아 이곳에 정착하였으며, 병인박해와 신미양요를 거치는 80여 년 동안 성직자 없이 신앙생활을 이어왔다. 1888년 르메르신부에 의해 본당이 창설되었으며, 첫 사제였던 정규하

신부가 부임하면서 1907년 성당을 건립하였다. 고딕 양식으로 세어진 성당건축물과 오랜 세월 버티고 선 고목이 한 폭의 그림처럼 아름답게 눈에 들어온다. 풍수원은 지진희, 수애 주연의 MBC 드라마 〈러브레터〉의 촬영지였으며, 국내 최대의 성지순례지로 현재 바이블파크를 위한 숲 조성과 편의시설 등 성역화 사업이 진행 중이다.

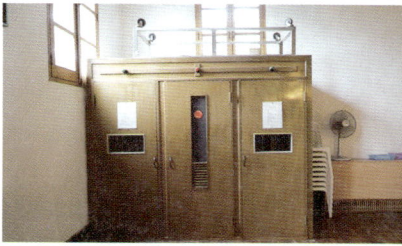

성당정면 돌출된 종탑에는 낮은 8각형의 첨탑이 있고, 4개의 기둥 끝에는 십자가가 세워져 있다. 정면 아치형 출입문과 중간에 돌출된 출입문 그리고 건물 뒤 양쪽으로 아치형의 작은 문 두 개가 보인다. 성당 안으로 들어서면 양쪽으로 세워진 목조기둥이 벽돌처럼 보이도록 줄눈을 그려 넣었다. 출입문 옆에는 성체조배실이 있고, 성가대가 자리해야 할 2층은 좁아 보인다. 성당의 창문은 스테인드글라스 대신 소박한 나무문이며, 벽면을 따라 입체형 액자가 걸려있다. 제대부는 삼각형으로 아치형 창이 3개 있으며, 스테인드글라스가 아닌 채색유리이다. 회색빛의 벽돌 기둥과 단정한 제대부는 엄숙함이 느껴진다.

등록문화재로 지정된
풍수원성당 구사제관

성당 뒤쪽에는 대한민국 근대문화유산 등록문화재 제163호로 지정된 풍수원성당 구사제관이 있다. 붉은 벽돌조 2층 건물로 성당보다 5년 늦은 1912년에 지어졌으며, 현존하는 사제관 중 가장 오래된 건축물로 원형이 잘 보존되어 있다. 현재는 유물전시관으로 사용되며, 과거 박해시절 신앙과 풍수원 공동체생활의 흔적을 살펴볼 수 있는 유물과 사진들이 전시되고 있다.

유물관과 성당 뒤쪽에는 정교하게 돌로 장식한 성모상과 성모동산이 있다. 이곳은 드라마 〈러브레터〉에서 수애가 기도를 하던 곳으로 드라마 속 주인공들 마음의 고향으로 묘사된 곳이다. 십자가로의 길 앞 야외미사를 거행하는 곳에는 예수님이 두 팔을 벌리고 서 있다. 십자가로의 길은 예수가 십자가를 지고 갈바리아산에 이르기까지의 14가지 중요장면을 돌판

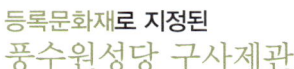

에 새겼는데, 이는 판화가 이철수의 작품이다. 돌계단을 따라 이어지는 십자가로의 길은 신자에겐 묵상의 길로 여행자에게는 잠시 분주했던 마음을 내려놓고 오롯이 길만을 느낄 수 있는 산책로이다.

일 년 내내 즐거운
산타마을

풍수원성당 주변의 유현리마을은 공공디자인 프로젝트로 아름답게 조성된 문화마을이다. 다른 벽화마을과 달리 그냥 예쁜 것이 아니라 지역의 특성과 풍수원으로 대변되는 마을 분위기를 잘 드러나도록 구성되어 있다. '산타의 1년과 예수의 탄생'이라는 주제로 디자인된 다양한 장르의 작품을 마을 곳곳에서 만날 수 있다.

마을 입구에 들어서면 가장 먼저 눈에 띄는 것은 마을회관 지붕 위의 산타이다. 또한, 횡성을 대표하는 황소를 타고 있는 산타, 윷놀이하는 산타, 입체적으로 만든 루돌프, 연통을 타고 올라가는 루돌프, 장작더미 위에 도끼를 든 산타까지 마을분위기에 잘 녹아들어 있어 저절로 크리스마스캐롤송을 흥얼거리게 된다. 일 년 내내 산타마을을 천천히 걷다 보면 어릴 적 추억과도 같은 골목길이 이어져 마음까지 설레게 한다. 풍수원 성당 입구 주차장에는 순례자 쉼터와 관광안내소 그리고 특산물판매장이 있어 지역특산물도 구매할 수 있다.

은 기념품과 간단한 간식거리를 살 수 있는 카나리하우스와 휴식을 취할 수 있는 오차드하우스이다.

시작부터 갈림길이라 어디부터 구경할까 망설여지는데, 트랙터마차를 끊었다면 좌측 중앙역에서 마차를 타면 된다. 운이 좋다면 매표 후 바로 트랙터마차를 탈 수 있지만, 인원이 한정적이라 보통 기다려야 한다. 마차 출발시간까지 내 맘대로 놀이터, 짚풀마당, 아기동물원 등에서 놀다가 시간에 맞춰 중앙역으로 가면 된다. 중앙역에서 하늘마루전망대까지는 3km로 트랙터마차를 타고 하늘목장 관련 설명을 듣다 보면 어느새 800고지에 도착한다. 대관령 날씨는 변화무쌍해서 마차를 탈 때는 맑았어도 올라오면 구름안개 속일 수 있는데, 오르기 전 매표소에서 정상날씨를 미리 공지해준다.

끝도 없이 펼쳐지는 초지풍경
하늘전망대

끝없이 펼쳐진 초원, 안개구름 사이로 보이는 풍력발전기, 트랙터마차가 이끄는 대로 이국적 풍경에 점점 빠져든다. 대관령 일대 풍력발전기 중 30여 기가 이곳에 있을 정도로 하늘목장은 광활하다. 목장의 풍경이 좀 더 신비롭게 여겨지는 건 1974년 설립 후 40여 년간 한 번도 일반인들에게 공개한 적이 없기 때문이다. 하늘마루전망대에서 하늘목장 2단지와 삼양대관령목장 풍력발전기까지 끝없이 펼쳐진 초록의 향연을 맘껏 만끽할 수 있다.

대관령 최고봉인 선자령까지는 2km 남짓이다. 하늘목장 개방과 더불어 손쉽게 오를 수 있게 된 선자령(1,147m)은 야생화 천국으로 하늘마루에서 도보로 30분 정도 걸린다. 선자령 정상에 서면 대관령목장까지 한눈에 들어오고, 맑은 날에는 동해도 뚜렷하게 보인다. 선자령 아래 별맞이언덕은 그림엽서 같은 풍

경인데, 목동이 일부러 일을 늦게 마치고 별을 기다렸다는 이야기가 전해지는 초지이다. 하늘전망대까지 트랙터마차를 타고 왔다면 하늘목장산책로를 따라 트레킹하며 자연을 충분히 감상하자.

이국적인 풍경 속에서 즐기는
망중한

하늘마루전망대에서 웰컴 투 동막골까지 이어지는 '너른 풍경길'은 이름처럼 넓은 초원이 펼쳐지는 길로 백두대간의 멋진 풍광까지 덤으로 감상할 수 있다. 계속 이어지는 '가장자리 숲길'은 흙과 풀을 발끝으로 느끼며 걷는 길이다. 길이 그리 험하지 않아 목장정상까지 걸어오는 사람도 많다. 시원한 바람에 몸을 맡기고 천천히 목장길을 산책하다 보면 온갖 상념이 사라지고 넉넉한 삶의 여유가 느껴진다. 2005년 개봉한 〈웰컴 투 동막골〉 촬영지에는 영화포스터가 안내되어 있는데, 이곳에서 비행기 추락장면과 풀밭에서 미끄럼을 타는 장면, 멧돼지에 쫓기는 장면 등이 촬영되었다.

촬영지 앞에는 나무의자가 놓여 있어 잠시 쉬며 망중한을 즐길 수 있다. 앞에는 거대한 풍력발전기가 끊임없이 돌아가고, 시선을 조금만 돌려도 사방이 푸른 초원이다. 멀리 초

원지대를 오가는 트랙터가 이국적인 풍경으로 다가온다. 하늘목장의 또 다른 볼거리는 초원에 홀로 우뚝 선 왕따나무를 찾아다니는 재미이다. 목책과 홀로 선 소나무는 거창하게 의미를 부여하지 않아도 신선한 풍경이다.

자연친화적인 생육시스템을 자랑하는
목우원

대관령 하늘목장은 400여 두의 홀스타인 젖소와 100여 두의 한우를 자연생태순환형 생육시스템으로 사육하고 있다. 화학비료가 아닌 목장 내 가축 분뇨를 숙성시킨 친환경 퇴비로 기른 목초를 가축들이 다시 먹는 순환형시스템이다. 하늘목장 곳곳에서 수시로 만날 수 있는 청개구리는 이곳의 초지 환경이 얼마나 건강한지 짐작할 수 있게 한다. '앞등목장'으로 가는 길에 만나는 '숲속 여울길'은 하늘목장에서 가장 아름다운 산책로이다. 숲터널을 만날 수 있는 산길로 계곡 물소리까지 더해져 천천히 초지 속 숲길을 즐길 수 있다.

목우원은 하늘목장의 역사가 살아 숨쉬는 곳으로 목장일을 마친 인부들이 쉬던 곳을 아름다운 정원으로 조성한 곳이다. 산책로에는 목장개척 10주년을 기념하여 세운 목장개척비가 세워져 있다. 목우원에서는 건초를 보관하기 위한 원통형 대형저장시설인 하베스토어 사일로(Harvestore silo)를 볼 수 있다. 커다란 원통처럼 보이는 하

베스토어는 1975년 영국에서 들여와 1992년까지 사용하였다고 한다. 600톤급으로 높이 24m, 지름 7.4m로 과거 사용하던 목장시설의 이해를 돕기 위해 이곳에 일부러 설치해뒀다고 한다.

아이들과 함께 보내는
즐거운 시간

하늘목장에서 아이들에게 인기 있는 곳은 숀더쉽(Shaun the Sheep)의 주인공 어린 양 캐릭터가 반기는 양 방목장과 양떼체험관, 아기동물원 등이다. 염소, 망아지, 송아지, 양과 산양 등을 볼 수 있으며, 양떼 먹이주기 체험(건초 1,000원)도 해볼 수 있다. 짚풀마당 건초더미에 강아지, 돼지, 사람의 얼굴을 그려 넣어 재미있는 기념사진을 찍을 수 있다.

하늘목장에는 전문강사와 함께 안전하게 승마체험도 즐길 수 있다. 특히 승마는 신체발달을 돕는 전신운동으로 아이들의 정서함양과 유연성, 대담성을 기를 수 있는 체험이다. 내맘대로 삐뚤빼뚤놀이터는 발상의 전환을 돕는 기발한 놀이터이다. 하

늘목장은 대관령과 태백의 기운이 느껴지는 청량한 바람과 변화무쌍한 날씨를 직접 보고, 느낄 수 있는 목장이다. 또, 아름다운 숲길, 그림 같은 초지 속에 한가로이 풀을 뜯는 소떼 등 흔히 접할 수 없는 이채로운 풍경에 도심 속 메말랐던 감성이 꿈틀대기 시작하는 곳이다.

여행 정보

찾아가는 길

- 영동고속도로 대관령TG 빠져나와 용평리조트방면 우회전 후 1.9km → 로터리에서 좌회전 후 430m → 횡계교 건너 꽃밭양지길로 좌회전 후 3.4km → 하늘목장표지판 확인 후 주차장으로 진입
- 횡계시외버스터미널 하차 후 택시로 이동(5.3km, 10분 소요, 약 7,600원)

이용안내

문의 033-332-8061 주소 평창군 대관령면 꽃밭양지길 458-23 운영시간 4~10월 09:00~18:00, 11~3월 09:00~17:30 입장료 6,000원, 소인 5,000원 양떼체험 2,000원 트랙터마차 6,000원, 소인 5,000원 승마체험 10,000원 먹이주기체험 건초 2,000원 홈페이지 skyranch.co.kr

먹을거리

🍴 고향이야기

한우 전문점인데도 오삼불고기, 송이돌솥밥, 곤드레해장국 등 메뉴가 다양하다. 관광지답게 강원도음식 위주인 것 같다. 오삼불고기는 야채와 삼겹살, 오징어가 합쳐져 나온다. 주메뉴보다는 곁들이 반찬이 한상 가득하여 먹지 않아도 배가 부를 정도로 고기부터 강원도나물까지 푸짐하다. 맵지도 짜지도 않은 오삼불고기는 무난하게 먹을 수 있는 메뉴이다. 곤드레돌솥밥을 따로 주문해서 먹어도 좋다. 밥 반, 나물 반의 푸짐함은 강원도의 인심이 느껴진다.

문의 033-335-5430 주소 강원 평창군 대관령면 눈마을길 9 가격 곤드레돌솥밥 11,000원, 오삼불고기 13,000원

주변볼거리

🚶 대관령삼양목장

대관령삼양목장은 평창군 횡계리 대관령 일대 해발 850m~1,400m의 높은 지대에 자리한 동양 최대의 초지목장이다. 서울 여의도의 7.5배로 광활한 초지에 농약살포 없이 무공해 목초로 육우와 젖소를 키우고 있다. 해발 1,173m의 매봉에서 소황병산에 이르는 백두대간 능선길이며 초록의 구릉지는 봄이면 얼레지, 가을이면 구절초 등 초원의 화원이 펼쳐진다. 목장 입구 광장에서 동해전망대까지 4.5km는 바람의 언덕, 숲속의 여유, 사랑의 기억, 초원의 산책, 마음의 휴식으로 명명된 목책로 구간으로 사백정, 연애소설나무, 양방목지, 강원풍력발전소, 타조사육장 등 드라마촬영지와 초지의 대자연을 감상하며 걷기 좋은 길이다.

문의 033-335-5044 주소 평창군 대관령면 꽃밭양지길 708-9

그림 같은 제주목장

성이시돌목장

성이시돌목장은 스페인의 성인 이름을 딴 것으로 맥그린치(PJ McGlinchey)신부가 목축업으로 제주도민의 자립을 돕고자 세운 목장이다. 그의 고향 아일랜드의 신학교건물에서 영감을 얻어 페르시아의 아치형을 모방하여 지은 것이라고 한다. 1961년 숙소로 사용하였으며 돈사로도 사용되었다고 한다. 테쉬폰(Cteshphon)주택은 이시돌에만 유일하게 남은 귀중한 건축물이다. 주변은 온통 초원지대로 풀을 뜯고 있는 소의 모습을 볼 수 있다. 해질녘 찾으면 더 멋진 사진을 담을 수 있고, 웨딩촬영지로도 유명하다.

아부오름 건영목장

아부오름은 송당리 천백도로 건영목장 안에 있는 오름이다. 사유지 내에 있는 오름이다. 제주의 여러 오름 중에서 여행자들이 쉽게 찾는 오름으로 건영목장을 지나면 바로 있다. 간혹 풀을 뜯고 있는 말의 모습을 볼 수 있다. 아부오름으로 향하다 보면 좌측에 우뚝 선 한 그루의 나무가 보이는데, 고소영나무라는 애칭을 갖고 있다. 아부오름은 둘레가 약 1,400m, 바닥 둘레 500m, 화구 깊이 78m로 전 사면이 완만한 경사를 이루고 있다. 5분 정도면 정상에 올라 1시간가량 힐링할 수 있는 오름이다.

Theme 09 소설 속 무대를 걸어보는
이효석문학관과 문학의 숲

이효석문학공원에서는 매년 9월 평창효석문화제를 개최하고 있다. 봉평이 지니고 있는 문화적, 자연적, 지리적 여건을 통하여 아름다운 문학마을을 만들고, 청정관광지로 지역 활성화 및 사계절 봉평을 찾도록 만들기 위한 축제이다. 문학공원에는 이효석문학관과 이효석문학의 숲이 있다. 「메밀꽃 필 무렵」을 주제로 등산로 2.7km에 소설의 내용을 재현해 놓아 소설 속 무대를 걸어볼 수 있다.

아기자기하게 조성된
이효석문학공원 풍경

이효석문학관은 정문부터가 가산의 대표 작품들이 적힌 책 모양을 형상화한 기둥으로 이뤄졌고, 소설 「메밀꽃 필 무렵」의 원고를 천장에 적어두었다. 입구 좌측에는 이효석문학비가 세워져 있는데, 이 문학비는 1980년 문인들의 모금으로 봉평면 진조리 옛 영동고속도로변에 세운 것을 2002년 이곳으로 옮겨온 것이라 한다. 검은 비신 위에 흰 자연석을 얹은 모양으로

이효석의 서정적인 문학세계와 잘 어울린다는 설명이 붙어 있다.

문학관 바로 앞에는 봉평면을 한눈에 내려다볼 수 있는 전망대가 있어 잠시 땀을 식히며 마을풍경을 감상할 수 있다. 입장료는 이효석문학관 관람 시에만 징수한다. 가산의 생애와 문학세계를 살펴볼 수 있는 문학전시실과 다양한 문학체험을 할 수 있는 문학교실, 학예연구실 등으로 구분되어있다. 이효석 연보, 자연인 이효석의 삶, 가산의 문학세계, 이효석 문학지도, 소설 「메밀꽃 필 무렵」, 동반자작가와 구인회, 메밀에 관한 정보 등을 살펴볼 수 있다.

가산이효석의
발자취와 남겨진 작품들

문학관 나들이는 이효석 연보를 살펴보는 것으로 시작한다. 1907년 강원도 평창군 봉평면에서 출생하여 경성제일고등보통학교를 거쳐 경성제국대학 영문학과를 졸업하고, 숭실전문학교, 대동공업전문학교 교수로 재임하였다. 1928년 「도시와 유령」을 발표하면서 문단의 주목을 받기 시작하였으며, 카프(KAPF)의 뒤를 따르려는 작가를 총칭하는 동반자작가와 이종명, 유치진, 정지용 등과 함께 구인회을 결성하여 작품활동을 하였다. 가산의 작품집으로는 「노령근해」, 「성화」, 「해바라기」, 「황제」등이 있고, 장편으로는 「화분」, 「벽공무한」이 있다.

이효석은 신소설 「추월색」을 통해 문학을 접했으며, 청소년기에는 러시아소설과 영국시를 많이 읽었다. 소설 「메밀꽃 필 무렵」은 현대단편소설 중 가장 뛰어난 작품 중의 하나이다. 만남과 헤어짐, 그리움, 애수 등을 아름다운 자연과 융화시켜 미학적 세계를 완성한 단편소설의 백미로 칭송받는다. 특히 사회의식을 지양하고 한국적 아름다움을 배경으로 인간의 순박한 본성을 그려내는 주제의식과 시적인

문체가 뛰어나다. 이효석은 1939~1940년 두 차례 만주와 하얼빈을 다녀온 후 장편 「벽공무한」과 단편 「하르빈」 등의 작품을 발표했다. 이 시기의 가산의 발자취를 담은 '이효석과 북만주 하얼빈'전이 기획전시실에서 사진으로 전시되고 있다.

문학공원과 함께 둘러봐야 할
생가마을

문학관에서는 소설 「메밀꽃 필 무렵」에서 빼놓을 수 없는 봉평메밀에 대한 다양한 정보도 덤으로 얻을 수 있다. 메밀꽃축제, 메밀은 이런 식물이다, 메밀면, 메밀묵 만들기, 메밀의 어제와 오늘 등을 하나씩 소개하고 있다. 문학관만 입장료를 받고, 문학공원은 시민들에게 무료개방하고 있다. 문학공원은 여유롭게 둘러보기 좋은 곳으로 곳곳의 파스텔톤 의자가 이곳 분위기를 더욱 화사하게 만든다. 문학공원에서 가장 인기 있는 곳은 이효석 좌상이 설치된 포토존으로 가산선생 바로 옆에 빈 의자가 놓여있어 가산선생과 기념사진을 담기에 좋다.

이효석문학관에서 500여 미터 떨어진 이효석생가마을에는 지난 2007년 가산 이효석선생 탄생 100주년을 기념하여 복원한 이효석생가가 조성되어 있다. 생가 바로 위쪽에는 가산선생이 1930~1940년대 평양에서 살았던 푸른 집도 복원되어 있다. 러시아풍으로 지어진 붉은 벽돌건물이지만 담쟁이가 온통 집을 덮을 정도로 무성해 푸른 집이라 불렀다고 한다. 문학공원과 멀지 않은 곳에 있으므로 함께 꼭 둘러보자. 생가 앞에는 계절 따라 수수한 꽃들이 화사하게 피어나 늘 포근하게 맞아주는 고향 집을 찾아온 느낌이다.

이효석문학의 숲에서 다시 읽는
「메밀꽃 필 무렵」

생가 마을에서 1.2km 떨어진 이효석문학의 숲은 차로는 채 5분도 안 걸리지만 걷기에는 제법 먼 거리이다. 소설 「메밀꽃 필 무렵」을 주제로 조성한 테마파크로 2.7km의 등산로를 따라 자연석 위에 소설을 적어둬 산책하면서 읽을 수 있다. 문학의 숲에는 소설 속 장터, 충주집, 물레방아 등이 재현되어 있으며 쉼터, 시낭송 무대, 약수터 등도 있다. 이효석문학관과 상관없이 문학의 숲도 별도 입장료를 낸다. 매표소를 지나면 허생원이 나귀를 끌고 장에 가던 장면이 제일 먼저 눈에 들어온다.

소설 「메밀꽃 필 무렵」은 이효석의 대표작품으로 순수한 우리말을 통해 토속적인 정서를 서정적으로 잘 풀어낸 소설이다. 장이 서는 곳마다 떠돌아다니는 장돌뱅이 허생원은 묵고 있던 충주댁에서 동이를 만난다. 하지만 충주댁과 시근덕거리는 모습을 보고 질투심에 손찌검까지 하지만 동이의 마음 씀씀이에 화를 누르고 봉평장을 떠나 대화장까지 칠십 리 밤길을 동행한다. 달밤 메밀밭을 함께 걸으며 이야기하던 중에 동이엄마의 친정이 봉평이며, 동이가 자신처럼 왼손잡이라는 점에 주목하게 된다. 허생원은 개울에서 넘어져 동이의 등에 업히면서 알 수 없는 혈육의 정에 끌리며 동이가 그의 아들일지도 모른다는 암시로 소설이 마무리된다.

디오라마로 만나는 소설
「메밀꽃 필 무렵」 속으로

자연석을 원고지 삼아 조성한 산책로는 천천히 걷다 보면 소설책 한 권을 자연스럽게 읽게 된다. 문학의 숲은 글을 읽으면서 걸어도 30분이면 충분하다. 산책로 중간중간에는 조선달, 허생원, 동이네 너와집이 재현되어 있으며 방안에는 방문객들이 적어붙인 메모들로 가득하다. 너와집 뒤로 약수터가 있어 물 한 모금 마시며 쉬어갈 수 있다. 조용한 숲길을 걷다 보면 어느새 충주집에 다다른다. 마치 소설 속 한 장면이 멈춘 듯 마당에는 동이와 충주댁이 마주 앉아 도란도란 얘기를 나누고, 입구에는 허생원이 충주집으로 들어서고 있다. 허생원과 동이가 처음 만나는 소설 속 주요장면이다.

충주집을 지나면 다리를 건너 숲길이 이어지는데 널다리가 꽤 운치 있다. 널다리 아래 무대는 시낭송 등 문학체험을 할 수 있는 곳이다. 약간 오르막을 오르면 물레방앗간과 그 아래로 개울에 빠져 허둥대는 허생원과 동이의 모습이 보인다. 물레방앗간은 허생원과 성서방네 처녀가 처음 만나 사랑을 나눈 곳이다. 성서방과 허생원 그리고 동이 세 사람이 달빛 아래 메밀밭을 지나는 디오라마를 보고 있자니 짐승 같은 달의 숨소리를 들으며 메밀꽃 활짝 핀 길을 걷고 싶어진다. 문학의 숲을 빠져 나오는 길에 이효석의 흉상과 문학비가 나란히 서있다. 시간이 허락한다면 이효석문학과 개울 건너 충주집을 재현한 가산공원도 둘러보는 것이 좋다. 바로 옆에는 2, 7일 열리는 봉평전통시장이 있어 장날이라면 봉평의 특산물도 구입할 수 있다.

대한민국 여행자를 위한, 강원도 여행백서

여행 정보

찾아가는 길

🚗 영동고속도로 평창TG 빠져나와 봉평방면 우측도로 진입 후 새터교차로에서 우회전 후 4.3km → 삼거리에서 우회전 후 220m → 다시 삼거리에서 둔내방면 좌회전 후 1.2km → 남안교방면 좌회전 후 표지판 확인 후 주차장으로 진입

🚌 장평시외버스터미널 하차 후 터미널정류장에서 43번 버스 탑승 후 창동4리정류장 하차(6개 정류장, 20분 소요) → 이효석문학관까지 도보이동(1.2km, 20분 소요)

이용안내

이효석문학관 문의 033-330-2700 **주소** 평창군 봉평면 효석문학길 73-25 **운영시간** 5~9월 09:00~18:30, 10~4월 09:00~17:30 **휴관** 매주 월요일, 1월 1일, 설날, 추석 **입장료** 성인 2000원, 청소년 1,500원, 어린이 1,000원(5월 5일 어린이는 무료입장) **홈페이지** www.hyoseok.org

이효석문학의 숲 문의 033-335-4477 **주소** 평창군 봉평면 문학숲길 97 **운영시간** 4~10월 09:00~18:00, 11~3월 09:00~17:00 **입장료** 성인 2,000원, 청소년 1,500원, 어린이 1,000원

먹을거리

🍴 **물레방아**

소설 속 여행을 즐긴 후 먹는 메밀막국수는 나름 의미가 색다르다. 봉평막국수는 인공감미료가 없는 자연적인 맛으로 메밀 고유의 향을 느낄 수 있어 좋다. 이 집의 메밀은 국산만을 고집하며 까지 않은 메밀을 갈은 후 고구마전분을 넣어 쫄깃하다. 과일이 주재료인 육수에 비법약초와 식초, 꿀이 들어가 국물맛이 좋다. 국수와 함께 메밀전병, 부침개도 좋다.

문의 033-336-9004 **주소** 평창군 봉평면 이효석길 152 **가격** 메밀국수 6,000원, 메밀전병 5,000원

주변볼거리

🚶 **팔석정**

조선 4대 서예가인 양사언이 강릉부사로 재임 시 수려한 경치에 이끌려 8일 동안 신선처럼 노닐며 즐겼다는 곳이다. 이곳에 팔석정이라는 정자를 세우고 1년에 3번 춘화, 하방, 추국에 찾아와 시상을 가다듬었을 정도로 경관이 빼어나다. 주변 8개 큰 바위에는 양사언의 글이 새겨져 있으며, 효석문학 100리 길에도 포함되어 있다. 현재 정자는 사라지고 없으며, 바위에 남겼다는 글도 세월을 이기지 못해 글씨의 형체를 알아보기 힘들다.

문의 033-330-2542 **주소** 평창군 봉평면 쉴바위길 33-11

Theme ✔ 테마와 관련된 연관볼거리

소설 속 무대

남원 광한루

광한루를 중심으로 영주(한라산), 봉래(금강산), 방장(지리산)을 뜻하는 세 개의 삼신산이 있다. 섬진강으로 흘러내리는 물과 음력 칠월칠석날 견우와 직녀가 만났다는 전설의 오작교가 있다. 광한루 누각 안에는 호남제일루, 계관, 광한루 편액이 걸려 있고, 단심문을 지나ը면 춘향사당이 있다. 춘향관에는 춘향의 일대기를 그린 유화가 전시되어 있고, 재현된 월매의 집에는 춘향과 이몽룡이 백년가약을 맺은 부용당과 행랑채, 동전을 던져 성공하면 사랑가가 흘러나오는 연못이 있다.

장흥 소등섬

한양의 정남진 장흥 남포마을은 해변산악마을로 마을전체가 산, 들, 바다, 호수 등에 성처럼 둘러싸인 아름다운 곳이다. 마치 소가 엎드려 있는 형국으로 산 위쪽은 남산개라 하여 남산포로 불리다가 군사요충지로 발전하면서 남포라 불리게 되었다. 남포마을은 영화 〈축제〉의 촬영지이며, 주변에는 석화와 바지락이 많이 생산된다. 특히 마을 앞 작은 바위섬 소등섬은 일출명소로도 손꼽히는 곳이다.

인제 필례약수

필례계곡은 영화 〈태백산맥〉의 촬영지로 1930년경에 필례약수가 발견되면서 유명해졌다. 필례는 약수터 주변 지형이 베를 짜는 여인을 닮았다하여 붙여진 이름으로 원래 개울가에 서낭당이 있었는데, 지금은 당산나무만 남아있다. 이순원의 소설 「은비령」의 무대가 된 필례약수는 이곳에 온 작가가 은비령 식당에 들렸다가 소설의 제목으로 삼았다고 한다.

Theme **10** 천년숲길을 품은 천년고찰
월정사와 상원사

월정사와 상원사를 오가는 오대산 선재길은 가을이면 꼭 걸어보고 싶은 아름다운 길이다. 천 년 숲길은 월정
사 전나무숲길부터 시작되는데, 800m 전나무숲길은 기운이 넘치며 장쾌하다. 월정사를 둘러 본 후 상원사로
가는 길은 오대산 선재길로 계곡을 따라 등산로가 잘 되어 있어 걷기 좋은 길이다. 오랜 세월 형성된 천 년 숲
길은 사계절 많은 여행자를 불러 모으고 있다.

혼자 사색하며 걷기 좋은
천년의 숲길

오대산국립공원 매표소를 지나 월정사까지는
1km 정도의 거리이다. 얼마 걷지 않아 도로 우
측으로 월정사 일주문이 보이고 현판에는 월정
대가람(月精大伽藍)이라 쓰여 있다. 이 현판은
평생을 불교 경전연구에 전념했던 탄허스님의
친필이다. 일주문을 들어서면 우람한 전나무숲
길이 시작된다. 월정사의 역사를 함께한 천 년

숲길은 부안 내소사, 남양주 광릉수목원과 함께 한국 3대 전나무숲길로 유명하다.

800여 미터 이어진 전나무숲길은 쉬엄쉬엄 걷기에 좋다. 과거 이곳은 소나무가 울창했는데 고려 말 나옹선사가 부처에게 공양하던 그릇에 소나무에 쌓였던 눈이 떨어지자 산신령이 소나무를 꾸짖고 전나무 9그루로 절을 지키게 한 것이 시초라고 전해진다. 현재 이곳은 평균 수령 100여 년이 넘는 전나무 1,700여 그루가 천 년의 숲을 이루고 있다. 숲길에는 약 600년으로 추정되는 전나무가 쓰러져있는데 비록 속은 텅 비어있지만, 여행자의 발길을 잡기에 충분하다. 전나무는 추위에 강한 고산성 교목으로 여름에는 외부기온보다 온도가 낮아 시원하게 걷기 좋다. 오대천을 끼고 이어진 숲길은 왕복 40분 정도 소요되는데, 혼자 사색하거나 둘이 함께 걷기에 좋은 숲길이다.

사계절 그리움이 쌓이는 곳
월정사

전나무숲길을 빠져나오면 사천왕을 모신 천왕문이 보인다. 1974년 조성한 천왕문 측면에는 중국 선종의 2대조 혜가대사와 자장율사, 지장보살, 포대화상, 한산의 설화가 그려져 있다. 천왕문을 지나 월정사 경내로 들어서면 찻집을 포함한 요사채 몇 동이 보이고, 2층 누각 금강루가 서 있다. 금강루는 전면 3칸, 측면 2칸의 2층 누각으로 2층에는 윤장대가 설치되어 있어 소원을 빌며 돌릴 수 있다. 금강루를 지나면 좌측에는 성보박물관 보장각이 있고, 우측에는 동당이라 불리는 설선당과 설법전으로 사용되는 강당 대법륜전이 있다. 경내 중앙에는 월정사를 대표하는 팔각구층석탑과 적광전이 맞닿아 있다.

월정사 성보박물관(보장각)은 지상 1층, 지하 1층 규모로 삼보(불법승)를 주제로 한 불교문화유산을 전시하고 있다. 금동육수관음보살상, 월정사팔각구층석탑 사리구유물, 부처님진사사리, 전해지는 범종 가운데 가장 오래된 상원사범종 등을 살펴볼 수 있다. 적광전은 다포계 팔작지붕으로 비로자나불이 아닌 석가모니불을 주불로 모시며, 뒤쪽에는 동자가 소를 찾아다니는 심우도가 그려져 있다. 적광전의 주련과 현판은 탄허스님의 친필이다. 적광전 뒤로는 아미타불을 봉안한 수광전 외에도 삼성각, 조사당, 진영각이 나란히 자리한다. 월정사 팔각구층석탑은 국보 제48호로 8각 모양 2단의 기단 위에 9층 탑신을 올려 금동으로 머리장식을 하였다. 화려했던 고려시대 불교문화를 잘 표현해주는 석탑으로 청동으로 만든 풍경과 기단에는 안상을 새겨 놓았으며, 1층 탑신에는 소규모의 감실을 두었다. 월정사로 향하는 길은 전나무숲길과 더불어 사계절 여행자의 발걸음을 게으르게 만든다.

천년숲길 너머 20리 천년옛길
오대산선재길

월정사 일주문에서 상원사까지 약 10.4km로 도보로 4시간 정도 걸린다. 20리 선재길은 신라 자장율사가 중국 오대산에서 문수보살을 친견하고 얻은 부처님 사리를 적멸보궁에 안치하기 위해 걸었던 길이다. 걷는 것이 힘들다면 월정사에서 5회, 상원사에서 9회 운행하는 농어촌버스를 이용하면 된다. 약 8km 구간의 선재길은 월정사에서 800m 올라간 회사거리 금지석부터 시작되며 동피골을 지나 상원사까지 도보로 3~4시간 정도 소요된다.

울창한 숲길 선재길은 시작지점부터 오대천 맑은 계곡물 소리를 들으며 걷는다. 출렁다리, 징검다리, 자연설치미술작품, 섶다리, 데크길 등 다양한 테마길을 따라 걷다보면 저절로 힐링이 된다. 선재길은 깨달음의 길로 원시림의 상쾌함을 만끽하기에 충분하다. 선재길 초입에 '오대산 가는 길', '노을' 등 탄허스님의 제자였던 박용열 시인의 시비가 서 있다. 선재길 중간지점인 오대산장은 과거 산악대피소로 작은 식물원도 함께 운영하고 있다. 상원교와 출렁다리를 지나면 어느덧 상원사주차장이 보인다.

문수신앙이 왕성한 불교성지
상원사

오대산은 5개의 암자와 5개의 봉우리가 있다 하여 붙여진 이름이다. 5개의 봉우리는 주봉인 비로봉을 비롯하여 상왕봉, 호령봉, 두로봉, 동대산이며 5대 암자는 미륵암(북대), 사자암(중대), 수정암(서대), 관음암(동대), 지장암(남대)이다. 옛날 신라의 고승 지장율사가 당나라 오대산의 문수신앙을 신라의 땅에 받아들여 수용한 곳이 바로 이곳 오대산이며, 전체 땅은 적멸보궁의 기단으로 문수신앙이 왕성한 불교성지이다.

상원사는 오대산 중대에 있는 사찰이다. 신라성덕왕 4년(705)에 보천과 효명 두 왕자가 창건하였으며, 당시에는 진여원이라 불렀다. 월정사와 달리 제법 가파른 계단을 올라야 한다. 경내에서 가장 오래된 법당 영산전에는 석가삼존과 16나한상을 봉안하고 있다. 강원도 유형문화재 제28호로 지정된 적멸보궁과 선원, 소림초당, 동정각 등이 있다. 문수신앙과 밀접한 사찰로 목조 문수동자 좌상(국보 221호)은 국내 유일의 동자상으로 불상에 준하는 최고 수준의 예술품으로 평가된다. 동정각에는 국내 현존하는 종 중 가장 오래되고 아름답다는 상원사동종(국보 제36호)이 있고, 고찰 분위기와는 다른 현대적 느낌의 오대보탑이 마당 한가운데 낯설게 서있다.

상원사는 오래된 고찰인 만큼 만지면 소원이 이뤄진다는 문수전 돌계단의 고양이석상, 조선 초 세조가 목욕할 때 의관을 걸었다는 관대걸이 등과 문수동자에 얽힌 전설이 많이 내려온다. 시간적 여유가 있다면 사자암과 적멸보궁까지 걸어보는 것도 좋다. 사자암까지는 700m이고, 진신사리가 있는 적멸보궁까지는 사자암에서 350m를 더 올라가야 한다.

⚑ 여행 정보

찾아가는 길

🚗 영동고속도로 진부TG 빠져나와 오대교차로에서 주문진
방면 좌회전 후 3.9km → 월정삼거리에서 좌회전 후
7.3km → 월정사주차장으로 진입

🚌 진부시외버스터미널 하차 후 진부축협정류장에서 월정사
행 55번 버스 탑승 → 월정사정류장 하차(16개 정류장, 40
분 소요) → 월정사, 상원사까지는 도보이동

이용안내

월정사 문의 033-339-6800 **주소** 평창군 진부면 오대산로
374-8 **입장료** 성인 3,000원, 학생 1,500원, 어린이 500원 **주차
료** 5~11월 5,000원, 12~4월 4,000원 **홈페이지** woljeongsa.org

상원사 문의 033-332-6666 **주소** 평창군 진부면 동산리 산번
지 **홈페이지** woljeongsa.org/sang_index.php

먹을거리

🍽 성주식당

식당이라기보다는 마
치 시골집에 온 듯한
느낌이 든다. 강원도
특산품인 곤드레나물
밥이 이 집의 주메뉴이며, 강원도의 정이 넘치는 상차림을
받는다. 주문하면 밥을 짓기 시작하므로 시간은 걸리지만
밥맛이 특별하다. 계절마다 김치, 명이나물 등 나물류와 두
부조림, 버섯 등이 집밥처럼 나온다. 곤드레밥은 나물반, 밥
반으로 강원도 청정나물의 풍미를 느낄 수 있다. 후식으로
나오는 밥솥모양의 누룽지는 고향의 맛을 느낄 수 있다.

문의 033-335-2063 **주소** 평창군 진부면 방아다리로 306 **가
격** 곤드레밥 10,000원, 도토리묵 10,000원, 감자전 6,000원

주변볼거리

🚶 궁궐목마을벽화

하진부리 궁궐목마을은 궁궐목터라는 이름에서 짐작할 수
있듯 궁궐과 관련이 있다. 옛날 궁궐을 지을 때 사용하던
오대산나무를 이 마을에 임시로 모았다가 오대천을 따라
한양까지 운반하던 동네라고 한다. 평창군미술협회 회원과
마을주민들이 구전으로 전해오는 마을이야기와 송어축제
관련 벽화를 그렸다. 소박하게 그려진 벽화는 생각보다 많
지는 않지만 소소한 마을과 골목풍경을 보면 마치 고향집
어귀를 걷는 듯 편한 발걸음이 된다.

문의 033-330-2607 **주소** 평창군 진부면 영정게길 25

Theme ✔ 테마와 관련된 연관볼거리

세월품은 천년고찰

영동 영국사

527년 원각국사가 창건하였고 고려문종 때 의천대사가
중창하여 국청사로 불리다 공민왕에 이르러 영국사로 부
른다. 영국사 오르는 길, 망탑봉 삼층석탑과 고래가 헤엄
을 치는 형상의 흔들바위도 잊지 말고 찾아보자. 양산팔
경 중 제경으로 보물이 5점, 천연기념물 1점, 충북도 유
형문화재 3점 등 많은 문화재를 간직한 천년고찰이다.

논산 쌍계사

쌍계사는 마곡사 말사로 고려광종 무렵에 혜명대사가 창
건한 것으로 추정한다. 조선전기까지는 번성하였으나 병
란으로 불타고 조선영조 15년(1739)에 대웅전을 중건불사
하면서 현재에 이른다. 지금 사찰의 규모를 보아도 그 당
시 대단히 번성하였음을 짐작할 수 있다. 현재 쌍계사에
는 꽃 문살이 아름다운 대웅전과 봉황루, 명부전, 나한전,
요사채 명월당 등이 있으며 입구에는 9기의 부도와 새로
조성한 관음보살좌상이 있다.

장흥 보림사

인도 가지산의 보림사, 중국 가지산의 보림사와 더불어
동양의 3보림사로 불리는 사찰이다. 한국전쟁에도 살아
남은 일주문은 양옆으로 기둥만 있으며 정면에 선종대가
람이라는 현판은 선종의 본거지와 역사적 위상을 보여준
다. 천왕문, 삼층석탑, 대적광전까지 한눈에 이어지는 가
람배치가 독특하다. 보림사는 통일신라 구산선문 중 가지
산문의 중심도량으로 가장 먼저 선종이 정착된 고찰이다.

Special 04

사계절 아름다운 평창 1박 2일

대한민국 처음으로 현대식 시설을 갖춘 스키장부터 2018년 평창동계올림픽을 성공적으로 치뤄 낸 설원의 도시 평창은 겨울여행뿐만 아니라 사계절 아름다운 곳이다. 전체 면적의 절반 이상이 해발 700m 이상의 고원지대로 오대산국립공원을 비롯하여 거대한 초원과 설경을 만끽할 수 있는 하늘목장, 양떼목장, 대관령목장, 스키장, 봉평 이효석문화마을, 허브나라 등 1박 2일로는 부족한 여행지이다.

사진으로 미리보는 동선 지도

• 1일차 – 대관령삼양목장 → 양떼목장 → 횡계오삼불고기거리 → 오투모텔(1박)_겨울이라면 평창송어축제와 대관령눈꽃축제

대관령삼양목장
4시간

10.07km
자동차 20분

양떼목장
3시간

5.72km
자동차 10분

오삼불고기거리
1~2시간

16.80km
자동차 20분

오투모텔
1박

• 2일차 – 월정사 → 이효석문학관 → 이효석문학의 숲

월정사
3시간

36.55km
자동차 40분

이효석문학관
2시간

3.27km
자동차 7분

이효석문학의 숲
1시간 30분

운무가 내려앉는 신비로운
대관령양떼목장

대관령양떼목장은 정상이 해발 920m로 경사지를 따라 인공초지를 조성하여 양떼를 방목하고 있다. 움막과 대피소, 건초 먹이주기 체험장, 축사, 철쭉군락지, 고산 습지식물군락지 등이 있으며 1.2km의 산책로를 따라 한 바퀴 돌아볼 수 있고 언덕에 오르면 탁 트인 초원이 펼쳐져 이국적 풍경을 만끽할 수 있다.

양떼목장은 삼양목장이나 하늘목장에 비해 광활하지 않고, 아기자기하게 꾸며져 아이들 손잡고 산책하기 좋다. 정상에 오르면 벤치와 탁자가 있어 여유 부리며 쉬어가기에 좋다. 양떼목장 내 습지대에는 봄부터 가을까지 30여 종의 야생화가 군락을 이루며 피어난다. 건초먹이주기는 축사체험장에서 할 수 있는데, 아이들은 순한 양들과 눈을 맞추며 교감하면서 즐거운 시간을 보낼 수 있다.

한 폭의 그림처럼 아름다운 초지
대관령삼양목장

대관령삼양목장은 대관령 일대 해발 850m~1,400m의 고지대에 자리한 동양 최대의 초지목장이다. 광활한 초지에 농약 살포 없이 무공해 목초로 육우와 젖소를 키워낸다. 삼양목장은 입구에서 셔틀버스를 타고 20분가량 오르면 1,140m의 동해전망대에 다다른다. 삼양목장의 53기 풍력발전기가 생산하는 에너지는 소양강댐의 50%에 달하고, 강릉 인구의 절반인 5만 가구가 무리 없이 사용할 정도이다.

삼양목장을 제대로 즐기려면 올라갈 때는 셔틀버스를 이용하고, 내려올 때는 여유롭게 산책하듯 걸으면 된다. 동해전망대에서 광장까지 4.5km로 걸어서 1시간 30분이면 충분하다. 목책로 1~5

구간은 테마에 따라 바람의 언덕, 숲속의 여유, 사랑의 기억, 초원의 산책, 마음의 휴식 등으로 명명되어 있다. 삼양목장의 대표적인 볼거리는 5~10월까지 매일 11, 13, 15시 3차례 진행되는 양떼몰이공연이다. 훈련받은 양몰이견이 목동의 신호에 따라 양떼들을 한 방향으로 죄다 몰고 오는 것이 그저 신기할 따름이다. 양떼들을 한 방향으로 몰아오므로 공연이 끝나면 자연스럽게 건초먹이주기 체험으로 이어진다. 삼양목장에는 목장마트장터이야기가 있어 삼양에서 생산하는 다양한 제품들을 저렴하게 구입할 수 있으며, 목장쉼터에서 즉석 컵라면도 사 먹을 수 있다. 쉼터에는 삼양을 대표하는 상품 라면과 뽀빠이 과자의 변천과정 등도 살펴볼 수 있다.

인정할 수밖에 없는 깊은 맛,
횡계 오삼불고기 거리

먹거리가 즐비한 평창은 특히 메밀이 많이 나는 고장인 만큼 메밀전병, 메밀식혜, 메밀칼국수와 막국수까지 다양하다. 이와 더불어 평창이 원조라고 자랑하는 오삼불고기가 있다. 바닷가와 인접한 대관령면 횡계리는 오징어를 구하기 쉬웠기에 삼겹살을 먹을 때 함께 곁들여 먹었다는데, 1975년 문을 연 납작식당이 그 원조라고 한다.

우리가 흔히 먹는 불고기처럼 야채가 들어간 것이 아닌 석쇠 위에 쿠킹포일을 깔고 오징어와 삼겹살을 올려 구워 먹은 게 오삼불고기의 시작이었다. 횡계리는 대표적인 오삼불고기 마을로 주민주도형 골목경제활성화 사업을 추진하면서 횡계로터리에서 횡계교방면 대관령로와 횡계 2길을 따라 '오삼불고기 거리'를 조성하였다.

돼지와 오징어가 어깨를 걸고 있는 오삼불고기 마크가 식당마다 내걸려 있다. 외갓집식당, 화신식당, 납작식당 등 점포별로 특성을 살려 지역농산물을 활용하고 조리법을 달리하면서 맛이 조금씩 다르다. 오삼불고기를

비롯해 오다리튀김, 오삼짜글이, 오다리콩
나물찜, 오징어초계탕 등 이색적인 메뉴도
맛볼 수 있다. 무쇠철판을 가득채운 빨갛게
양념이 밴 매콤달콤한 오삼불고기는 오징
어가 두툼하고 양도 많아 배부르게 먹을 수
있어 평창동계올림픽 때 국내외 관광객들
로부터 지역 대표먹거리로 인기를 끌었다.

40여 년의 역사를 만들어가는 오삼불고기
거리, 조금 매콤한 여행을 하고 싶다면 서
울역에서 경강선 KTX를 타고 진부역까지 1시간 20분으로 하루여행이 부담스럽지 않다.
강릉까지는 2시간 이내로 당일여행이 가능해진 강원도권여행이다.

세속의 때를 씻어내는
전나무천년숲길과 월정사

월정사일주문부터 월정사까지 1km의 산책
길은 부안 내소사, 남양주 광릉수목원과 함
께 한국의 3대 전나무숲길로 유명하다. 전
나무숲길을 빠져나오면 사대천왕을 모신 천
왕문이다. 월정사 경내로 들어서면 찻집을
포함한 요사채 몇 동이 보이고, 2층 누각 금
강루가 서 있다. 금강루 좌측에는 성보박물
관인 보장각, 우측에는 설선당과 대법륜전
이 있고, 경내 중앙에는 월정사를 대표하는
팔각구층석탑과 적광전이 맞닿아 있다.

적광전은 다포계 팔작지붕으로 외부기둥 18
개 중 16개는 오대산에서 자생하는 소나무,
2개는 괴목이며, 내부기둥 10개는 오대산
전나무라고 한다. 적광전은 석가모니불이
주불이며 건물 뒷면에는 동자가 소를 찾아
다니는 심우도가 그려져 있다. 월정사 성보
박물관에서는 금동육수관음보살상, 월정사
팔각구층석탑 사리구유물, 부처님진사사
리, 상원사범종 등을 살펴볼 수 있다. 월정
사 팔각구층석탑은 국보 제48호로 8각 모
양 2단의 기단 위에 9층 탑신을 올려 금동
으로 머리장식을 하였다.

메밀꽃 필 무렵이면 생각나는 곳
이효석문학관

소설처럼 아름다운 메밀밭이 있는 이효석문학관은 가을이면 꼭 찾고 싶은 여행지이다. 문학공원 입구는 장승처럼 연필조형물이 서 있고, 이효석의 대표작품들이 출입구의 기둥 역할을 하고 있다. 언덕에 자리한 문학공원에 오르면 봉평면을 한눈에 내려다볼 수 있는 전망데크가 있다. 이효석문학관 전시실에서는 가산의 생애와 문학세계를 살펴볼 수 있고, 문학교실, 학예연구실 등에서 다양한 문학체험도 해볼 수 있다.

한쪽 메밀자료실에는 봉평메밀의 기원부터 메밀에 관한 다양한 자료와 정보가 전시되고 있다. 문학관 맞은편은 휴게실과 기념품 등을 판매하는 곳이다. 문학공원은 문학관만 별도로 입장료를 받고, 공원 자체는 무료로 개방하고 있어 관광객보다는 지역민들의 쉼터역할을 하고 있다. 파스텔톤으로 멋을 낸 의자가 많아 이곳 분위기를 더욱 경쾌하게 만들고, 포토존으로 꾸며진 이효석좌상은 기념사진을 담으려는 사람들로 항상 붐빈다. 문학관 근처에는 이효석생가와 평양에서 살던 푸른집이 복원되어 있으므로 함께 둘러보면 좋다.

소설을 그대로 옮겨 놓은
이효석문학의 숲

이효석문학의 숲은 소설 「메밀꽃 필 무렵」의 내용을 2.7km의 등산로를 따라 테마파크로 조성한 곳이다. 문학의 숲에는 소설 속 그려지는 장터, 충주집, 물레방아 등이 재현되어 있으며 쉼터, 시낭송 무대, 약수터 등의 부대시설도 갖추고 있

다. 문학의 숲은 허생원이 나귀를 끌고 장에 가는 장면부터 이야기가 시작된다. 산책로 중간중간의 자연석에는 「메밀꽃 필 무렵」을 새겨놓아 길을 따라 걷다 보면 자연스럽게 한 권의 책을 읽을 수 있게 된다.

숲길은 눈높이를 낮게 하면 나지막한 들꽃이 하나둘 눈에 들어와 자꾸만 발걸음을 멈추게 된다. 들꽃들이 가득한 이효석문학의 숲에는 충주집, 물레방아 외에도 운치 있는 널다리가 있다. 널다리 위에 서면 계곡을 타고 흐르는 바람이 시원하게 흘린 땀을 씻어준다. 계곡 아래 개울에는 허생원이 물에 빠진 장면이 디오라마로 재현되어 있어 소설 속 내용을 떠올리게 된다.

칼바람을 이기는 짜릿한 손맛
평창송어축제

평창을 대표하는 눈꽃축제와 송어축제
는 비슷한 시기에 열리므로 두 곳의 축
제를 함께 즐길 수도 있다. 평창송어축
제는 한국관광공사가 대한민국 가볼 만
한 축제 중 하나로 선정한 바 있다. 평
창송어축제장은 송어낚시의 짜릿한 손
맛 외에도 다양한 겨울놀이체험을 할
수 있다. 1급수 맑은 물에서만 생육되는
송어는 1965년 평창에서 처음으로 양식
을 시작하였다. 이를 계기로 축제까지
승화시켜 축제기간에만 90톤 이상의 송
어를 방류하여 말 그대로 물반 고기반
이라 초보자들도 쉽게 낚을 수 있다.

송어낚시행사는 바람막이 텐트에서 하는 텐트낚시, 노상에서 빙판을 깨고 잡는 얼음낚시, 맨손으로 잡는 송어맨손잡기 등으로 구분되어 진행된다. 잡은 송어는 행사장에서 바로 구이와 회로 먹을 수 있게 편의를 제공해준다. 추위도 아랑곳하지 않고 가족들과 함께 웃는 것만으로도 축제는 즐겁다. 축제장 한편에는 거대한 눈과 얼음조각이 조성되어 있어 동화속 겨울왕국을 방문한 듯 상상의 나래도 펼칠 수 있다. 또한 아이들을 위한 다양한 놀이체험장이 있어 방학을 맞은 아이들에게 신나는 겨울축제의 즐거움을 선사할 수 있다. 눈썰매부터 스노우래프팅, 전통썰매, 얼음 자전거, 통들이, 꼬마기차, 스노우바이킹까지 다양한 놀이가 기다리고 있다.

겨울추억 만들기
대관령눈꽃축제

평창의 송어축제와 함께 열리는 눈꽃축제는 횡계리 일대에서 진행되는데 눈꽃과 얼음이 어우러져 겨울축제의 진수를 만끽할 수 있다. 평창의 특산물 황태를 주재료로 한 다양한 음식과 재현된 황태덕장도 둘러볼 수 있다. 메인 축제장은 눈과 얼음조각공원, 얼음미끄럼틀, 각종 체험전시장으로 나뉜다. 조각공원에는 다양한 캐릭터와 건축물을 형상화한 작품이 설치되어 있다. 설원에서 즐기는 스노우래프팅, 눈썰매, 스노우봅슬레이, 얼음썰매까지 아이들에게 추억을 선사할 수 있다. 축제기간 중 눈꽃가요제나 알몸마라톤, 전통놀이공연 등도 진행된다.

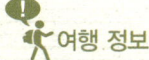 여행 정보

찾아가는 길

1일차 영동고속도로 대관령TG 빠져나와 대관령순화로 따라 1.3km 직진 → 송천교차로에서 좌회전 후 5km → **대관령삼양목장** → 왔던 길로 돌아나와 송천교차로까지 5km → 송천교차로에서 좌회전 후 1.3km → 기상대앞교차로에서 좌회전하여 경강로 따라 3.3km → **대관령양떼목장** → 왔던 길 돌아나와 기상대앞교차로에서 좌회전하여 650m → 삼거리에서 우회전하여 대관령마루길 따라 820m → 영농조합 앞에서 우회전 후 바로 다리 지나 좌회전 후 횡계교까지 직진 → **횡계오삼불고기거리** → 1km 직진하여 대관령IC 교차로에서 좌회전 → 대관령TG로 영동고속도로 진입 → 진부TG 빠져나와 교차로에서 좌회전 → O2모텔건물 보고 주차장으로 진입 → **O2모텔**(1박)

2일차 O2모텔 → 진부중앙로 따라 1.2km → 오대4교차로에서 좌회전 후 2.7km → 월정삼거리에서 좌회전 후 7.3km → **월정사** → 왔던 길 돌아나와 영동고속도록 진부IC 진입 → 평창TG 빠져나와 봉평방면 우회전 후 220m → 삼거리에서 둔내방면 좌회전 후 1.2km → 봉평전통시장 지나 이효석길로 좌회전 후 720m → 이정표 확인하며 주차장으로 진입 → **이효석문학관** → 주차장 빠져나와 우회전 후 1.4km → 삼거리에서 우회전 후 400m → **이효석문학의숲**

이용안내

대관령양떼목장 문의 033-335-1966 **주소** 평창군 대관령면 대관령마루길 483-32 **입장료** 성인 5,000원, 소인 4,000원 **운영시간** 11~2월 09:00~17:00, 3월과 10월 ~17:30, 4월과 9월 ~18:00, 5~8월 ~18:30(매표는 1시간 전까지) **홈페이지** yangtte.co.kr

대관령삼양목장 문의 033-335-5044 **주소** 평창군 대관령면 꽃밭양지길 708-9 **운영시간** 2월, 10월 08:30~16:30, 3~4월, 9월 08:30~17:00, 5~8월 08:30~17:30, 11~1월 08:30~16:00 **입장료** 성인 9,000원, 소인 7,000원 **홈페이지** samyangranch.co.kr

횡계오삼불고기거리 주소 평창군 대관령면 횡계리 321-3 일대

월정사 문의 033-339-6800 **주소** 평창군 진부면 오대산로 374-8 **입장료** 성인 3,000원, 학생 1,500원, 어린이 500원 **홈페이지** www.woljeongsa.org

이효석문학관 문의 033-330-2700 **주소** 평창군 봉평면 효석문학길 73-25 **운영시간** 5~9월 09:00~18:30, 10~4월 09:00~17:30 휴관 매주 월요일, 1월 1일, 설날, 추석 **입장료** 성인 2000원, 청소년 1,500원, 어린이 1,000원(5월 5일 어린이는 무료입장) **홈페이지** www.hyoseok.org

이효석문학의 숲 문의 033-335-4477 **주소** 평창군 봉평면 문학숲길 97 **운영시간** 4~10월 09:00~18:00, 11~3월 09:00~17:00 **입장료** 성인 2,000원, 청소년 1,500원, 어린이 1,000원

평창송어축제장 문의 033-336-4000 **주소** 평창군 진부면 경강로 3623(오대천 일원) **홈페이지** www.festival700.or.kr

대관령눈꽃축제장 문의 033-335-3995 **주소** 평창군 대관령면 횡계리 산116번지(주차장) **홈페이지** www.snowfestival.net

먹을거리

평창은 대관령이 있어 육우부터 고랭지 산나물까지 다양하게 맛볼 수 있다. 막국수, 매운탕, 대관령 황태와 한우까지 선택의 폭이 넓다. 특히 정선과 평창의 특산물인 곤드레나물밥은 향토음식으로 예부터 맛과 향이 진하지 않아 나물을 싫어하는 사람도 부담 없이 즐길 수 있다. 담백하면서 맛이 부드럽고, 영양이 풍부하며 나물을 넣고 밥을 짓기에 푸르스름한 색을 띤다. 양념장에 비벼 마른 김에 싸서 먹으면 다른 반찬이 필요 없을 정도로 맛있다.

성주식당 문의 033-335-2063 **주소** 평창군 진부면 방아다리로 306 **가격** 곤드레밥 10,000원, 감자전 6,000원

부일식당 문의 033-335-7232 **주소** 평창군 진부면 진부중앙로 100-5 **가격** 산채백반 10,000원

물레방아 문의 033-336-9004 **주소** 평창군 봉평면 이효석길 152 **가격** 메밀국수 6,000원, 메밀전병 5,000원

동양식당 문의 033-335-5439 **주소** 대관령면 대관령로 118 **가격** 오삼불고기 10,000원

삼교리동치미막국수 문의 033-335-9292 **주소** 대관령면 꽃밭양지길 51-6 **가격** 동치미막국수 7,000원, 수육 23,000원

고향이야기 문의 033-335-5430 **주소** 평창군 대관령면 눈마을길 9 **가격** 곤드레돌솥밥 11,000원, 오삼불고기 13,000원

숙소소개

평창지역은 관광지라 여가시설이나 숙박시설이 다양하고 많은 편이다. 이동이 편리하고 접근성을 우선 시 한다면 평창IC근처의 숙박시설을 이용하고, 자연친화적인 환경에서 여유롭게 묵고 싶다면 대관령지역의 숙소를 이용하면 좋다. 또한 오대산 월정사 가까이에서 '오대산가는길'을 비롯한 펜션과 민박집이 많아 취향과 비용에 맞춰 선택할 수 있다.

오투모텔 문의 033-335-0096 **주소** 평창군 진부면 진부로 3

오대산가는길 문의 033-333-9982 **주소** 진부면 진고개로 118-15

평창올림피아호텔&리조트 문의 033-333-4333 **주소** 대관령면 경강로 4887-5

스위스샬레 문의 033-335-3920 **주소** 대관령면 솔봉로 278-38

N
S
56

461
460
460

461
5
403
461
460

56
461

56

463

56

75
391

75
소양호

391
5
p.239
강원경찰박물관
p.239
춘천막국수체험박물관
소양호

p.238
강원도립화목원
천전IC
소양댐닭갈비
위도

5
동면IC
산토리니

p.238
강원도산림박물관
춘천역
강원도청
춘천시청
중도우위지
명동닭갈비골목

p.237
국립춘천박물관

75
남춘천역
춘천물레길
붕어섬

IC 춘천IC

p.233
김유정문학촌

경강역(폐역)
가평군청
배양리역
백양리역(폐역)
가평터미널
46
제이드가든
김유정역
가평역
강촌역(폐역)
강촌역
55
p.235
가평나루
남이나루

70
실레마을

46
56

75
p.226
남이섬
p.233
강촌레일파크

391
남춘천IC
IC
86
춘천JC
JC
60

강촌IC IC
60
5

55
44

p.247
홍천성당
p.245
홍천미술관
5
홍천군청
홍천터미널
홍천IC
75
60
86

국립용대자연휴양림

매바위인공폭포

황태사랑

백담사행 버스타는 곳

백담탑방안내소

백담계곡

p.265

여초 김응현서예관

수렴동계곡

오세암

설악산
국립공원

백운동계곡

p.267

만해마을

p.269

북설악황토마을

p.266

가리봉

영시암

원통버스터미널

인제군청

인제버스터미널

모이세칼국수

인제복추어탕

인제나르샤파크
(스캐드다이빙, 서든어택)

아름다운 인제관광(ATV, 번지점프, 슬링샷)

피아시추어탕

고사리쉼터

필례계곡

점봉산

곰배령

수륙양용차 아르고

원대리수변공원

짚트랙

옛날원대막국수

원대리자작나무숲 안내소

p.263

내린천

궁동유원지

현리버스터미널

아침가리골

방동약수

p.254

방태산자연휴양림

방태산

p.255

이단폭포

개인산

속삭이는 자작나무숲

p.263

인제IC

홍천살둔마을

내촌IC

동홍천IC

p.244

공작산생태숲

공작산

공작산자연휴양림

수타사

p.241

Theme **01** 한 편의 동화처럼 아름다운 숲

남이섬

남이섬은 이야기가 있는 상상의 문화관광지로 자칭 나미나라공화국이라고 부른다. 구석구석 다양한 테마가 있는 이곳에는 메타세콰이어길, 은행나무길, 벚나무길, 자작나무길 등 자연생태를 잘 살린 청정숲길이 있고, 운치원, 바이크센터, 하늘자전거, 유니세프나눔열차, 워터스테이지, 전기자동차투어, 허브체험, 호텔정관루 등의 시설과 설비를 갖추고 있다.

입장료대신 입국비자 발급비를 내야 하는
나미나라공화국

남이섬은 과거 홍수 때나 섬처럼 잠기는 지역이었지만 1944년 청평댐 건설 이후부터 진짜 섬이 됐다. 전체 둘레가 약 6km로 여의도 면적의 1/5밖에 안 되며, 이곳에 남이장군의 가묘가 있어 남이섬이라 부른다. 남이섬은 행정구역상 춘천이지만 선착장은 경기도 가평 쪽에 있다. 남이섬으로 들어가는 방법은 배편을 이용하는 방법과 짚와이어(Zipwire)를 이용하는 방법이

있다. 대부분 가평나루에서 배편을 이용하지만, 낭만과 스릴을 즐기려는 연인들 사이에는 짚와이어를 타고 들어가서 배편으로 나오는 경우가 많다.

남이섬은 자칭 나미나라공화국이라는 이름의 상상 공화국으로 국가개념을 표방한 특수관광지라 출입부터가 남다르다. 입장료 대신 입국비자 발급비를 내야 입장할 수 있는데, 이 비용에는 왕복 도선료와 입장료가 포함된다. 선착장 주변에는 나미나라의 지구촌 수교국가들의 국기가 나미나라 국기와 더불어 바람에 펄럭인다. 전통 기와로 지어진 매표소 입구에는 한류열풍을 몰고 온 드라마 〈겨울연가〉의 모형 눈사람이 방문객들을 반기고 있다.

다양한 이야기가 함께하는
테마공원

가평나루에서 배나 짚와이어를 타고 5분 남짓이면 남이나루에 도착할 수 있다. 남이나루에 내리면 물속에 발을 담근 인어공주상과 남이섬 입구역할을 하는 패루(牌樓)가 우뚝 서 있다. 어디부터 구경해야 할지 망설여진다면 오른쪽 관광안내소부터 들려 지도 한 장을 챙기자. 사실 남이섬은 그리 넓지 않아 어느 길을 선택하든 둥글게 한 바퀴 돌아볼 수 있다.

남이섬은 1965년부터 조성되기 시작하여 오늘에 이르렀다. 다양한 주제를 가진 작은 테마공원들이 많고, 그에 걸맞게 구석구석 다양한 이야기들이 함께한다. 수제원, 창평원, 화석원, 남이풍원, 이슬정원, 장군터, 연인의 숲, 생삼원, 천경원, 창경원, 피토원, 낙우송 왕실정원까지 사계절 자연의 변화를 느끼기에 충분한 산책로가 조성되어 있다. 특히 최근 조성한 대구 근대화골목투어길은 청라언덕, 계산성당, 구제일교회, 이상화고택, 약령시, 진골목, 김광석노래비까지 재현해놓아 이곳을 찾는 사람들의 이목을 끌고 있다.

오랜 세월 나무가 모여 숲이 되고,
길이 됐다

길이 아름다운 남이섬은 사계절 형형색색 옷을 갈아입는다. 봄엔 연초록에 벚꽃, 진달래, 백합이 만발하고 여름에는 메타세쿼이아, 가을에는 은행나무, 겨울에는 자작나무가 낭만적인 거리풍경을

만든다. 특히 메타세쿼이아 길은 〈겨울연가〉 촬영지로 남이섬을 상징하고, 중앙의 은행나무길은 가을이면 노란 은행잎이 융단을 깔아 놓은 듯 사진촬영의 명소로 자리한다. 겨울의 자작나무길은 천경원에서 북한강변을 따라 이어지는데 하얀 나무껍질이 다른 길과는 또 다른 운치를 만들어 준다.

남이섬 동편 강변에는 갈대숲길과 강변데크길이 이어지는데 이 길은 유난히도 연인들의 발걸음이 잦은 곳이다. 이외에도 씨앗부터 심어 키웠다는 튤립나무길은 녹황색 꽃이 필 때면 탄성이 저절로 나오는 길이고, 남이섬토박이로 고목이 된 밤나무는 팔다리가 다 잘려나갔음에도 특별한 모습으로 남이섬의 버팀목 역할을 톡톡히 한다. 남이섬을 계획하고 조성한 민병도선생이 모친을 추모하기 위해 조성하였다는 천경원은 어머니의 품으로 북쪽의 찬 기운을 막아달라는 의미를 담았고, 반대쪽에 자리한 창경원은 남쪽 훈풍을 품 안에 감싸 안는다는 뜻을 담아 조성하였다고 한다.

자연친화적 환경을 만들어가는
남이섬

어린이들이 구름처럼 모여드는 동산이라 뜻을 가진 운치원(雲稚園)은 유니세프 어린이친화공원으로 인증받은 어린이창의놀이터이다. 미끄럼틀공원, 바이크센터, 전기자전거, 하늘자전거, 미니카 등 다양한 놀이시설과 탈것을 갖추고 있다. 자전거를 타면 남이섬 전체도 1시간이면 충분히 돌아볼 수 있고, 숲길이 아닌 높이 6m의 레일 위를 달리는 2인승 하늘자전거는 남이섬의 경치를 색다르게 만끽할 수 있다. 유니세프나눔열차는 아이들과 좀 더 여유롭게 대화를 나누며 남이섬 풍광을 즐기기 좋고, 전기자동차는 가이드의 설명과 함께 섬을 둘러볼 수 있어 더욱 좋다.

남이섬에는 곤지, 황금연못, 몽연지, 피토지, 연련지, 부들못, 정관백련지, 유연지 등 연못이 많다. 이 중 가장 인상적인 곳은 오수를 정화해 재활용하는 환경농장 연련지로 연못을 가로지르는 목재다리는 버려진 강화유리와 소주병을 재활용하여 장식하였다. 남이섬은 한 번 섬 안으로 들어온 물건은 다시 섬 밖으로 내보내지 않는 재활용환경순화형 섬이다. 소주병은 유리공예품이 되고, 다른 쓰레기도 섬 안에서 재처리하여 활용하고 있다. 이 목재다리를 건너면 겨울연가 첫 키스 벤치를 만날 수 있다. 이곳은 한류열풍으로 유난히 외국인들의 모습이 많이 보인다.

남이섬에는 다양한 동물이 서식한다. 사슴, 청설모, 까치, 다람쥐, 거위, 토끼, 칠면조, 타조 등 남이섬 동물가족들은 관광객들의 인기를 독차지하며 자연 속에서 자유롭게 뛰논다. 관광객들을 깜짝깜짝 놀라

게 해서 우리에 갇힌 타조를 빼면 모든 동물들이 관광객처럼 자유롭게 돌아다니고 있다.

남이섬을 즐기는 아기자기한
체험프로그램과 숙소

남이섬 내에는 볼거리, 즐길거리 외에 먹거리 또한 풍성하다. 정갈한 한식전문점 남문을 비롯하여 아시아의 캐주얼한 음식을 맛볼 수 있는 동문, 이탈리아 나폴리피자 전문점 디마떼오, 토속음식점 고목, 친환경 밥상 에코카페호반새, 〈겨울연가〉의 추억을 간직한 김치도시락전문 연가 등이 있다.

남이섬 내에는 다양한 공방체험프로그램을 운영한다. 유리공방이나 도예원에서는 직접 공예품을 만들어 볼 수 있고, 녹색가게체험공방에서는 남이섬에서 자란 갈대와 나무껍질 등을 이용하여 전통방식으로 종이 만들기를 체험할 수 있다. 이 외에도 상상나라 방송체험관에서도 재미있는 방송현장을 살펴볼 수 있고, 환경교육센터가 설립한 남이섬환경학교에서는

생태벨트탐방 등 환경 관련 프로그램에 참여해볼 수 있다. 남이섬 내 기프트아트숍에서는 눈사람기념품과 남이섬 상주작가들의 다양한 예술작품도 구매할 수 있다.

남이섬에서 하룻밤 머물고 싶다면 호텔 정관루를 이용하면 된다. 숲 속에서 별빛, 달빛, 물안개와 함께하는 남이섬의 밤은 어느 여행지보다 특별한 시간이 될 수 있다. 겨울연가 촬영 시 최지우, 배용준이 머물렀으며 수많은 연인이 찾는 낭만적인 곳이다. 호텔은 숙박시설과 공심원, 별천지, 야외수영장, 커피숍 등의 시설을 갖추고 있으며, 정관루 부대시설인 야외수영장 워터스테이지는 자연 속에서 물놀이를 즐길 수 있다.

사진으로 미리보는 **동선 지도**

남이섬선착장 → 강변산책로 → 메타세쿼이아길 → 중앙은행나무길 → 별장마을잣나무길 → 연인의 숲 → 창경원 → 갈대숲길 → 중앙잣나무길 → 첫키스의 다리 → 튤립나무길 → 자작나무길 → 남이장군묘 → 중앙잣나무길 → 식당개(고목) → 남이섬선착장

Go!

남이섬 선착장	도보 5분	강변산책로 20분 코스	도보 5분	메타세쿼이아길 10분 코스	도보 5분	중앙은행나무길 20분 코스

도보 5분

갈대숲길 20분 코스	도보 3분	창경원 10분 코스	도보 3분	연인의 숲 20분 코스	도보 5분	별장마을잣나무길 10분 코스

도보 5분

중앙잣나무길 10분 코스	도보 3분	첫키스의 다리 10분 코스	도보 5분	튤립나무길 10분 코스	도보 5분	자작나무길 10분 코스

도보 5분

남이섬선착장	도보 10분	식당개(고목) 20분 코스	도보 3분	중앙잣나무길 10분 코스	도보 5분	남이장군묘 5분 코스

남이섬
추천동선

자작나무 길 · 짚와이어도착 · 남이장군묘 · 겨울연가촬영지 · 갈대숲 길 · 산딸나무 군락지 · 창경ㄷ

남이나루 · 은행나무 길 · 열차종점 · 호텔정관루

가평나루 · 중앙잣나무 길

짚와이어 타는곳 · 고객센터 · 자작나무숲 · 전나무 길

관리사무소 · 아카시아 군락지 · 잣나무 군락지 · 메타세콰이어 길

상수리나무 군락지

N / S

여행 정보

찾아가는 길

- 🚌 인사동, 남대문, 명동 ↔ 남이섬(인사동 09:30, 남대문 09:30, 명동 09:45, 남이섬 16:00/성인 왕복 15,000원, 편도 7,500원)
- 🚗 서울양양고속도로 화도TG 빠져나와 마석IC 춘천방면 좌측도로 7km → 금남IC에서 춘천방면 좌측도로 24.5km → 가평오거리에서 우회전 후 860m → 북한강변로 금대리방면 좌회전 후 1.5km → 가평나루주차장으로 진입
- 🚆 수도권전철 가평역 하차 1번 출구로 나와 가평역정류장에서 버스 33~36번 승차 후 남이섬종점정류장 하차(6개 정류장, 10분) → 가평나루주차장까지 도보(5분, 260m) 가평역에서 남이섬까지 1.9km(도보 20분/자전거무료대여 타나라인 10분/택시 약 5분), 자가용 주차요금 1일 4,000원

이용안내

문의 031-580-8114 **주소** 춘천시 남산면 남이섬길 1 **남이섬선착장** 가평군 가평읍 북한강변로 1024 **입장료** 일반 13,000원, 중고생 10,000원, 만 4세 이상 7,000원(왕복도선료 포함, ~6/30일까지 일반 10,000, 중고생 8,000, 만 4세 이상 4,000원)/단기여권(1년) 35,000원 **선박운항시간** 07:30~09:00(30분 간격), 09:30~18:00 (10~20분 간격), 18:00~21:40(30분 간격) **첫배/막배** 가평 07:30/ 21:40, 남이 07:35/21:45 **짚와이어 운영시간** 09:00~18:00(변동 있음) **휴무** 매월 1, 3주 화요일 **요금** 38,000원(입장료 및 도선료 포함) **바이크센터 대여료** 30분 기준 1인용 4,000원, 2인용 8,000원, 가족용 15,000원 **트라이웨이** 30분 10,000원, 1시간 18,000원 **유니세프나눔열차** 편도 3,000원 **전기자동차투어** 5,000원

먹을거리

🍴 제이드가든

유럽풍 붉은 벽돌건물 안에 있는 제이드가든은 수목원 내 치킨가든에서 재배하는 유기농식자재를 사용한다. 약고추장, 약된장 산나물비빔밥은 인근 굴봉산에서 채취한 산나물만을 사용한 웰빙식단이다. 그밖에도 연잎밥, 닭갈비막국수정식, 양지머리버섯국밥 등 메뉴가 다양한데, 음식은 휴게소식당처럼 셀프로 직접 가져다 먹는다.

문의 033-260-8300 **주소** 춘천시 남산면 서천리 햇골길 80

주변볼거리

🚶 제이드가든

주소 강원도 춘천시 남산면 햇골길 80 **문의** 033-260-8300 **홈페이지** jadegarden.kr

2011년 문을 연 제이드가든은 이국적인 분위기로 영화 〈너는 펫〉, 드라마 〈사랑비〉, 〈풀하우스take2〉, 〈그 겨울에 바람이 분다〉 등의 배경촬영지였다. 제이드가든은 나무내음길, 단풍나무길, 숲속바람길 3가지 테마로 둘러볼 수 있다. 이국적인 웰컴하우스와 이탈리안가든, 영국식보더가든으로 시작하는 정원은 유럽풍느낌이다. 수목원 중간에는 워터가든, 코티지가든, 수생식물원 등이 있는 피크닉가든이 있다. 제이드가든 정상의 스카이가든은 화악산의 아름다운 능선을 조망할 수 있는 곳이다.

Theme ✓ 테마와 관련된 연관볼거리

이야기가 있는 아름다운 숲

세종 베어트리파크

세종시 전동면에 있는 베어트리파크는 드라마 〈상어〉의 촬영지로 유명하다. 넓은 대지에 1,000여 종에 달하는 40만 개의 꽃과 나무들이 군락을 이루고, 동물이 있는 수목원으로 반달곰과 사슴을 볼 수 있다. 세월과 자연의 힘으로 빚어낸 아름다운 수목원은 아름드리 향나무, 수백 년 된 느티나무를 비롯하여 꽃사슴동산, 오색연못, 반달곰동산, 곰조각동산, 송파원, 자혜원, 베어트리정원, 송파정, 분재원, 열대식물원, 만경비원 등의 코스가 있다.

아산 피나클랜드

산 최정상의 땅을 뜻하는 피나클랜드는 물, 빛, 바람을 주제로 조성된 테마파크로 10여 년간 공을 들여 개원한 복합문화공간이다. 산정에 있는 '태양의 인사'라는 커다란 조형물은 일본의 세계적인 미술가 신구스스무의 작품이다. 버려진 채석장에 인공폭포와 작은 호수를 더하고 이끼정원으로 꾸며 진경산수라는 이름에 걸맞게 조성하였다. 정상에 올라가면 서해대교와 삽교호, 아산만이 한눈에 내려다보인다.

제주 카멜리아힐

카멜리아힐은 동양에서 가장 큰 동백수목원으로 가을에서 봄까지 시기를 달리하며, 500여 종의 6000여 동백나무가 울창하게 숲을 이루고 있다. 향기가 나는 동백은 물론 제주자생식물 250여 종을 볼 수 있다. 차례로 야생화길, 유럽동백숲, 애기동백숲, 전통올레, 아태동백숲, 새소리바람소리길, 수류정, 보순연지, 마음의 정원, 전망대, 와룡연지, 전통초가, 카페, 잔디욕장, 용소폭포까지 둘러볼 수 있다.

Theme 02 봄내 나는 청춘여행길
김유정역과 문학마을

춘천은 이름처럼 봄내 가득한, 영원한 청춘의 도시이다. 유안진시인도 '춘천은 가을도 봄이지'라고 예찬할 정도로 봄볕 가득한 전원의 풍경을 품은 곳이다. 춘천의 많은 여행지 중에서도 작가를 만나러 가는 길은 여느 여행지와 달리 설렘이 앞선다. 춘천을 대표하는 문인은 소설 「동백꽃」, 「봄봄」, 「산골나그네」의 작가 김유정(1908-1937)이다. 경춘선열차를 타고 김유정역에 내리면 춘천다운 여행을 오롯이 즐길 수 있다.

구역사와 김유정역 그리고 레일바이크

김유정역으로 가는 길에 구역사를 먼저 만난다. 1914년 경춘선개통 당시부터 신남역으로 불렸던 구역사는 2004년 문화유산 가꾸기의 일환이자 작가 김유정을 기념하기 위해 김유정역으로 이름을 바꾸었다. 구역사는 오가는 사람이 없어 한적한데 도종환의 '흔들리지 않고 피는 꽃이 어디 있으랴'라는 시 한 구절이 그 허전함을 채우고 있다. 구역사는 준철도기념물로 지정되어 있으며, 내부출입은 금지되어 있다.

서울 청량리역에서 경춘선 열차를 타면 김유정문학
관이 있는 실레마을까지 편하게 올 수 있다. 수도권
전철 개통과 함께 한옥으로 말끔하게 단장한 김유정
역 바로 옆에는 강촌레일파크가 있어 김유정역과 강
촌역 사이에서 레일바이크를 즐길 수 있다. 굳이 레
일바이크를 타지 않더라도 책모양으로 꾸며진 공원
을 산책하는 것만으로 특별한 시간이 된다. 레일바이
크는 강촌과 경강 2개 코스가 있으며, 강촌레일바이
크는 김유정역과 강촌역 사이 8km 구간으로 1시간

20분 정도 소요된다. 도착역에서 무료셔틀버스를 이
용하여 출발역으로 되돌아올 수 있다. 경강레일바이크는 경강역에서 출발하여 가평철교
회차 지점에서 다시 경강역으로 돌아오는 7.2km 구간으로 1시간 20분 정도 소요된다.

거대한 춘천의 서가를 만나는
레일파크

영원한 청춘의 도시 춘천, 그래서 더욱 잘 어울리는
레일파크, 카페에 앉아 예전 애틋하게 읽었던 책을 떠
올리며 잠시 여유를 즐겨보자. 춘천은 이인직의 「귀의
성」부터 윤대녕의 「소는 여관으로 들어온다 가끔」, 한
수산의 「안개시정거리」 그리고 이외수의 「장외인간」까
지 우리 문학 곳곳에 배경지로 등장한다. 서가로 꾸며
진 레일파크를 천천히 둘러보며 자신이 읽었던 책을
찾아보는 것도 하나의 즐거움이 된다.

공원 가운데에는 김유정소설 「동백꽃」과 「봄봄」
에 등장하는 인물 점순이를 형상화한 동상
이 다소곳하게 앉아 있다. 원형 분수대에

잔잔하게 비치는 반영을 보고 있노라면 잡념마저 즐거운 시간이 된다. 하늘이 몹시 청명한
날, 책을 읽지 않아도 책에 둘러싸여 특별한 감동을 맛보게 된다. 갈까 말까 망설여진다면,
일단 나서고 봐도 절대 후회되지 않을 만한 곳이다.

김유정소설의 이해를 돕는
김유정문학촌

김유정역에서 문학촌까지는 600m 정도이니 천천히
걸어보자. 문학촌 입구에는 초가로 지어진 낭만누리
종합안내소가 있다. 여느 안내소와 달리 '내가 만난
춘천, 김유정문학마을을 걷다, 춘천시 볼거리, 호수문

화관광권 레포츠와 축제, 먹거리' 순으로 꼼꼼히 되어 있어 여행 전 둘러보면 도움이 된다. 또한 '한눈에 보는 김유정문학마을'은 김유정 생가와 문학기념관을 중심으로 주변 상가와 실레이야기길 등 마을지도가 상세히 그려져 있어 한눈에 살펴볼 수 있다.

김유정문학촌 정문을 들어서면 우측에 전시관과 복원된 생가, 디딜방아, 외양간, 김유정동상, 휴게정, 연못 등이 조성되어 있다. 문학촌은 김유정선생의 생가터에 조성되었으며, 이곳은 연희전문학교를 중퇴한 후 귀향하여 금병의숙을 열어 야학과 농촌계몽활동을 펼치며 작가의 꿈을 키운 곳이다. 또한 선생만의 독특한 농촌 언어감각의 기초가 된 곳으로 선생의 작품 30여 편 중 10여 편이 이곳 실레마을을 배경으로 하고 있다.

그의 문학세계를 엿보다
김유정의 삶

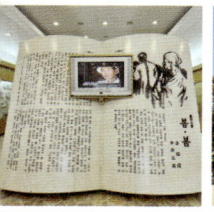

전시관에는 김유정 선생의 작품이 실렸던 신문과 책자, 학적부 사본 등이 전시되어 있다. 보통 문학관에서 작가의 유품이나 친필원고 등도 볼 수 있지만, 29세로 요절한 작가는 사후 그의 친구 소설가 안회남이 유품을 챙겨간 후, 1947년 월북함으로써 유품의 행방을 알 수 없게 되었다. 문학관은 「봄봄」의 한 페이지와 홍보영상을 시작으로 유정의 생애와 사랑, 강원도아리랑, 1930년대 농촌, 농촌문학, 해학문학, 그리운 고향, 봄봄디오라마, 작품배경지도, 구인회소개, 문우들 소개, 김유정 추모활동과 작품전시 순으로 돌아볼 수 있다.

작가는 1935년 조선일보에 「소낙비」, 중앙일보에 「노다지」가 각각 당선되면서 문단에 등단하였으며, 「산골나그네」, 「총각과 맹꽁이」 그리고 한국농촌의 실상과 삶을 그들의 정서로 구사한 「봄봄」,

「동백꽃」, 「만무방」, 「땡볕」, 「따라지」 등을 통해 피상적인 농촌소설이 아닌 농촌의 실상을 적나라하게 묘사하며 우리 문단에 큰 발자취를 남겼다. 봄봄에 나오는 김봉필은 실레마을에 살던 실존인물로 욕을 입에 달고 살아 욕필이라 불리며, 금병산 산림감시원으로 동네 사람들에게 인심을 잃은 인물이었다고 한다. 전시관 내 봄봄디오라마에서는 닥종이로 만든 인형들이 작품 속 이야기를 전해준다.

소설 속 배경지를 걷다
실레마을

문학촌마당에는 소설 「봄봄」 속 이야기가 펼쳐진다. 점순이를 사이에 두고 빨리 장가를 보내달라는 데릴사위와 봉필영감이 언쟁하는 모습이 보인다. 소설 「동백꽃」은 1930년대 봄을 배경으로 사춘기에 접어든 시골마을의 순박한 처녀총각 이야기를 토속적 정취와 해학적 어조로 구성한 단편소설이다. 닭싸움이 발단이 되지만, 닭은 화해의 계기가 되는 매개체이기도 하다. 또한 이들의 사랑을 더욱 돋보이게 하는 노란 동백꽃(생강나무)이 배경의 소재로 등장한다. 소설 속에 나오는 온정신이 아찔할 정도로 '알싸한 그리고 향긋한 그 냄새'가 바로 생강나무(동백, 산동백이라고도 불린다.)인데, 봄이면 문학촌 둘레에 노랗게 피어나므로 직접 향기도 맡아볼 수 있다.

문학촌마당 화단에는 양지꽃, 할미꽃을 시작으로 금낭화, 매발톱, 원추리까지 다양한 꽃들이 피어난다. 김유정작품의 주무대인 실레마을 주변을 돌아다니며, 소설 속 배경지를 찾아보는 것도 재미있는 여행이 된다. 작가가 쓴 수필 「5월의 산골짜기」 첫 구절에 '나의 고향은 ... 앞뒤 좌우에 굵직굵직한 산들이 빽 둘러섰고 그 속에 묻힌 아늑한 마을이다. 그 산에 묻힌 모양이 마치 오목한 떡시루 같다 하여 동명을 실레라 부른다.'라고 고향에 대해 쓰고 있다. 실제

실레마을에는 소설 속 이야기를 바탕으로 실레이야기길이 조성되어 있다. 김유정문학촌을 출발하여, 들병이들이 넘어오던 눈웃음 길 → 금병산 아기 장수 전설 길 → 점순이가 '나'를 꼬시던 동백숲길 → 덕돌이가 장가가던 신바람 길 → 신신각 가는 산신령길 → 맹꽁이 우는 덕만이길 → 금병의숙 느티나무길 → 김유정이 코다리찌개 먹던 주막길 등을 돌아 다시 김유정문학촌으로 돌아오는 코스로 약 8㎞, 2시간가량 소요된다.

 여행 정보

찾아가는 길

🚗 서울양양고속도로 남춘천TG → 남춘천IC삼거리에서 춘천방면 우회전 후 1.8km → 광판삼거리에서 춘천방면 우회전 후 8.6km → 팔미2교차로에서 김유정역방면 우회전 후 김유정문학촌 이정표 확인하면서 1.5km → 김유정문학촌 주차장

🚌 춘천고속버스터미널 하차 → 춘천시외버스터미널정류장까지 도보 이동(250m, 5분 소요) → 농어촌버스 410번 탑승 후 김유정역정류장 하차(6개 정류장, 20분 소요) → 김유정문학촌까지 도보 이동(600m, 10분 소요)

🚈 **수도권전철** 김유정역 하차 후 1번 출구로 나와 도보 이동(630m, 10분 소요)

이용안내

김유정문학촌 문의 033-261-4650 **주소** 춘천시 신동면 김유정
로 1430-14 **운영시간** 하절기 09:00~18:00, 동절기 09:30~17:00
휴관 매주 월요일, 1/1, 설날, 추석당일 **홈페이지** www.
kimyoujeong.org

강촌레일바이크 문의 033-245-1000~2 **주소** 춘천시 신동면
김유정로 1383 **운영시간** 09:00~17:300(동절기 8회, 하절기 9회
운영) **운임** 2인승 30,000원, 4인승 40,000원

경강레일바이크 주소 춘천시 남산면 서백길 57 **운영시간**
09:00~17:00(동절기 5회, 하절기 6회 운영) **소요시간** 1시간 20분
운임 2인승 25,000원, 4인승 35,000원 **귀띔 한마디** 매시 20분 강
촌마을주차장에서 김유정역까지 돌아올 수 있는 무료셔틀버스를
운행한다. **홈페이지** www.railpark.co.kr

먹을거리

🍽 산토리니

이탈리안레스토랑으로 프로방스스타일의 이국적인 분위기
와 종탑이 있어 일몰 포인트로 인기가 높다. 손님들에게 제
공되는 채소는 수경재배방식으로 재배하고 있다. 신선한 각
종 해산물과 왕새우튀김, 바다의 향긋함과 산뜻함이 조화를
이룬 해산물샐러드가 나온다. 신선한 모차렐라, 에멘탈, 고
르곤졸라, 스모크치즈가 어우러져 말이 필요 없는 고르곤졸
라피자, 해산물이 듬뿍 들어가고, 매콤한 토마토소스가 들
어간 파스타까지 손색이 없는 레스토랑이다.

문의 033-242-3010 **주소** 춘천시 동면 순환대로 1154-97 **가격**
카페모카 6,500원, 해산물샐러드 19,000원, 피자 19,000원

주변볼거리

🚶 춘천물레길

호반도시 춘천과 잘 어울리는 물레길은 의암호, 소양호, 송
암레저타운을 중심으로 카누나 요트 등 수상레포츠를 체험
하는 물레길이다. 의암호는 북쪽의 춘천호, 동북쪽의 소양호
와 물살을 맞대고 있으며, 북한강과 소양강이 합류하는 신
동면 의암리에 자리한 인공호수이다. 의암호에는 삼악산과
붕어섬 등 주변 풍경을 호수 위에서 바라보며 만끽할 수 있
는 카누체험장이 있다. 물레길은 일반코스로 의암댐길, 붕
어섬길, 중도길 3개의 코스가 있다.

문의 033-242-8463 **주소** 춘천시 스포츠타운길 113-1

Theme ✔ 테마와 관련된 연관볼거리

테마가 있는 역

보성 득량역

득량역은 1970~90년대의 추억이 가득한 거리이다. 드라
마세트장 같은 소박한 규모지만 자잘한 소품들을 구경하
는 재미가 쏠쏠하다. 옛시절로 돌아간 듯한 착각을 불러일
으키는 곳으로 역전이발관은 지금도 영업 중인데 49년 세
월의 흐름을 고스란히 간직하고 있다. 또한 진한 피로회복
제 같은 커피 한잔과 이야기가 있는 행운다방은 지난 30년
동안 한자리를 지키고 있다. 다방에는 뮤직박스도 보이고,
밝은 얼굴로 손님을 맞이하는 주인장의 넉넉함이 있다.

논산 연산역

연산역은 1911년 증기기관차의 첫운행을 시작으로 100년
의 역사를 간직한 곳이다. 국내에서 가장 오래된 급수탑이
있으며, 역사 내에는 지금은 사라진 천공가위, 발권기, 딱
지승차권 등을 전시해 놓아 옛 역사의 흔적들을 좇을 수
있다. 철도문화체험프로그램으로 역내에서 승차권구입체
험과 통일호방송체험 등을 해볼 수 있고, 안쪽에서 KTX기
장포토존, 철도안전교육, 기관사승무체험, 수신호체험, 선
로전환기체험, 토끼생태체험 등을 해볼 수 있다.

곡성 곡성역

곡성은 섬진강 기차마을이 이미 랜드마크로 인식될 정도
로 유명한 여행지이다. 섬진강 기차마을(구곡성역)에서 가
정역(청소년 야영장입구)까지 오가며 추억을 쌓고 테마여
행을 즐길 수 있는 곳이다. 증기기관차를 타거나 섬진강변
의 풍경을 즐길 수 있는 레일바이크 체험을 하며 추억을
만들기 충분하다.

Theme 03 다양한 테마가 공존하는
춘천의 박물관들

춘천은 박물관여행을 즐기기에 좋다. 국립춘천박물관, 막국수체험박물관, 경찰박물관, 산림박물관, 애니메이션박물관, 모형항공기박물관, 책과 인쇄박물관, 남이섬 노래박물관 등 다양한 주제의 박물관들이 많다. 선택의 폭이 넓으므로 동선을 고려하여 2~3군데 테마를 정해 아이와 함께 박물관만 온종일 돌아다니는 특별한 여행도 즐겨보자.

아름다운 미술관 같은
국립춘천박물관

국립춘천박물관은 강원도를 대표하는 박물관답게 산으로 둘러싸인 복합문화공간이다. 2003년 올해의 우수건축상을 받았을 만큼 건물 자체가 아름답다. 강원지역의 역사와 문화를 중심으로 운영되는 상설전시실 1층은 선사고대문화, 정원, 체험학습실이 있고, 2층은 불교와 왕실, 인물과 생활, 기획전시실이 있다. 제1전시실은 구석기부

터 청동기시대까지 강원도 내에서 출토된 문화재를 전시하고 있다. 제2전시실은 고대문화실로 철기문화와 삼국시대, 통일신라시대까지 강원도의 고대문화를 살펴볼 수 있다. 한옥의 툇마루를 재현한 정원전시실은 잠시 쉬어가는 공간으로 청동기시대 북방식 고인돌과 솟대 등이 전시되어 있다. 제3전시실은 불교와 왕실을 주제로 강원지역의 불교문화를 살펴볼 수 있으며, 제4전시실은 인물과 생활실로 강원지역 사람들의 삶과 정신이 깃든 유물과 생활문화 등을 주제별로 전시하고 있다.

상설체험실과 어린이문화사랑방에서는 기와문양 찍기, 탁본, 토기 퍼즐맞추기 등 오감만족체험을 해볼 수 있다. 기획전시실은 이색적인 주제와 내용으로 새로운 문화를 이해할 수 있는 전시가 주로 진행된다. 야외석조유물공원에는 고인돌, 석탑, 부재, 석인상 등의 석조유물이 전시되어 있다.

숲을 체험해보는
강원도산림박물관

강원도 산림자료의 영구보존과 연구자료를 제공하는 산림박물관은 강원도립화목원 내에 있어 함께 둘러보기에 좋다. 산림박물관 내에는 숲의 체험관, 자연과 산림, 산림과 생활, 산림의 이용과 미래, 체험공간, 특수영상관 등이 있다. 로비에는 강원도 내의 비경사진을 계절별로 감상할 수 있고, 괴목이나 돌로 변해버린 규화목 등을 보면서 세월의 흔적을 느낄 수 있다. 제1전시실은 박제된 어류와 동물, 제2전시실은 불가사리, 어류, 삼엽충, 두족류 등의 화석과 강원도 내 식물군, 곤충표본 등을 살펴볼 수 있다. 제3전시실에서는 강원도의 동식물과 아름다운 비경, 그 속에 살아가는 사람들의 산촌생활, 갱도체험 등을 해볼 수 있다. 제4전시실에는 직접 숲을 체험하며 강원도 임업의 발전사와 산림의 미래 등을 깨우치며, 숲의 소중함을 느낄 수 있다.

그밖에 황동판인쇄체험관에서는 십이지신상과 민화, 화목의 전경 등을 살펴볼 수 있으며, 살아있는 곤충체험관에서는 땅과 물속에서 사는 곤충과 어류를 직접 살펴볼 수 있다. 특수영상관에서 특수효과가 가미된 4D영화를 보며 숲속대모험을 경험해볼 수 있다.

강원경찰의 역사를 한눈에
강원경찰박물관

경찰박물관은 강원도 내 경찰의 발전과 변천과정을 한눈에 살펴볼 수 있는 곳이다. 1945년 군정청 경무국이 설치되면서 시작된 강원 경찰의 역사는 1949년 경찰국으로 개편되고, 1991년 강원 지방경찰청으로 승격되었다. 강원지방경찰청 내에는 강원경찰홍보관도 있으므로 관심이 있다면 함께 둘러봐도 좋다.

전시실은 시대로 보는 경찰역사, 주제로 보는 경찰유물, 형구전시실, 강원경찰활동과 장비, 체험의 장으로 구분된다. 전시유물로는 조선시대 포졸모자, 육모방망이, 조총, 제헌국회에서 제작한 태극기, 기마경찰의 말등자와 재갈, 최초의 경찰수첩과 휴가증, 전투상보집 등이 있다. 이 외에도 역대 경찰복장, 계급장과 훈장, 통신장비와 사무기기, 과학수사기기, 진압 및 전투장비, 속도측정기와 음주측정기 등이 전시되어 있다. 형구전시실에는 형문과 형틀, 포졸 야간순찰용 당파창, 곤장, 자물통, 족쇄 등이 있고, 죄인의 모습이 밀랍인형으로 재현되어 있어 그 용도를 알 수 있다. 경찰도서의 장에는 강원도 경찰의 모습과 역사가 담긴 시집, 수필집 등의 도서가 전시되어 있다.

막국수를 체험하는 이색적인 박물관
춘천막국수체험박물관

메밀로 뽑은 면발에 김칫국물을 말아 먹는 춘천의 향토음식 막국수는 강원도 어디를 가도 맛은 대체로 비슷하다. 춘천막국수체험박물관은 막국수의 유래부터 메밀의 생태, 효능, 유래와 분포 등 막국수에 관한 모든 것을 살펴볼 수 있는 곳이다. 또한 직접 막국수를 만들어 먹을 수 있는 막국수체험까지 해볼 수 있어 여행의 또 다른 재미를 느낄 수 있다.

박물관에 들어서면 모형 메밀밭에서 메밀의 성장과정을 단계별로 살펴볼 수 있으며, 메밀재배 및 면발을 뽑기 위한 막국수틀, 풍구, 삼태기 등의 전통적인 도구들과 현대식 반죽기와 제면기도 살펴볼 수 있다. 박물관 내 막국수의 모든 것 코너에서는 막국수의 유래와 역사부터 생산과정, 종류, 춘천의 별미로 유명해진 배경 등을 알 수 있다. 또한 과거 춘천의 거리 사진과 메밀로 만든 음식이 먹음직스럽게 전시되어 있다.

박물관 2층에는 막국수를 맛볼 수 있는 식당과 체험장이 함께 있다. 막국수체험은 준비된 메밀가루를 이용하여 반죽과 면 뽑기부터 시식하기까지 단계별로 진행된다. 옆에 식당이 있으므로 메밀전병, 빈대떡 등도 주문해서 함께 먹으면 한 끼 식사로 충분하다.

대한민국 여행자를 위한, 강원도 여행백서

여행 정보

찾아가는 길

중앙고속도로 춘천IC 빠져나와 우측도로 1.6km → 석사사거리에서 우회전 후 255m → 우석로에서 우회전 후 375m 다시 우회전 후 507m → **국립춘천박물관** → 박물관삼거리에서 후평동방면 좌회전 후 240m → 사거리에서 우회전 후 4.4km → 호반사거리에서 화천방면 우회전 후 850m → 사우사거리에서 화천방면 좌회전 후 2.4km → 인형극장사거리에서 운전면허시험장방면 우회전 후 290m → **강원도산림박물관** → 주차장 나와 좌회전 후 2.4km → **강원경찰박물관** → 신북사거리에서 화천방면 좌회전 후 2.6km → 면허시험장 지나 **춘천막국수체험박물관**

이용안내

국립춘천박물관 문의 033-260-1525 **주소** 춘천시 우석로 70 **운영시간** 평일 09:00~18:00, 주말/공휴일 09:00~19:00(매달 마지막 주 수요일, 4~10월 매주 토요일은 21:00까지 연장) **휴관** 매년 1월 1일, 매주 월요일 **입장료** 무료 **홈페이지** chuncheon.museum.go.kr
강원도산림박물관 문의 033-248-6682 **주소** 춘천시 화목원길 24 강원도산림개발연구원(강원도립화목원) **운영시간** 3~10월 10:00~18:00/11~2월 10:00~17:00 **입장료** 어른 1,000원, 청소년 700원, 어린이 500원 **휴관** 첫째주 월요일, 1월 1일, 설날, 추석당일 **특수영상관** 성인 2,000원, 청소년 1,500원, 어린이 1,000원 **영상관상영** 3~10월 10:30~17:30(8회) 11~2월 10:30~16:30(7회)
강원경찰박물관 문의 033-245-0418 **주소** 춘천시 신북읍 신샘밭로 361 **운영시간** 3~10월 09:30~17:30, 11~2월 09:30~17:00 **휴관** 매주 월요일, 국경일, 정부지정 공휴일 **입장료** 무료
춘천막국수체험박물관 문의 033-244-8869 **주소** 춘천시 신북읍 신북로 264 **운영시간** 박물관 09:00~18:00 체험관 10:00~17:00(12:00~13:00 제외) **휴관** 매주 월요일, 설날, 추석연휴 **입장료** 성인 1,000원, 청소년 700원, 어린이 500원 **홈페이지** www.makguksumuseum.com

먹을거리

🍴 **소양댐 닭갈비**

닭갈비막국수거리에 있는 소양댐 닭갈비는 외관이 세련되고 2층에는 카페도 있다. 영수증을 보여주면 1,000원 할인된 가격으로 카페 이용이 가능하다.
문의 033-243-9992 **주소** 춘천시 신북읍 신샘밭로 746 **가격** 닭갈비 1인분 11,000원

주변볼거리

🏞 **강원도립화목원**

도심 속 청정 자연숲을 즐길 수 있는 곳이다. 화목원에는 유리온실, 반비식물원, 분수광장, 화목정, 수생식물원, 암석원, 토피어리원, 지피식물원, 어린이정원 등으로 분류되어 있다. 자연체험학습장에서는 알록달록 화려한 꽃과 푸른 녹음을 만끽할 수 있으며, 자연체험 프로그램이 있어 숲공예체험도 할 수 있다.
문의 033-248-6691 **주소** 춘천시 화목원길 24 **입장료** 성인 1,000원, 학생 700원, 어린이 500원 **운영시간** 3~10월 10:00~18:00, 11~2월 10:00~17:00 **홈페이지** www.gwpa.kr

---

Theme 테마와 관련된 연관볼거리

특별한 박물관

당진 기지시줄다리기박물관

약 500년 전부터 충남 당진시 송악읍 기지시마을에 전승되던 줄다리기와 당진의 각종 민속문화를 전시, 수집, 보존하고 있다. 박물관에서는 틀모시 줄이야기를 시작으로 농사의 희로애락, 시통발달 당진, 줄다리기 역사, 줄로 이어진 한민족 등 줄다리기를 통한 풍요와 평안, 조상들의 소박한 마음을 느끼고 체험할 수 있다.

장생포 고래박물관

국내유일의 고래전문박물관으로 1986년 포경이 금지된 이후 박물관에서는 고래 관련자료와 유물 등을 수집하여 전시하고 있다. 장생포고래박물관은 포경역사관, 귀신고래관, 어린이체험관으로 구분되어 있으며, 야외전시장은 포경선진양호와 해안산책로, 포토존이 있다. 어린이들을 위한 고래체험장에서는 고래골격 만저보기, 고래골격 찾아보기, 고래소리 들어보기, 고래 자석퍼즐, 점토로 고래만들기, 고래 프라타주 등을 체험해볼 수 있다.

독도박물관

우리나라 동쪽 끝, 독도의 모든 것을 알 수 있다. 독도는 한국의 고유영토임을 증명하는 자료가 전시되어 있으며, 독도침탈과 일본해 주장의 허구성을 보여주고 있다. 자연생태 영상실에서는 독도의 식물과 조류, 어류 등 독도의 생태를 사진으로 만난다. 대형화면을 통해 독도의 자연환경과 실시간 독도의 모습을 영상으로 만날 수 있다. 야외전시관에는 울릉도산 자연석 828개와 박물관표석, 대마도표석이 세워져 있다.

Theme **04** 용이 승천한 계곡에 자리한
수타사

수타사라는 이름은 정토 세계에서 무량한 수명을 누리라는 뜻이다. 해마다 사찰 뒤 연못에 스님들이 빠져 죽었다는 슬픈 이야기가 전해지는데, 맑고 청명한 연못에 비친 풍경이 너무 아름다워 극락으로 느낀 것은 아닐까? 계곡 물소리를 따라 오르면 봉황문, 흥회루를 지나 원통보전과 금당인 대적광전, 삼성각과 종무소, 백련당, 심우산방이라 부르는 동선당 요사채와 용이 승천했다는 용담, 삼층석탑 등을 차례로 만날 수 있다.

계곡물 **따라**
수타사로 가는 길

홍천 공작산 수타사계곡에 자리한 수타사는 신라성덕왕 7년(708) 원효대사가 창건한 것으로 전해지지만 686년 입적했기 때문에 창건연도나 창건자가 잘못 전해졌을 것으로 보고 있다. 생태 숲 교육관 주차장에 차를 대고, 울창한 숲길을 따라 조금 걸어 올라가면 갈림길이 보인다. 넓은 길을 가도 되고, 수변관찰로를 올라가도 좋다.

241

수량이 풍부한 수타계곡을 즐기려면 수변관찰로 따라 계곡 길을 걷는 편이 좋다.

수타사는 다른 산사와 달리 비교적 평지에 있어 산림욕을 즐기기에도 좋다. 입구에는 잘 조성된 주차장과 식당가가 형성되어 있어 관람 전 배부터 채울 수 있다. 수타사까지는 약 200m 거리로 천천히 걸어도 5분이면 충분하다. 오른쪽 소나무숲 너머로 부도군과 공덕비가 보인다. 수타계곡은 공작산과 응봉산에서 발원한 덕지천이 굽이쳐 흐르는 곳으로 약 10Km에 달하는 물길과 기암 그리고 소(沼)가 어우러져 비경을 선사하는 힐링코스이다.

사천왕이 지키는
봉황문을 지나 홍회루까지

수타교를 지나면 수타사의 일주문인 봉황문이 보인다. 문을 들어서면 1676년 만들었다는 사천왕상이 좌우로 근엄하게 앉아 있다. 각 천왕 좌우에는 불법을 수호하는 팔부중이 배치되어 있으며, 이곳의 사천왕상은 섬세하게 조각된 보관, 갑옷의 장식, 머리 뒤 화염조각 등이 빼어나 강원유형문화재로 등록되어 있다. 봉황문과 마주하는 홍회루는 1658년 건립된 건물로 보통 2층 누각 형태지만, 수타사는 단층으로 지어졌다. 법회 시 설법전으로도 사용되는 홍회루 좌측은 기념품점으로 꾸며져 있고, 우측에는 불전사물 중 목어와 법고가 있다.

과거 홍회루에 함께 있던 수타사 동종은 범종루를 새로 지어 옮겼는데, 보물 제11-3호로 지정되어 있다. 범종 밑 부분에 헌종 11년에 만들었음을 알려주는 문구가 있어 제작연대가 1670년임을 확실히 알 수 있으며, 종 몸통 윗부분에는 범어가 새겨져 있다. 일반적으로 범종을 만들 때는 종을 거는 고리까지 한 번에 주물로 만들지만, 이 종은 따로 만들어 붙이는 독특한 방법을 사용하여 조선시대 범종연구에 중요한 자료가 된다.

수타사를 대표하는 중심법당
대적광전

수타사는 임진왜란으로 완전히 불타버려 40여 년간
폐허로 방치되다 1636년(인조 14) 공잠대사가 중심법
당으로 대적광전을 지으면서 오늘날까지 불사를 일으
키고 있다. 대적광전은 조선중기의 모습을 그대로 간
직한 공포와 조선후기 건축양식을 보여주는 내부 살
미첨차(山彌檐遮)의 판재화, 연봉장식 등이 특징이
다. 천년고찰에나 있다는 청기와 2장이 대적광전 용
마루 한가운데에 있으니 잊지 말고 찾아보자. 대적광
전의 불상 위 닫집 또한 화려해서 눈여겨볼 만하다.

2005년 개관한 수타사 성보박물관에는 보물 제745
호 월인석보를 비롯하여 영산회상도, 지왕시왕도, 관
세음보살상 사리함 등 문화재급 보물이 전시되어 있다. 요사채와 종무소로 사용되는 백련
당에는 사찰을 찾는 여행자들을 위한 차가 마루 한쪽에 준비되어 있다. 비염과 천식에 좋
다는 마가목차인데, 잠시 쉬면서 차 한잔 즐기는 것도 여행의 또 다른 재미이다.

그 명성은 사라졌지만
여전히 신비로운 용담

수타교를 건너 맞은편 오르막길을 오르면 우측으로
작은 집 한 채와 그 옆으로 삼층석탑이 돌담을 기대
고 서 있다. 이 일대가 예전 수타사의 전신인 일월사
의 절터라고 전해진다. 이 터에서 발견된 삼층석탑은
고려후기 작품으로 높이 1.5m의 화강암 석탑이고 기
단부의 지대석은 윗부분만 남아있으며 2, 3층 탑신도
남아있지 않다.

경내를 빠져나와 수타교를 건너 우측으로 용담 이정
표를 따라 계곡으로 향한다. 시원하게 펼쳐진 못이
있는데 수영금지표시가 눈에 먼저 들어온다. 이 못은
용담이라 부르는데, 명주실 한 타래를 풀어 넣어도
물 깊이를 헤아릴 수 없었다고 한다. 이 못에서부터
바로 옆 박쥐굴 쪽으로 용이 승천했다는 전설이 이어진다. 계곡의 아름다운 풍경은 사시사
철 언제라도 여행자의 마음을 뺏기에 충분하다. 계곡을 따라 조용히 흐르는 물소리와 아련
히 들려오는 풍경소리가 저절로 마음을 내려놓을 만하다. 수타사와 인접한 수타사 생태공
원을 함께 돌아본다면 한나절을 보내기 좋은 여행지가 된다.

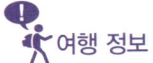

여행 정보

찾아가는 길

- 중앙고속도로 홍천IC 빠져나와 연봉교차로에서 원주방면 우회전 후 2.9km → 공작산로에서 홍천방면 우측도로 1.5km → 공작산로에서 서석방면 우측도로 2.5km → 수타사로에서 수타사방면 좌회전 후 4.2km → 이정표 확인하며 주차장으로 진입
- 홍천시외버스터미널 하차 후 홍천터미널정류장에서 농어촌버스 11번이나 51번, 51-1번 탑승 → 수타사종점정류장 하차(19개 정류장, 50분 소요)

이용안내

문의 033-433-6611 주소 홍천군 동면 수타사로 473 홈페이지 www.sutasa.org

먹을거리

🍴 수타계곡돌집

수타사 입구에는 뒤로 계곡을 끼고 있는 식당이 즐비하다. 입구가 돌로 되어있는 수타계곡돌집은 더덕구이와 청국장 그리고 매일 새롭게 만드는 12~14가지 반찬이 나와 한상차림으로 거하게 대접을 받는 느낌이다. 특히 이 집은 홍천 내면산에서 자생하는 더덕을 사용하여 향도 좋고, 알싸한 맛이 식욕을 돋운다. 식당을 이용하면 바로 옆 계곡에서 파라솔을 이용할 수 있어, 여름철에는 피서를 즐기기에도 좋다.

문의 033-436-4641 주소 홍천군 동면 수타사로 425 가격 더덕구이백반 15,000원

주변볼거리

🚶 수타사생태숲

수타사를 중심으로 공작산수타사생태공원이 조성되어 있어 수타사와 함께 둘러보기에 좋다. 약 163헥타르에 중부지방 자생식물과 이 지역 향토수종으로 역사문화생태숲을 조성하였다. 공작산에서 내려와 동면 노천리까지 이어지는 12km의 수타사계곡은 넓은 암반과 소가 잘 어우러져 천혜 비경을 만들어 내는 곳이다. 여름철 물놀이장소, 가을철 단풍놀이장소로 유명세를 타는 곳이다.

Theme ✔ 테마와 관련된 연관볼거리

기운 좋은 암자

임실 상이암

성수산자연휴양림을 끼고 있어 주변경관이 아름다우며, 어필각 옆에는 조선태조고황제어필 삼청동비각중수비가 세워져 있다. 상이암은 고려 왕건과 조선 이성계가 기도를 하던 곳으로 건국하기 전 이곳에서 치성을 드렸더니 하늘에서 '왕이 되리라'라는 소리가 들렸다고 전해진다. 무량수전, 칠성각, 산신각을 중심으로 요사채와 비각 등이 배치되어 있다. 무량수전 앞에 있는 화백나무는 기이하게도 몸통은 하나지만 가지 9개가 마치 한 몸처럼 자라고 있다.

구례 구층암

구층암 안마당으로 들어서면 천불보전보다 먼저 요사채에 눈길이 간다. 구층암에는 모두 다섯 그루의 모과나무가 있다. 마당에 2그루, 맞은편 요사채 주변으로 3그루가 구층암을 지키고 있다. 천불보전에는 석가모니불과 토불 1,000기가 모셔져 있다. 천불보전 지붕 밑에는 민화풍의 거북이와 토끼 조각상이 새겨져 있어 눈여겨볼 만하다. 절집 다원에서는 누구나 무료로 차를 마실 수 있다.

안동 영산암

영화 '달마가 동쪽으로 간 까닭은'의 촬영지로 유명한 영산암은 암자라기보다는 전통한옥을 들여다 보는 듯한 아기자기함이 넘치는 곳이다. 세월의 흔적이 가득 묻어나는 우화루를 지나면 관심당, 송암당, 응진전(나한전), 삼성각까지 어깨를 나란히 하며, 한눈에 들어온다. 관심당과 우화루, 송암당으로 이어지는 ㄷ자 건물은 툇마루와 누마루가 끊어질듯 하면서 이어져 한옥의 멋스러움을 제대로 느낄 수 있는 공간이다.

T h e m e **05** 홍천 근대문화를 찾아서

홍천미술관&홍천성당

여행을 다니다 보면 자연스럽게 우리 문화유산에 마음이 끌리게 된다. 홍천에서도 근대문화유산을 찾아볼 수 있는데, 1956년 2층 건물로 지어져 홍천군청으로 사용되다 미술관으로 탈바꿈한 홍천미술관이 있다. 건축물 자체가 하나의 예술작품 같은 곳으로 근대문화유산(등록문화재 108호)으로 지정되어 있다. 이 미술관은 홍천지역 최초의 미술관으로 지역민들의 문화공간으로 활용되고 있다.

외벽부터 이국적인 느낌이 물씬 풍기는
홍천미술관

홍천미술관은 외벽이 온통 흰색이라 마치 유럽의 아름다운 건축물을 보는 듯 이색적이다. 1950년대 지어진 건축물로 좌우대칭 입면과 경사진 지붕 등 권위적인 관공서건물의 특징이 그대로 드러난다. 일반적인 관공서건물이 대리석이나 붉은 벽돌을 많이 사용했다면 홍천미술관은 콘크리트 외벽에 흰색을 입혀 아름다운 미술

관으로 손색이 없다. 입구의 대문도 흰 벽면과 잘 어울리게 철재로 모양을 내어 예술적인 감각이 느껴진다.

홍천미술관 1층은 제1·2전시실과 수장고, 안내실이 있으며, 2층은 예술 관련 세미나를 개최할 수 있는 다목적실과 예총 사무실로 사용되고 있다. 홍천미술관은 홍천미술협회 회원전을 비롯하여 다양한 분야의 예술작품을 정기, 비정기적으로 전시하고 있어 예술의 불모지였던 홍천에 새로운 바람을 일으키고 있다. 그래서 작은 미술관이지만 언제라도 찾아와 편안하게 예술품을 감상할 수 있는 곳이다.

미술관 앞마당에서 만나는
국보급 보물들

미술관마당에는 보물 제540호로 지정된 홍천 괘석리사사자삼층석탑과 보물 제79호 희망리 삼층석탑이 세월의 흐름을 꾸밈없이 보여준다. 홍천희망리삼층석탑은 홍천초교 뒤편에 방치되어 있던 것을 1957년 이곳으로 옮겨오면서 1963년 보물로 지정되었다. 고려중기에 조성된 것으로 보이는 삼층석탑은 비록 지붕돌은 깨졌지만, 전체적인 보수로 상태가 비교적 양호한 편이다.

홍천괘석리사사자삼층석탑 역시 두촌면 괘석리에 있던 것을 이곳으로 옮겨 온 것이다. 석탑은 2단의 기단 위에 탑신을 3층으로 올렸으며, 하층기단 면에는 2개의 안상이 새겨져 있고, 그 안쪽에 희미하게 꽃모양이 조각되어 있다. 하층기단 위 모서리에 4마리의 석사자가 갑석을 받치고 있고, 그 중앙의 바닥과 천장에 연꽃문양이 새겨진 것으로 보아 작은 불상을 모셨을 것으로 추정된다. 석탑은 전체적으로 약간의 파손과 세월의 흔적으로 많은 부분이 마멸되었지만 비교적 원형을 잘 보존하고 있으며, 구성양식으로 보아 제작시기는 고려전기나 중기로 추정하고 있다.

아담한 정원에 소박한 성당
홍천성당

홍천미술관 바로 옆에는 홍천성당이 자리한다. 미술관을 다 둘러봤다면 돌아 나올 필요 없이 왼쪽 철문으로 나가면 홍천성당과 이어지므로 함께 돌아보면 된다. 석조로 지어진 아담한 성당은 독특한 외관부터가 멀리서도 눈길을 사로잡는다. 등록문화재 제162호로 지정된 홍천성당은 천주교가 홍천지역에 전파되던 시기인 1902년 풍수원 송정공소로 설립되었다. 1923년 홍천본당으로 승격되면서 1936년 목조건물로 지어졌지만, 한국전쟁 당시 소실되고, 1955년 석조건물로 지어져 오늘에 이른다.

정면에서 보면 종탑이 계단식으로 가파르게 세워진 형태인데 미술관 앞마당에서 살펴본 석탑처럼도 보인다. 성당 내부는 돔 형태의 정사각형으로 여럿이 미사나 설교를 들을 수 있도록 줄기둥을 세우지 않아 넓어 보인다. 1950년대의 석조성당 건축양식으로 지어졌으며, 홍천지역 천주교사에 중요한 역할을 한 곳이다. 지은 지 60여 년이 지난 성당인 만큼 정원에 심어진 나무에서도 세월의 흔적이 느껴진다. 성당은 오롯한 숲길처럼 무척 조용하고, 아담하게 꾸며진 정원은 계절을 느끼기에 충분하다.

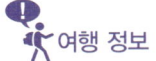

여행 정보

찾아가는 길

🚗 중앙고속도로 홍천TG 빠져나와 홍천방면 4.1km → 홍천사거리에서 홍천로방면 우회전 후 1.2km → 진삼거리길에서 좌회전 후 첫번째 삼거리에서 우회전 200m → 희망로를 만나면 좌회전후 이정표 확인하면서 100m 이동 후 도착

이용안내

홍천미술관 문의 033-430-2446 주소 홍천군 홍천읍 희망로 55 운영시간 매주 화요일~일요일 휴관 매주 월요일 입장료 무료 운영시간 09:00~18:00

홍천성당 문의 033-433-1026 주소 홍천군 홍천읍 마지기로 54 홈페이지 hccatholic.org

먹을거리

🍴 **두양식당**

홍천향교 바로 앞에 있으며 현지인이 추천하는 맛집이다. 청국장은 큰 전골냄비에 나오는데, 큼지막하게 자른 김치와 돼지고기가 듬뿍 들어가 구수하며 씹는 맛도 좋다. 마치 집에서 먹는 듯한 손맛이 느껴지는 곁들이 반찬이 함께 나온다. 청국장 외에도 김치찌개, 돼지고기두루치기 등 마치 집밥을 먹는 것처럼 푸짐하게 차려준다.

문의 033-432-6916 주소 홍천군 홍천읍 석화로 104 가격 청국장 5,000원, 두루치기 6,000원

주변볼거리

🏃 **홍천향교**

강원도문화재자료 제99호이다. 창건연대는 문헌상 전해지는 것이 없어 정확하지 않지만 조선왕조실록에 태조7년(1398년)에 성균관을 세우고, 전국에 향교를 세웠다고 하니 그즈음에 창건된 것으로 추정하고 있다. 홍살문을 지나면 외삼문인 석화루가 막아선다. 석화루에 들어서면 오른쪽에 동재, 왼쪽에 서재가 보이고, 정면에는 명륜당, 그 뒤로 대성전이 자리하고 있다. 홍천향교의 명륜당 양쪽에는 큰 느티나무가 일품이라 가을에 찾아가면 그림 같은 풍경을 볼 수 있다.

문의 033-434-9388 주소 홍천군 홍천읍 석화로 101-14 홈페이지 hchy.co.kr

Theme ✔ 테마와 관련된 연관볼거리

근대문화의 변신

공주 역사영상관

등록문화재 제443호로 충남금융조합연합회 회관건물로 지어진 후 공주읍사무소, 공주시청 등으로 사용되었다. 2010년 디자인카페로 개관하여 현재는 공주시의 역사와 문화 흐름을 한눈에 확인할 수 있는 디지털 정보창고로 탈바꿈하였다. 1920년에 건립된 건축물로 2,000여 점의 사진과 영상물을 통해 공주의 역사, 교육, 종교 그리고 공주의 과거와 현재, 미래를 살펴볼 수 있다.

강경역사관

1905년 건립 이래 원형을 잘 보존하고 있어 2007년 등록문화재 제324호로 지정되었다. 붉은 벽돌조 단층건물로 부속동과 증축된 상가건물이 재래시장과 맞닿아 있으며 본관 뒤쪽으로 단층주택이 연결되어 있다. 건립 당시 한호농공은행 강경지점이었다가 일제강점기 조선식산은행 강경지점으로, 해방 후에는 한일은행 강경지점에서 다시 충청은행 강경지점으로 사용되었다. 현재는 강경역사관으로 강경지역의 역사와 생활문화를 한눈에 살펴볼 수 있다.

대구근대역사관

대구근대역사관은 과거 조선식산은행 대구지점이었으며, 르네상스양식으로 지어진 건축물이다. 근대역사의 중심지였던 대구는 국채보상운동이나 2.28학생운동처럼 국난의 위기 때마다 자발적으로 들고 일어났던 지역이다. 대구근대역사관에서는 대구의 이러한 정신과 근대역사문화유산을 살펴 볼 수 있다. 조선식산은행 금고를 시작으로 근대의 태동, 구국의 정신, 근대의 문화, 교육도시 대구, 삶의 향기, 근대화의 산실로 구분되어 각종 유물을 전시하고 있다.

Theme 06 인제를 대표하는 시인과 문화를 만나는
박인환문학관과 산촌민속박물관

박인환문학관과 시인 박인환 거리는 한국의 모더니즘을 대표하는 시인 박인환의 예술혼이 스며있는 곳으로 인제여행에서 빼놓을 수 없다. 특히 박인환문학관은 시인이 활동하던 시기의 명동거리를 재현해 놓았는데, 시인들의 아지트였던 서점 마리서사, 선술집 유명옥, 새로운 도시와 시인들의 합창소리가 들리는 봉선화 다방 등 드라마세트장처럼 꾸며져 있어 보통 문학관과 달리 시간여행 하는 느낌이다.

모더니즘 시운동의 발상지
마리서사

문학관 앞마당에는 코트를 입은 시인이 바람 속에 만년필을 들고 시상에 잠긴 듯한 모습의 조형물이 있다. 이 조형물에는 센서감지장치가 있어 품속에 들어가면 시인의 대표 시가 낭송되는데, 잠시나마 가슴 설레던 학창시절로 돌아가 시구절을 읊조리게 된다. 조형물 뒤에는 「목마와 숙녀」를 모티브로 만든 작은 목마도서관이 있다.

보통 문학관이라 하면 작가의 저서를 비롯해 작가 연보나 유품 등을 전시하는 경우가 일반적이지만 이곳은 마치 드라마세트장을 방불케 한다. 특히 재현된 명동거리에서는 명동백작이라 불리며 명동거리를 활보했던 시인의 흔적을 찾아볼 수 있을 듯하다. 해방 후 평양의대를 중퇴하고 서울로 온 박인환은 부친에게 돈을 빌려 오장환 시인이 운영하던 서점을 인수하고, 책방 겸 선술집 마리서사(茉莉敍事)를 오픈한다. 마리서사에는 당시 구하기 힘들었던 프랑스시인 장콕토(Jean Cocteau), 앙드레브르통(Andre Breton) 등의 작품과 각종 문예물을 갖추어 당대 내로라하던 문인 김광균, 김기림, 정지용, 김

주영 등이 자주 찾으면서 문인들의 사랑방으로 모더니즘 시운동의 발상지가 되었다. 전시장 내에는 책들이 **빽빽하게** 꽂혀 있어 실제 읽어볼 수 있으므로 잠시 벤치에 앉아 책 향기 맡으며 눈에 익은 책을 찾아보자.

풍류를 즐기는 예인들의 거리
명동

위스키시음장 포엠은 양주를 저렴하게 마실 수 있어 당대 예술인이 자주 찾던 곳이었다. 명동시장이라 불리던 이봉구작가는 자신의 작품 「명동」과 「명동백작」에서 '명동이 있고 문학이 있고 술이 있어 행복했다'라고 회고했다. 물자가 귀했던 시절이지만 박인환은 명동백작답게 멋진 의상을 차려입고, 이곳에서 계절마다 다른 양주를 마셨다고 한다.

선술집 유명옥은 김수영 시인의 어머니가 운영하던 빈대떡집으로 동인지 「신시론」의 밑거름이 되었던 곳이다. 파전이라고 쓰인 창 너머로 박인환, 김수영, 김경린, 임호권, 양병식 등이 모여 문학에 대한 의견을 나누는 모습이 인형으로 재현되어 있다. 유명옥 맞은편, 밀랍인형들이 앉아 있는 봉선화 다방은 명동 부근에 맨 처음 개업한 음악다방으로 당시 시낭송의 밤, 출판기념회, 시화전, 작곡발표회 등 가난한 예술인들의 문화행사가 열리던 곳이다.

2층 계단을 올라가면 좌측에 은성이라는 대폿집이 보인다. 이곳은 탤런트 최불암씨 어머니가 운영하

던 주점으로 박인환이 즉석에서 지었다는 '세월이 가면'이 탄생한 곳이다. 2층의 특별전시실에서는 인제의 옛 모습을 흑백사진으로 만날 수 있다. 인제에서 치러진 각종 행사, 백담사 옛 모습, 과거 인제 시내 풍경 사진 등이 전시되어 있다.

지금, 그 사람의 이름은 잊었지만
그 눈동자 입술은
내 가슴에 있어

(세월이 가면 中에서)

주옥같은 시가 함께하는 산책로
박인환거리

박인환문학관 주변으로는 시인 박인환의 거리가 조성되어 있다. 문화관광부가 주최한 '시인 박인환 만남, 그 세월이 가면' 마을미술 프로젝트사업으로, '하늘에 비치는 시 벤치', '시인의 품으로', '책 읽는 목마상' 등을 만날 수 있다. 특히 인제남초등학교 아이들이 쓴 한 줄 동시가 '시가 열리는 사과나무'에 주렁주렁 매달려 있어, 미래의 시인을 미리 만난 듯 흐뭇하다.

'만남-목마와 숙녀'의 박인환부조 앞 탁자 위에 막걸리 주전자가 놓여 있어 누구라도 시인과 마주 앉아 대화를 나눌 수 있다. 또한 시를 새긴 다양한 벤치와 시 구절이 적힌 자연석이 곳곳에 있어 가던 발걸음을 잠시 머물게 한다. '날아라, 꿈나무 시세상 시마을'이라는 아기자기한 조형물도 보이는데, 이곳에는 박인환 추모백일장에 참여했던 초등학생들의 작품이 걸려 있다. 산책로 중간쯤에는 황장목을 표시하는 조선 중기의 황장금표석과 상남면 김부1리에 있던 김부대왕당이 복원되어 있다. 김부대왕은 신라의 마지막 왕이었던 경순왕이며, 매년 5월 5일과 9월 9일 마을 사람들이 모여 제를 지냈다고 한다.

한 잔의 술을 마시고
우리는 버지니아 울프의 생애와
목마를 타고 떠난 숙녀의 옷자락을 이야기 한다.
세월은 가고 오는 것

(목마와 숙녀 中에서)

인제지역의 삶과 문화를 만나는
인제산촌민속박물관

인제산촌민속박물관은 사라져 가는 인제군의 민속문화를 체계적으로 보존 전시하는 박물관이다. 전시실에는 1960년대 산촌 사람들의 생활모습이 모형과 실물, 영상 등으로 재현되어 있다. 지역주민들의 기증과 참여가 지속적으로 이뤄지는 살아 있는 박물관으로 입구에는 산촌의 사계절 세시풍속을 사진으로 보여주고 있다.

'산촌 사람들의 애환과 여유'라는 테마에서는 산촌의 사계절 먹거리와 주거형태에 관한 전시물들을 살펴볼 수 있다. 산촌답게 봄에는 각종 나물류와 잡곡밥, 여름에는 올챙이 국수나 쑥 범벅, 단호박, 가을에는 쌀밥, 고구마 밥, 도토리묵, 겨울에는 떡국, 메밀만두국, 두부 등을 먹었고, 주거형태는 너와집, 초가집, 귀틀집 등이 있었다.

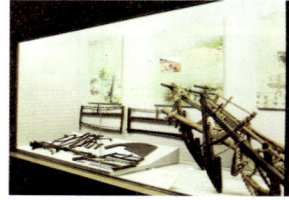

'산촌 사람들의 삶과 믿음의 세계'라는 테마에서는 산촌사람들이 살아가는 모습과 생활도구를 사계절 24절기에 맞춰 한눈에 볼 수 있게 전시하고 있다. 벌목한 목재를 수도권까지 보내던 뗏목이나 인재목기로 알려진 각종 생활용기는 눈여겨 볼 만하고, 지역민들이 예부터 해오던 심마니나 토봉(목청, 석청), 숯, 황태덕장 등에 관한 자료들도 관심을 끈다. 그 밖에도 특별전시실에서는 노루, 수리부엉이, 멧돼지 등 인제지역에 자생하는 동물들을 박재로 만날 수 있고, 야외전시장에서는 복원된 토막집이나 디딜 방앗간 그리고 연지 앞 정자, 기린정 등을 살펴볼 수 있다.

여행 정보

찾아가는 길

🚗 서울양양고속도로 동홍천TG 빠져나와 성산교차로에서 인제방면 우회전 후 40.2km → 인제교차로에서 인제방면 우측도로 200m 이동 후 좌회전하여 굴다리 지나 인제방면 우회전 후 900m → 박인환시인의 거리 이정표 확인하면서 박인환문학관주차장으로 진입

🚌 인제시외버스터미널 하차 후 도보로 이동(530m, 5분 거리)

이용안내

박인환문학관과 시인 박인환거리 문의 033-462-2086 **주소** 인제읍 인제로 156번길 **운영시간** 09:00~18:00 **휴관** 매주 월요일, 설날 및 추석, 공휴일 다음날 **입장료** 무료

인제산촌박물관 문의 033-460-2085 **주소** 인제읍 인제로 156번길 50 **입장료** 일반 1,000원, 청소년 700원, 어린이 500원 **운영시간** 09:30~18:00 **휴관** 1월 1일, 설날 및 추석당일, 법정공휴일 다음날 **홈페이지** www.inje.go.kr/museum

먹을거리

🍜 모이세칼국수

콩국수는 잣과 오이를 고명으로 올려 보기에도 좋고, 콩가루가 소복하게 올라가서 고소한 냄새가 일단 후각을 자극한다. 직접 농사지은 약콩을 사용하여 콩국물을 내는데, 딱 먹기 좋을 만큼 걸쭉하다. 칼국수 또한 바지락이 들어간 맑은 국물로 면이 탱탱하고 부드러워 술술 넘어간다. 간단하게 면으로 한 끼를 때우고자 할 때 안성맞춤인 집이다.

문의 033-461-4070 **주소** 인제군 인제읍 상동리 비봉로 44번길 25 **가격** 콩국수, 바지락칼국수 6,000원

주변볼거리

🚶 합강정

인제 8경 중의 하나로 인제지역 최초의 누정이다. 정자 앞으로 내린천과 인북천이 합류하는 합강이 흐른다하여 합강정이라 부른다. 숙종2년(1676년)에 건립되었으나 많은 수난으로 소실된 것을 1998년 목조누각으로 복원한 것이다. 합강정 바로 앞에 있는 누각에는 합강 미륵불이 모셔져 있고, 미륵불 바로 옆에는 강원도 중안단이 있는데 조선시대 각 도의 중앙에서 전염병이나 가뭄을 막아내고자 억울하게 죽거나 제사를 지내지 못하는 신에게 제를 지냈던 제단이다. 시 '세월이 가면'이 새겨져 있는 박인환시비도 빼 놓지 않고 둘러볼 만하다.

문의 033-460-2081 **주소** 인제군 인제읍 설악로 2254

Theme ✔ 테마와 관련된 연관볼거리

향수가 느껴지는 민속박물관

당진 합덕수리민속박물관

조선 3대 저수지 중의 하나였던 합덕제방을 기념해 세워진 곳으로 수리농경문화를 이해할 수 있는 자료와 여러 종류의 체험시설을 갖추고 있다. 전시실은 수리문화관, 합덕문화관으로 나뉘어 합덕제의 기원부터 한국의 수리역사 등과 당진지역의 문화를 한눈에 살펴볼 수 있다. 야외전시장에서는 도리깨, 타작 및 농기구 체험, 제방다지기 및 허수아비체험, 씨름장, 윷놀이판 등의 시설이 있다.

거제어촌민속박물관

어촌민속전시관은 체험의 바다, 부흥의 바다, 생활의 바다, 전통의 바다, 수족관 등으로 구분된다. 거제의 아름다운 바다를 직접 체험할 수 있는 문화공간으로 전시수족관의 다양한 어종과 전시관 내부에 설치된 시뮬레이터를 통해 환상의 세계를 경험 할 수 있다. 원형수족관, 사각수족관, 터치풀, 남해안의 어류들, 저서생물, 수중생태 디오라마관, 상어관이 있으며 어촌의 생활모습과 어선의 변천과정 등을 살펴볼 수 있다.

증평민속박물관

향토자료전시관, 두레관, 문화체험관, 한옥체험관, 공예체험관, 대장간체험장 등 증평의 농경문화와 역사를 체험하고 살펴볼 수 있다. 두레관은 증평군에 전해 내려오는 장뜰두레놀이공연장으로 전통민속놀이와 체험행사를 할 수 있다. 문화체험관에서는 세계 각국의 인형을 볼 수 있으며, 대장장이 최용진의 철의 세계를 엿볼 수 있는 대장간전시관이 있다. 대장간전시관에서는 철의 역사, 철의 특징, 지역별 특징을 가진 농기구를 전시하고 있다. 향토자료관은 증평역사관, 출토유물관, 민예품관으로 나뉘어 증평군의 시대별 연혁과 당시의 유물과 자료를 통하여 증평의 역사를 살펴 볼 수 있다.

Theme 07 태고의 아름다움을 간직한
방태산자연휴양림

인제의 원시 자연을 숨김없이 보여주는 방태산자연휴양림은 기린면에 위치한다. 방태산은 인제군 동남쪽에 자리 잡아 살둔, 월둔, 달둔, 연가리, 아침가리, 곁가리, 적가리, 일명 3둔 4가리라 불리는 깊은 골짜기와 비경을 품은 명산이다. 특히 방태산 적가리골(방태계곡)과 아침가리(조경동)는 조선시대 예언서「정감록」에도 난리를 피해 숨기 좋은 곳이라고 표현한 곳이다. 방태산휴양림은 태고의 아름다움을 간직한 울창한 수림과 계곡을 품고 있다. 구룡덕봉과 주억봉계곡 발원지로 15m 높이의 이단폭포가 절경이다.

숲과 함께하는 하룻밤
휴양관과 야영장

곰배령을 중심으로 조침령, 진동계곡, 방동약수 등을 여행할 때는 국립방태산자연휴양림에서 숙박을 하면 편리하다. 주말에는 휴양림 예약이 쉽지 않지만, 주중은 비교적 수월한 편이다. 휴양림 입구에서 산림문화휴양관까지는 약 1km 정도로 차로 이동하면 된다. 숲이 깊고, 수량이 풍부한 곳이라 창문을 열면 숲의 기운이 흐르고, 계곡 물소리가 유난히 크게 들린다.

인제지역은 높은 산들에 가로막혀 다른 지역에 비해 봄은 조금 늦게 시작되지만, 숲에는 야생화들로 가득하다.

방태산자연휴양림의 숙박시설은 12인실의 숲 속의 집과 산림문화휴양관(5~6인실 4개와 6~8인실 5개) 그리고 야영장으로 구분되는데 방의 숫자가 많지 않아 성수기에는 예약하기가 쉽지 않다. 거실 겸 방 한 칸과 부엌과 욕실이 있으며, 식사할 수 있는 주방시설과 이불, TV 등을 갖추고 있다. 특히 6~8인실은 다락방까지 갖춰져 있으며, 휴양관 앞에는 바비큐 시설과 나무탁자 등이 구비되어 있다. 야영장 데크는 휴양관 건너편에 10개, 이단폭포 근처에 40개가 있으며, 화장실과 공동취사시설을 갖추고 있다. 휴양림에서는 휴양객들에게 숲과 환경에 대한 지식을 체계적으로 전달하는 숲 해설(체험) 프로그램도 운영하고 있다.

주변풍광과 잘 어우러지는
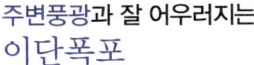
이단폭포

방태산자연휴양림에는 생태관찰로가 나무데크로 이어져 있어 숲의 생태를 좀 더 가깝게 관찰할 수 있다. 어느 휴양림이나 마찬가지겠지만, 휴양림은 울창한 숲과 골이 깊어 봄이면 들꽃들이 만발하고 여름에는 계곡 물과 울창한 숲 때문에 서늘함까지 느껴진다. 또한 가을에는 단풍이 곱게 들어 수많은 사진작가가 몰려들고, 겨울에도 설경과 얼음계곡이 있어 사시사철 휴양객이 끊이지 않는다.

휴양림의 압권은 방태산 이단 폭포로 사계절 내내 사진작가들에게 가장 인기 있는 곳이다. 셔터속도를 늦춰 촬영하면 실타래처럼 담기는 폭포의 모습이 육안으로 보는 것보다 훨씬 아름답게 보인다. 이단 폭포의 물줄기는 흡사 비단을 수놓은 듯한 착각을 불러일으키고, 폭포와 어우러지는 주변 환경이 한 폭의 그림을 만든다. 필자가 방문했을 때는 나무에서 막 새순이 돋아나던 시기라 폭포의 우렁찬 소리에 맞지 않게 다소 빈약한 느낌이었지만 한여름과 단풍

이 물드는 가을이라면 사진이 더욱 멋지게 나온다. 특히 방태산자연휴양림에는 피나무, 참나무, 박달나무 등 다양한 활엽수림이 분포하고 있어 가을이라면 알록달록 아름다운 단풍을 기대해도 좋다.

한나절을 즐길 수 있는 산행
방태산탐방

이단 폭포에서 조금 더 걸어 올라가면 제2 야영장이 있다. 몇 채의 텐트가 보이는데, 휴양관에서 편안하게 숙박하는 것도 좋지만, 텐트를 치고 가족들과 좀 더 살갑게 보내는 것도 괜찮아 보인다. 방태산 탐방은 야영장을 지나 이정표가 보이는 곳에서 시작된다. 방태산은 북쪽으로는 설악산과 점봉산, 남쪽으로는 개인산과 접하고 있어 자연환경이 수려하고, 수원이 풍부하여 쾌적한 산행을 즐길 수 있다.

입구 초입부터 피나무, 참나무, 박달나무 등 다양한 활엽수림이 분포되어 있으며, 눈 아래로는 이름 모를 야생화들이 지천으로 깔려 있다. 주억봉과 매봉령(구룡덕봉) 갈림길에서 어느 쪽을 선택하여 오르든 난이도는 비슷하다. 주억봉(1,443m)이나 구룡덕봉(1,388m)까지는 산행코스이므로 약간 경사가 있지만, 귓가에 지저귀는 새소리와 계곡 물소리가 땀을 씻어준다. 봉우리와 봉우리 사이는 능선 코스라 수월하게 걸을 수 있고, 출발지점으로 돌아오는 코스는 내리막 코스라 휘파람을 불며 내려올 수 있다. 어디로 돌든 산행코스는 대략 10km 정도로 5~6시간이 소요된다.

여행 정보

찾아가는 길

🚗 서울양양고속도로 인제TG 빠져나와 인제IC교차로에서 좌회전 후 5.6km → 진방삼거리에서 방동리방면 우회전 후 7.6km → 삼거리에서 우회전 후 2.4km → 휴양림주차장

🚌 현리시외버스터미널 하차 후 30번 버스 탑승 후 방동리정류장 하차(10개 정류장, 30분 소요) → 매표소까지 도보이동(1.2km, 20분 소요)

이용안내

문의 033-463-8590 주소 인제군 기린면 방태산길 241 입장료 성인 1,000원, 청소년 600원, 어린이 300원(12~3월 무료) 주차료 3,000원 운영시간 09:00~18:00 홈페이지 www.huyang.go.kr 귀띔 한마디 산림문화휴양관 예약 시 입장료, 주차료 면제

먹을거리

🍴 방동막국수

숲속의 빈터라는 간판이 먼저 눈에 띄는 방동막국수집은 예능프로그램 '1박 2일'에서 강호동이 다녀가면서 더 유명해졌다. 하지만 유명세보다는 맛으로 승부하는 곳답게 내오는 음식 모두 정갈하고 맛있다. 이 집을 대표하는 막국수 외에도 바삭하게 구운 감자전과 부추전도 있다.

문의 033-461-0419 주소 인제군 기린면 조침령로 496 가격 수육 15,000원, 막국수 6,000원, 감자전 3,000원

주변볼거리

🚶 방동약수

방동약수는 건강에 효능이 있다고 소문난 만큼 여행자들과 현지인들의 자주 찾는 곳이다. 약수터 좌측에는 돌탑과 정자 2채가 있어 일반적인 약수터 느낌은 아니다. 방동약수는 300년이 넘은 노송과 엄나무 아래 암반 사이에서 솟아오르는데, 1670년 심마니가 이곳에서 산삼을 캐어냈는데 그 자리에서 약수가 솟았다는 전설이 있다. 방동약수는 탄산성분이 많고 철, 망간, 불소가 함유되어 있어 위장병에 특효가 있고, 소화증진에 효과가 있다고 한다.

주소 인제군 기린면 방동약수로 89-59 문의 033-463-5094

Theme ✔ 테마와 관련된 연관볼거리

힐링, 자연휴양림

금강자연휴양림

계룡산 자락인 국사봉 마티재 근처에는 중부권 최대의 산림휴양문화공간인 금강자연휴양림과 산림박물관 그리고 수목원이 있다. 수목원은 총 23개 구역으로 구분되어 420여 종 10만 본의 식물이 식재되어 있다. 백제전통양식으로 지어진 산림박물관은 5개의 전시실에 3,000여 점의 자료가 전시되어 있으며 열대온실, 동물마을, 나무병원 등 다양한 임업관련 시설들을 살펴볼 수 있다.

용대자연휴양림

국립용대자연휴양림은 태백산 북쪽 진부령 정상부근에 위치하며, 설악산국립공원과 동해로 연결되는 46번 국도와 연접하고 있다. 매봉산(1,271m), 칠절봉(1,172m)으로부터 형성된 크고 작은 계곡을 끼고 있는 용대자연휴양림은 인공적으로 조성한 낙엽수림과 이곳에 자생하던 참나무, 피나무, 박달나무, 소나무 등이 조화를 이루고 있다. 휴양림 내에는 캠프장, 숲속의 집, 산림문화휴양관 등의 숙박시설도 갖추고 있다. 휴양림에서 매봉산(1,271m) 정상까지는 7~8km로 왕복 5~6시간 정도 걸린다.

운주산승마자연휴양림

국내 최초 산림휴양과 승마를 동시에 즐길 수 있는 승마자연휴양림이다. 리기다소나무 숲속에 조성된 휴양림으로 운주산장, 다목적구장, 숲속놀이터, 산책로, 수변관찰데크, 야외물놀이장 등의 휴양림지구와 다양한 승마체험을 할 수 있는 승마체험지구로 구성되어 있다. 색다른 경험을 즐기고자 하는 가족단위 여행자들에게 인기 있는 휴양림이다.

Theme 08 대한민국을 대표하는 서정적인 사찰
백담사와 백담계곡

신라 진덕여왕원년(647) 자장율사가 한계사로 창건하여 아미타삼존불을 조성하면서 자리잡은 백담사는 한국불교의 정신적 혁명이자 가장 아름다운 서정적인 사찰이다. 산사 곳곳에는 아직도 만해스님의 체취가 물씬 풍기는 듯하다. 백담사 법화실 뒤로 만해당과 그 아래 만해기념관이 자리하고 있으며 주변으로 만해적선사와 백담다원이 있어 차 한잔의 여유를 즐길 수 있다.

좁고 아찔한
백담사 가는 길

백담사 가는 길은 보통 산사와는 다르다. 백담탐방지원센터 주차장에 차를 대고, 용대리와 백담사를 왕복하는 마을버스를 이용해야만 한다. 물론 7km를 걸어가도 되지만 2시간 정도가 걸리므로 대부분 버스를 이용한다. 버스 상행 첫차는 오전 8시, 백담사에서 막차는 오후 6시에 있다. 인원이 어느 정도 차야 출발하지만, 방문객이 많아 생각보다 오래 기다리지 않아도 된다. 버스를 탈 때는 계곡을 끼고 가기 때문에 좌측 창가에 앉아야 멋진 계곡풍경을 볼 수 있다.

백담사까지는 차량으로 15분 정도 소요되는데, 길이 무척 험하고 좁아서 창밖을 보다 보면 아찔한 순간도 있지만, 자연풍광이 뛰어나 잠시도 눈을 뗄 수 없다. 운행 중에는 기사님 설명으로 창밖 너머 아슬아슬한 백담계곡의 명물들도 찾아볼 수 있다. 백담사 버스정류소에 내리면 바로 위 오른쪽에 백담사 수심교가 있고, 왼쪽으로 조금 내려가면 백담사 안내도가 보인다. 그 아래로 조금 내려가면 백담사 일주문도 볼 수 있지만, 일부러 내려가서 보는 사람은 거의 없다.

불교양식 정형의
틀을 벗어난 사찰

백담사로 향하는 길 좌우에는 무수히 많은 돌탑이 장관을 이룬다. 보통 사찰이 일주문, 금강문, 천왕문, 불이문으로 이어지지만, 백담사는 금강문 좌우로 사천왕상이 봉안되어 있고, 바로 백담사라 적힌 불이문이 이어진다. 불이문을 지나면 극락보전과 한계사지 북삼층석탑(보물 제1276호)이 아련히 보인다.

극락보전은 1957년 중건한 앞면 5칸 옆면 3칸의 팔작지붕 건물로 원래 대웅전으로 사용되었지만 1991년 증축하면서 극락보전으로 편액을 바꿨다. 극락보전 꽃 문살은 눈여겨볼 만큼 아름다우며, 건물외벽에는 심우도가 그려져 있다. 극락보전 내 불상은 백담사목조아미타여래좌상(보물 1182호)으로 아미타불 좌우로 관세음보살과 대세지보살이 협시하고 있다. 조선 후기에 봉안한 것으로 불상 내부에 제작배경과 시기를 알 수 있는 발원문과 복장유물 등이 발견되었다.

극락보전 우측의 나한전은 정면 3칸 측면 2칸의 겹처마 팔작지붕으로 석가삼존상을 중심으로 제자인 나한들을 모신 곳이다. 보통 사찰의 요사채를 심검당, 설선당 등으로 칭하는데 백담사는 오세암을 오가며 화엄경을 통달한 만해스님의 영향으로 화엄경과 법화경을 강조하여 화엄실이라 부른다. 이곳은 만해스님이 불교 개혁과 조국의 안위를 고민하며 「조선불교유신론」, 「님의 침묵」 등의 창작활동과 번뇌의 시간을 보냈던 곳이다. 시간이 흘러 이곳에 전두환 전대통령이 정치적 유배생활을 하던 흔적이 사진으로 남았는데, 이 부분에 대한 해석은 분분하다.

만해스님의
행장을 엿볼 수 있는 시간

만해기념관에는 만해스님이 입으셨던 승복을 비롯하여 여러 가지 유품이 전시되어 있어 잠시 만해의 세계에 빠져들 수 있다. 만해스님은 평범한 삶 대신에 출가를 택하였고 입적할 때까지 거처하던 방에 불을 지피지 않으셨다고 한다. 선과 수행으로 불경을 섭렵하고 평정심을 이끄는 경지에 이르렀으며 조국의 독립운동까지 펼치셨다. 만해기념관 앞에는 화강암으로 만든 만해 한용운선생의 시비와 흉상이 있다. 시비 앞면에는 스님의 대표 시 '나룻배와 행인', 뒷면에는 자신의 깨달음을 읊은 선시 오도송이 한문으로 새겨져 있다.

1917년 겨울, 백담사 오세암에서 좌선삼매에 들었던 스님이 바람에 의해 물건이 떨어지는 소리를 듣고 오랫동안 품었던 마음속 의심이 씻은 듯 풀렸다고 한다. 그때의 깨달음을 '오도송'으로 나타냈다. 이 오도송은 만해당 주련에 적혀있다.

> 男兒到處是故鄕 / 幾人長在客愁中 / 一聲喝破三千界 / 雪裡桃花片片紅
> (남아에겐 어디나 고향이네 / 몇 사람이나 오래도록 나그네설움에 갇혀 있는가 /
> 한마디 큰 소리가 삼천세계 뒤흔드니 / 눈 속에 복사꽃잎 붉게 흩날리네)

백 가지 풍경
백담계곡

백담계곡의 아름다운 경치 중 백미는 계곡에 쌓인 수천, 수만 개의 돌탑일 것이다. 백담계곡은 내설악의 대표적인 계곡으로 내가평마을에서 백담산장까지 이어지는 S자 모양의 곡류이다. 이름처럼 백 개의 담(潭)이 있는 계곡은 외설악 천불동 계곡과 함께 설악산을 대표하는 계곡으로 용아폭포, 용손폭포, 쌍용폭포, 만수담, 쌍용담 등 구곡담계곡과 함께 사계절 아름다운 비경을 선사한다.

수렴동계곡은 경사가 완만해서 아이들도 어렵지 않게 수많은 담과 소, 기암괴석이 어우러진 수려한 계곡을 둘러볼 수 있다. 백담사에서 5분 정도 걸어 올라가면 탐방지원센터가 있고 그 옆으로 설해목쉼터가 있다. 백담사까지는 방문객이 많아 북적거리지만 계곡 길은 한적하게 걷기 좋다. 내설악의 모든 물줄기가 모이는 큰 계곡답게 어름치, 열목어 등이 살고 있으며 백담사, 영시암, 오세암, 봉정암 등 사찰에 딸린 암자도 만날 수 있다.

여행 정보

찾아가는 길

🚗 서울양양고속도로 동홍천TG 빠져나와 성산교차로에서 인
제양면 우회전 후 54km → 한계교차로에서 속초방면 좌
회전 후 11km → 백담교차로에서 백담사방면 우회전 후
1.4km → 백담사주차장으로 진입 → 용대리정류소에서 마
을버스 탑승(계절별로 운행시간 변동있음) 문의 033-
462-3009) → 백담사정류장 하차

🚌 백담입구터미널(용대리) 하차 → 용대리정류소에서 마을
버스 탑승 → 백담사정류장 하차

이용안내

문의 033-462-6969 주소 인제군 북면 용백담로 746(매표소 문
의 033-462-3009) 홈페이지 www.baekdamsa.org

먹을거리

🍴 소풍

너와집한옥 스테이를 하고 있어 건물은 마치 동화 속 느낌
을 안겨준다. 직접 장을 담고 있어 음식맛이 더욱 좋다. 황
태뿐만아니라 산채나물과 10여가지 반찬이 나오는 황태구
이정식은 주인장의 손맛이 느껴진다. 수제비 또한 특별하
다. 버섯과 우거지가 들어가 마치 샤브샤브 느낌으로 먹을
수 있는데 된장으로 맛을 내어 깔끔하다.

문의 033-462-5535 주소 인제군 북면 황태길 333 가격 황
태구이정식 13,000원, 수제비 2인분 14,000원

주변볼거리

🚶 백담사만해마을

만해마을 입구 평화의 시벽을 지나면 문인의 집, 만해학교,
만해문학박물관, 만해평화지종, 서원보전이 나란히 자리한
다. 문인의 집은 문인집필실, 객실, 대강당, 각종 회의실 등
이 갖춰져 있으며, 만해학교는 250명을 동시에 수용할 수
있어 청소년 단체숙소, 모둠학습과 레크리에이션까지 진행
할 수 있다. 만해문학박물관은 상설 전시실로 만해의 친필
서예와 작품집 그리고 연보로 본 만해선사의 생애, 주제로
본 만해선사의 삶이 자세한 설명과 함께 전시되어 있다.

문의 033-462-2303 주소 인제군 북면 만해로 91

Theme ✔ 테마와 관련된 연관볼거리

계곡 빼어난 고찰

울산 석남사

석남사는 가지산자락에 자리한 비구니도량이다. 도의선사
가 824년(현덕왕16)에 개창한 사찰로 앞쪽으로 덕현천이 흐
르는 배산임수의 길지이다. 대웅전을 중심으로 좌우 중정
을 갖춘 중심구역과 요사채영역 그리고 종림특별선원의 선
원영역으로 구분된다. 부도전에는 제월당, 함미당, 시암당,
지봉당의 부도와 비가 있으며 대웅전과 극락전 앞에 삼층
석탑 그리고 팔각원당형의 석남사승탑이 있다.

공주 동학사

고려시대 도선국사가 중창하였으며 유차달이 신라의 충신
박제상의 초혼제를 지내기 위해 동계사를 짓고 확장하여
지금의 동학사로 이어졌다. 절 동쪽에 학모양의 바위가 있
어 동학사라 부르며, 전각으로는 대웅전, 삼성각을 비롯하
여 조사전, 육화원, 강설전, 숙모전 등이 있다. 대웅전 앞에
는 충남문화재자료 제58호인 동학사삼층석탑이 있다.

순천 강천사

강천사는 강천산자락에 자리한 선암사에 딸린 말사이다.
진성여왕 1년(887년) 도선국사가 창건하였다. 임진왜란과
6.25 때 대부분 소실되었고, 이후 첨성각과 관음전을 신축
하여 비구니도량으로 이어진 사찰이다. 대웅전, 용화당, 염
화실, 세심당, 오층석탑과 망배단이 있다. 1,000여 명의 승
려를 두었던 영험한 기도도량이었던 강천사관세음보살은
괴로움을 겪을 때 지극한 마음으로 기원하면 자비로운 구
제의 손길을 내민다고 전해진다.

S p e c i a l 05

체험관광 1번지
인제 1박 2일

설악을 품은 인제는 천혜의 자연경관을 덤으로 가진 여행지이다. 명산과 자연휴양림은 물론 짜릿한 레포츠까지 즐길 수 있는 내린천이 있어 낭만여행을 하기 좋다. 워낙 유명한 곳이 많아 1박 2일로 계획해도 다 돌아보기 힘들 정도이다. 산행만 가도 일정이 빠듯하고, 설악의 수많은 비경을 만날 수 있다. 그 밖에도 박인환문학관, 합강정, 자작나무숲 등이 있으며 패러글라이딩이나 래프팅, 번지점프는 물론이고 아이언웨이, ATV, 리버버깅 같은 이색 레포츠도 많다.

사진으로 미리보는 동선 지도

1일차 – 자작나무숲 → 박인환문학관, 인제산촌박물관 → 인제성당 → 합강정 → 여초서예관 →
　　　　북설악황토마을(1박)

Go!

| 원대리자작나무숲 | 18km 자동차 35분 | 박인환문학관, 인제산촌박물관 | 1.3km 자동차 5분 | 인제성당 | 2.5km 자동차 7분 | 합강정 | 24km 자동차 30분 |

| 여초김응현서예관 | 6km 자동차 10분 | 북설악황토마을(1박) | | | | 만해마을 | 13km 자동차 30분 |

2일차 – 북설악황토마을 → 백담사 → 영시암 → 백담사 → 만해마을

Go!

| 북설악황토마을(1박) | 4km 자동차 9분 | 백담사 | 4km 도보 1시간 30분 | 영시암 | 4km 도보 1시간 30분 | 백담사 |

바람결에 속삭이는
원대리 자작나무숲

자작나무숲으로 가려면 인제국유림관리소의 산림감
시초소에 들러 입산출입대장부터 작성해야 한다. 정
상 능선쯤에 자리한 자작나무숲까지는 임도를 따라
약 3.2km로 도보로 1~2시간 정도 걸린다. 임도지
만 길섶에는 삐죽삐죽 눈여겨볼 만한 들꽃들이 고개
를 드밀고 있어 그렇게 지겹지는 않다. 들풀과 노닐
며 걷다 보면 얼마 오르지 않은 것 같은데도 눈 아
래 펼쳐지는 풍경은 눈이 시릴 정도로 아름답다. 푸
석푸석한 임도 길이 지루해질 때쯤 바람에 속삭이는
자작나무숲이 눈앞을 막아선다.

하얀 나무껍질을 가진 자작나무는 사랑을 고백하면
이루어진다는 낭만적인 나무이면서 쓰임새도 많은
나무이다. 백년해로를 밝히는 화촉부터 산간지역의
너와집지붕, 국보 제207호인 천마도의 채화판, 합
천 해인사 팔만대장경 등에 자작나무가 사용되었다.
오솔길로 이어지는 자작나무숲에는 정글집과 나무
의자, 그네 등이 보인다. 이곳은 처음에는 소나무숲

이었지만 모두 채벌한 후 자작나무를 심으면서 멋진 숲을 이뤘다. 이곳 자작나무숲에서
는 자연을 벗 삼아 함께 성장하는 숲속유치원도 운영하고 있으며, 1년 내내 아름다운 자
작나무숲은 특히 겨울에 더욱 멋진 풍경을 드러낸다.

산골마을의 목마와 숙녀
박인환문학관과 인제산촌박물관

박인환문학관과 박인환거리에 서면 한국의 모더니
즘을 대표하는 시인 박인환의 예술혼을 느낄 수 있
다. 문학관 앞에는 코트를 입은 시인이 반기는데,
누구나 작가의 품속으로 들어가 볼 수 있고, 그 옆
으로 「목마와 숙녀」를 모티브로 한 작은 목마도서관
이 서 있다. 문학관 내에는 명동백작이라 불리며 명
동을 누비던 당시의 명동거리를 드라마세트장처럼
재현해 놓았다. 시인들의 아지트였던 마리서사, 유
명옥, 봉선화 다방 등을 통해 작품 속 시간 여행을
즐겨볼 수 있다. 이외에도 문학관 전시실에는 문인
들의 작품과 문예지 등이 빽곡히 진열되어 있어 잠

263

시나마 책 향기에 취해볼 수 있고, 2층 특별전시실에서는 백담사나 인제시내 등의 옛 모습을 사진으로 만날 수 있다.

문학관 뒤에는 '시인 박인환 만남, 그 세월이 가면'이라는 주제로 시를 새긴 벤치, 사과조형물 등 시인 박인환거리가 조성되어 있다. 인제산촌박물관은 문학관과 나란히 자리해 인제지역의 생활모습과 민속문화자료를 체계적으로 보존, 전시하고 있다. 전시물은 지역민들의 기증과 참여를 통해 이뤄내 더 의미가 있는 박물관이다. 산촌사람들의 생업과 관련된 도구, 관행, 토속신앙 등을 실물과 모형, 영상 등으로 만날 수 있다.

마음까지 하얗게 비워보는
인제성당

인제성당은 한국전쟁이 끝난 1954년 6월, 공터에 천막을 치고 첫 미사를 시작했다. 현재의 성당건물은 한국전쟁 때 파괴된 극장건물을 1957년에 개축한 것으로 역사뿐만 아니라 문화적 가치도 있는 아름다운 성당이다. 성당 중앙에 두 팔을 벌린 예수상에는 '미국의 원조' 라는 글이 새겨져 있어 어려웠던 시절을 상기시킨다. 1970년까지 외국선교회의 지원으로 근근이 운영되다 3대 천신기신부 때부터 자립적인 본당 운영을 시작하였다고 한다. 성당 좌측 루르드의 성모(Notre Dame de Lourdes)동굴에는 성모마리아상과 기도하는 소녀상이 마음을 이끌어 종교를 떠나 저절로 두 손이 모아진다.

굳게 닫힌 성당출입문은 세월의 흔적이 고스란히 묻어있다. 성당 안으로 들어서면 하얀 제단 위로 떨어지는 햇살과 또렷한 스테인드글라스의 색상이 잠시 시선을 잡는다. 제단 왼쪽에는 성모마리아, 오른쪽에는 지구본을 든 예수와 십자가에 매달린 예수가 있어 머릿속에 그려진 성당의 모습이지만 낯선 듯 친숙하게 느껴진다. 성당 밖에서는 김대건 신부의 동상도 볼 수 있다. 성당 담에 그려진 한복을 곱게 차려입은 마리아와 신도들의 모습에 잠시 걸음을 멈춘다. 여행지에서 만나는 성당은 종교를 떠나 이방인의 마음마저 차분하게 해준다.

인제여행의 시작
합강정과 내린천

인제팔경 중의 하나인 합강정은 인제 지역 최초의 누정이다. 정자 앞으로 내린천과 인북천이 합류하는 합강이 흘러 합강정이라 부른다. 숙종2년(1676)에 건립되었으나 소실된 것을 1998년 목조누각으로 복원하였다. 1760년 읍지시설물을 정리한 「여지도서」에 의하면 '십자각 형태의 5칸 누각'이었다는 기록이 있고, 1865년(고종2) 6칸으로 중수하였지만, 한국전쟁 때 소실되었다. 이후 6칸으로 다시 지었지만, 도로확장 때 철거되었다가 1998년 현재의 모습으로 복원하였다.

합강정 주변에는 박인환시비, 강원 중앙단, 합강미륵불, 합강정휴게소 등이 모여 있다. 합강미륵불은 아이를 점지해준다는 전설이 있고, 미륵불 옆 중앙단은 억울하게 죽거나 제를 지내지 못하는 신에게 별여제를 지냈던 곳이다. 합강정 앞에는 내린천이 흐르는데 여름이면 래프팅뿐만 아니라 번지점프, ATV, 슬링샷 등 레포츠를 즐기려는 사람들로 인산인해를 이룬다.

당대 최고 명필의 발자취
여초김응현서예관

명필로 존경받는 여초 김응현선생이 여생을 마감한 인제에 들어선 전문서예관이다. 여초서예관은 지하 1층, 지상 2층 구조로 상설전시관, 수장고, 자료실, 연구실 등을 갖추고 있다. 1층에는 여초생애관, 뮤지엄숍, 체험실이 있고, 2층에는 상설전시관과 기획전시관이 있다. 소장품으로 여초선생의 서예작품 200점과 국내외 교류작가 작품 811점, 여초 선생의 유품 3,000여 점 등 7,400여 점이 소장되어 있다. 2012년 완공된 여초서예관은 그해 한국건축문화대상 우수상과 올해의 건축 Best 7에 선정된 바 있다.

여초선생은 전예해행초 5체에 능통하였으며, '광개토대왕비체'를 최초로 작품화하여 국내외에 큰 명성을 떨쳤다. 또한 침체된 한국서예문화를 부흥시키는 데 많은 역할을 하였다. 한글과 한문을 두루 잘 썼고 전각에도 뛰어났다. 2층 상설전시관에서는 서예연구의 보급과 저변 확대를 위해 평생의 열정을 바친 여초선생의 발자취와 업적을 살펴볼 수 있다. 특히 1980년대에 왕성한 활동을 펼치며 전국 유명사찰과 명승지 그리고 많은 서책에 서체를 남겼다. 도선사 천불전편액과 삼성각편액, 김천 직지사 일주문편액 등 전국 유명사찰과 명승지에서 여초선생의 필체를 만날 수 있다.

역사의 아이러니를 떠올리는
백담사

백담사는 신라 28대 진덕여왕원년(647) 자장율사가 창건한 한계사로부터 시작된다. 유난히 화재가 잦아 690년 신문왕 때 화재로 소실된 것을 719년 성덕왕 때 재건하였지만 785년 다시 불타버린다. 터가 문제라 생각하여 790년 터를 30리 아래로 옮겨지었지만 984년 다시 화재로 소실된다. 987년 다시 60리를 옮겨지었고 절 이름도 심원사라 하였지만, 1432년, 1443년, 1455년, 1775년 계속되는 화재로 터를 옮겨짓고, 이름도 고쳐 불렀지만 화재를 피할 수는 없었다. 그러다 한 노승의 현몽대로 대청봉부터 백 번째 웅덩이 곁에 절을 짓고 백담사(百潭寺)라 칭했다. 이후 한동안 화재는 없었지만 그게 끝은 아니었다. 1915년 또다시 화재로 소실되고, 1921년 중건하였지만, 한국전쟁 때 전소된 것을 1957년 재건하여 오늘에 이른다.

백담사는 만해스님의 민족정신과 전두환대통령의 역사가 공존하는 곳이다. 만해스님이 민족의 독립을 염원하던 화엄실은 전두환대통령이 은둔하였던 곳으로 이제는 그의 유품이 전시되어 있다. 이곳을 찾는 사람 중에는 만해스님 발자취를 찾는 경우도 있지만 전전대통령의 은둔생활을 궁금해하는 경우도 많다. 해석이야 어찌 됐든 백담사는 어느 사찰보다 시가 많은 산사로 천천히 걸으며 여러 시비를 감상하기에 좋다. 백담사 앞 계곡에는 수만 개의 돌탑이 세워져 있으며, 영시암까지 이어지는 수렴계곡은 사계절 아름다운 비경을 선사한다.

영원히 속세로 돌아가지 않겠다는 뜻이 담긴
영시암

백담계곡과 백담사, 수렴동계곡을 지나면 만날 수 있는 영시암(永矢庵)은 활시위를 떠난 화살이 다시 돌아올 수 없듯 영원히 속세로 돌아가지 않겠다는 유학자 김창흡의 비장한 각오가 담긴 이름이다. 숙종 15년(1689) 장희빈사건 때 남인과 서인이 권력을

다투던 혼란의 시기 영의정 김수항이 사화에 휩쓸려
숙청 후 사사되자 그의 아들 김창흡이 속세와 연을 끊
고 수도하며 살겠다고 창건한 암자이다. 백담사에서
영시암까지는 4km 정도로 1시간 20여 분이 소요되는
데, 환상적으로 아름다운 숲길로 걷기 편안하다.

우측으로 계곡이 이어져 물소리를 들으며 천천히 걷
다 보면 어느새 영시암에 다다른다. 영시암은 오세암
이나 봉정암으로 향하는 길목에 있어 이곳을 찾는다
면 꼭 들리게 되는 암자이다. 범종루와 샘터 사이로
영시암의 법당이 보인다. 우측에는 등산객들을 배려
한 듯 쉬어갈 수 있는 나무벤치가 여러 개 놓여 있다.

샘터에 놓인 바가지 숫자만 봐도 얼마나 많은 사람이 이곳을 지나가는지 짐작이 된다. 영시
암 법당 앞에 걸린 현판은 여초 김응현의 글씨이다. 법당 안에는 거대하지도 화려하지도 않
은 불상 4기가 인자한 미소로 방문객을 맞고 있다.

만해의 공간
백담사만해마을

만해스님의 사상을 계승하기 위해 만든 복합문화단
지로 만해문학박물관, 문인의 집, 만해학교, 만해사,
심우장 등이 어우러져 있다. 입구에 내걸린 '백담사만
해마을' 현판은 고은 시인의 글씨이다. 한용운시인의
문학정신을 계승하고자 매달 우리시대 문학을 대표
하는 문인들을 초청하여 문화와 삶에 관한 특강을 하
고 있다. 평화의 시벽에는 2005년 세계평화시인대회
에 참가한 29개국 55명의 외국시인과 255명의 한국
시인의 작품 310편을 동판에 새겨 걸어놓았다.

문인의 집, 만해학교, 만해 문학박물관, 만해평화지
종, 서원보전이 양쪽으로 나란히 있다. 만해사 옆에
는 조국의 통일과 만민의 평화를 기원하는 만해평화
지종이 있다. 한옥의 전통미가 살아있는 만해문학박
물관 입구에는 만해스님의 흉상이 있다. 박물관 1층
은 상설전시실로 만해의 친필서예와 작품집 그리고
연보로 본 만해선사의 생애, 주제로 본 만해선사의
삶 등이 자세한 설명과 함께 전시되어 있다. 일제강
점기 활동했던 이광수, 현진건, 김동인, 심훈, 노천명, 채만식 등 눈에 익은 작가들의 사진
도 볼 수 있다. 2층으로 오르는 벽에도 작가들의 시가 걸려 있다.

 여행 정보

찾아가는 길

1일차 서울양양고속도로 동홍천TG 빠져나와 성산교차로에서 인제방면 우회전 후 34.2km → 원남로 원대리방면 우측도로 진입 후 4.4km → 원남로 현리방면 좌회전 후 3.1km → 이정표 확인하며 자작나무숲주차장으로 진입 → 도보산행(3.5km, 1시간 30분 소요) → **원대리자작나무숲** → 하산 후 원남로 인제방면 6.7km → 원남로 속초방면 우회전 후 1.2km → 남전교차로에서 인제방면 우회전 후 7km → 인제교차로에서 인제방면 우측도로 220m → 굴다리쪽으로 좌회전 후 이정표 확인하면서 1.2km 이동 → 인제산촌박물관주차장으로 진입 → **박인환문학관과 인제산촌박물관** → 주차장 빠져나와 좌회전 후 600m → 세차장사거리에서 우회전 후 750m → 인제로231번길로 좌회전 후 120m → **인제성당** → 왔던 길 돌아나와 인제로 우회전 후 300m → 사거리에서 인제시외버스터미널방면 좌회전 후 530m → 인제교차로에서 양양방면 좌회전 후 1.5km → 합강정휴게소 주차 후 도보이동 → **합강정** → 휴게소 나와 인제로 따라 11km → 이정표 확인 후 우측길 8.4km → 용대관광지교차로에서 용대관광지방면 우회전 후 130m → 만해마을방면 좌회전 후 1.4km → 사거리에서 우회전 후 230m → **여초김응현서예관** → 왔던 길 돌아나와 사거리에서 우회전 후 660m → 삼거리에서 좌회전 후 170m → 구만교차로에서 속초방면 우회전 후 4.3km → 용대교차로에서 진부령방면 우측도로 330m → 옥수골방면 우측도로 270m → 다리건너서 우회전 후 165m → **북설악황토마을(1박)**

2일차 **북설악황토마을** → 황태길 250m → 고성방면 좌회전 후 230m → 인제방면 좌회전 후 3.4km → 백담교차로에서 설악산방면 좌회전 후 1.4km → 백담주차장 주차 후 마을버스 탑승 → **백담사** → 도보산행(4km, 1시간 30분 소요) → **영시암** → 도보산행(4km, 1시간 30분 소요) → **백담사** → 백담주차장까지 마을버스로 이동 → 백담로 따라 1.4km → 백담교차로에서 홍천방면 좌회전 후 1.4km → 구만교차로에서 구만동방면 좌회전 후 160m → 만해마을방면 우회전 후 1.3km → **만해마을**

인제
1박 2일

국립용대자연휴양림
매바위인공폭포
북설악황토마을
소풍
조각공원
황태사랑
백담사행 버스타는 곳
백담탐방안내소
여초 김응현서예관
백담계곡
만해마을
수렴동계곡
십이선녀탕계곡
백담사
오세암
영시암
설악산국립공원
백운동계곡
예술인촌
대암산
대암산용늪
양구식물원
월학유원지
대승폭포
옥녀탕
소승폭포
광치자연휴양림
만계령
한반도섬
양구군청
가리봉
아름다운 인제관광
(ATV, 번지점프, 솔링샷)
인제군청
합강정 인제성당
인제버스터미널
모이세칼국수
피아시추어탕
필례계곡
인제복추어탕
인제나르샤파크
(스캐드다이빙, 서든어택)
고사리쉼터
봉화산
박인환문학관
인제산촌민속박물관
원대리자작나무숲
안내소
원대리수변공원
짚트랙
수륙양용차 아르고
옛날원대막국수
내린천
속삭이는
자작나무숲
궁동유원지

이용안내

원대리자작나무숲 인제국유림관리소 문의 033-460-8036/8032 **주소** 인제군 인제읍 원대리 763-4번지 **운영시간** 하절기 (5/16~10/31) 09:00~18:00, 동절기(12/16~3/18) 09:00~17:00 **귀뜸 한마디** 운영시간 외 기간은 산불방지를 위해 통제된다.

박인환문학관과 시인 박인환거리 문의 033-462-2086 **주소** 인제읍 인제로 156번길 **운영시간** 09:00~18:00 **휴관** 매주 월요일, 설날 및 추석당일, 공휴일 다음날 **입장료** 무료

인제산촌박물관 문의 033-460-2085 **주소** 인제읍 인제로 156번길 50 **입장료** 무료 **운영시간** 09:30~18:00 **휴관** 1월 1일, 설날 및 추석당일, 법정공휴일 다음날 **홈페이지** www.inje.go.kr/museum

인제성당 문의 033-461-0961 **주소** 인제군 인제읍 인제로 225번길

합강정 문의 033-460-2081 **주소** 인제군 인제읍 설악로 2254

여초서예관 문의 033-461-4081 **주소** 인제군 북면 만해로 154번길 **운영시간** 09:00~18:00(11~2월 09:00~17:30) **휴관** 매주 월요일, 1월 1일, 설날과 추석 당일 **입장료** 무료 **홈페이지** yeochomuseum.kr

백담사 문의 033-462-6969 **주소** 인제군 북면 백담로 746 **귀뜸 한마디** 용대리에서 백담사까지 마을버스는 계절별로 운행시간이 다르고, 겨울에는 운행이 중지되기도 하므로 방문 전 문의해 보고 가는 것이 좋다. **홈페이지** www.baekdamsa.org

영시암 문의 033-462-6677 **주소** 인제군 북면 용대리 22-33 **귀뜸 한마디** 산불방지통제 2016년 3월 2일~5월 15일

백담사만해마을 문의 033-462-2303 **주소** 인제군 북면 만해로 91 **홈페이지** manhae2003.dongguk.edu

먹을거리

인제는 하늘이 내린다는 황태가 나는 곳으로 전국 생산량의 70%를 이 지역에서 생산한다. 점봉산, 방태산 등 천혜의 자연경관을 가지고 있으며, 먹거리 또한 풍성하다. 인제 용대리는 황태구이전문점이 즐비하여 선택의 폭이 넓다. 어딜 가든 인제에서 생산된 황태를 다양한 요리방법으로 맛볼 수 있는 것도 인제여행만의 매력이며, 막국수 또한 춘천 못지않게 많다. 유명한 만큼 김가루가 듬뿍 올라진 막국수는 고소한 참기름향과 감칠맛의 여운이 진하다. 내린천이 있어 매운탕 역시 살아있는 인제의 맛을 느끼기 충분하다.

🍴 **소풍 문의** 033-462-5535 **주소** 인제군 북면 황태로 333(황태구이정식 13,000원)

🍴 **방동막국수 문의** 033-461-0419 **주소** 인제군 기린면 조침령로 496(막국수 6,000원)

🍴 **황태사랑 문의** 033-463-6030 **주소** 인제군 북면 미시령로 1364(황태구이 정식 11,000원)

🍴 **모이세칼국수 문의** 033-461-4070 **주소** 인제군 인제읍 비봉로 44번길 25(바지락 칼국수 6,000원)

🍴 **인제복추어탕 문의** 033-461-7780 **주소** 인제군 인제로 85(추어탕 8,000원)

🍴 **인제재래식손두부 문의** 033-463-1858 **주소** 인제군 인제로 178번길 52-10(자박두부 7,000원)

🍴 **내린천원대막국수 문의** 033-462-1515 **주소** 인제군 자작나무숲길 1113(막국수 7,000원)

🍴 **피아시매운탕 문의** 033-462-3334 **주소** 인제읍 인제읍 내린천로 3611(매기 매운탕 38,000원)

숙소소개

북설악황토마을은 설악산 3대 고개인 미시령, 한계령, 진부령의 기가 한곳에 모이는 위치에 자리하고 있어, 수려한 경관을 자랑한다. 평지처럼 느껴지지만 해발 500m로 넓은 대지에 투박하게 지어진 너와집은 전통적인 구들장바닥과 황토, 돌로 지어져 운치가 가득하다. 한국관광공사에서 한옥스테이로 지정한 곳이다. 소풍레스토랑을 운영하여 아침식사도 가능하다.

🏠 **북설악황토마을 문의** 033-462-1574 **주소** 인제군 북면 황태길 333 **홈페이지** www.ibuksorak.com

🏠 **국립용대자연휴양림 문의** 033-462-5031 **주소** 인제군 북면 용대리 연화동길 7 **홈페이지** www.huyang.go.kr

🏠 **국립방태산자연휴양림 문의** 033-463-8590 **주소** 인제군 기린면 방태산길 241 **홈페이지** www.huyang.go.kr

🏠 **하늘내린호텔 문의** 033-463-5700 **주소** 인제군 인제읍 비봉로 43

Special **TIP**

인제야, 놀자!
인제지역에서
즐기는 레포츠

인제 내린천은 한강의 지류 중 최상류로 홍천군 내면의 오대산과 계방산계곡에서 발원되어 40km를 흘러 소양강 상류에 이르는 계곡이다. 홍천군 내면의 내(內)와 인제군 기린면의 린(麟)자로 내린천이라 불리며, 물의 흐름이 빨라 한 번 급류가 흐르면 1~2km까지 이어질 정도여서 래프팅을 즐기기에 최적이다. 계곡을 따라 원시림을 느끼며 즐길 수 있는 래프팅, 리버버깅, 짚 트랙, 번지점프, 슬링 샷, ATV 등이 있어 모험레포츠의 천국이라고 해도 과언이 아니다.

내린천 강변 따라 오프로드 흙먼지 날리며
ATV(사륜 오토바이)

ATV를 타려면 '아름다운 인제관광 엑스 게임리조트'에서 접수부터 해야 된다. 미리 전화로 예약접수를 하고 바로 ATV를 타는 번지점프대 아래로 내려가기도 한다. ATV는 원대리 수변공원에서 시작하여 밤골쉼터 고사리유원지까지 달린다. ATV를 타기 위해서는 첫째도 안전 둘째도 안전임을 잊지 말아야 한다. 먼저 안전수칙을 끝까지 다 읽어보고 잘 지켜야 한다. 안전요원의 지시를 잘 따라야 하며 인솔자는 모두를 대표하여 서약서에 동의하고 서명하여야 한다. 모두 헬멧을 쓰고 안전요원의 설명을 듣고 운전방법을 배운다.

ATV는 원래 농업용 운송수단으로 사용되기 시작하여 레저스포츠로 발전하였다. 현재 많은 동호회가 생길 정도로 쉽게 즐기는 레포츠로서의 매력을 가지고 있다. 바퀴가 4개라 주행 시 안정성이 뛰어나고, 안전수칙만 잘 지킨다면 누구나 쉽게 운전할 수 있다. 먼저 약식 코스를 한 바퀴 돌아 운전의 리듬을 익히고 난 후 본격적으로 오프로드를 달린다. 물론 맨 앞에는 안전요원이 길을 안전하게 갈 수 있도록 유도를 해준다.

내린천을 따라 오프로드를 달리면 주변풍경을 가깝게 만끽할 수 있으며 내린천의 좋은 기운을 그대로 받을 수 있다. 혼자 놀기도 좋고, 둘이라면 더 좋고, 여럿이 놀면 정말 제대로 즐길 수 있는 레포츠 중의 하나이다. 굉음과 매캐한 흙먼지를 날리면서 달리는 쾌감은 그동안 쌓인 스트레스를 한 방에 날리기 충분하다.

3초간 누리는 비행
번지점프

번지점프는 합강정공원 내 번지점프대에서 즐길 수 있다. 국내 최고의 높이인 63m로 세계적으로 유명한 호주의 번지박사의 기술로 만들어져 안전성은 믿을 만하다. 시원한 내린천과 대자연을 내려다보며 나는 3초간의 스릴은 흥분과 두려움 그리고 짜릿한 환희의 순간을 동시에 맛보게 한다. 양쪽발목에 묶는 앵클점프(Ankle jump)와 상하체 하네스를 착용한 후 등, 가슴부위에 고리를 연결하여 뛰어내리는 보디점프(Body jump)가 있다. 최고의 높이에서 최고의 스릴을 맛보며 스트레스 해소와 자신감을 키울 수 있는 레포츠이다. 1~2인이 탑승하는 모험 레저기구 슬링샷은 항공기조종사들의 비상탈출기구에서 유래된 레포츠이다. 하늘로 마구 튕겨 올라 아찔함과 스릴을 만끽할 수 있는 새로운 익스트림 레저기구이다.

내린천을 시원하게 제대로 즐기는
리버버깅

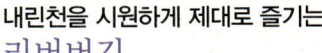

리버버깅(River bugging)은 뉴질랜드에서 개발되어 급류레포츠시장에 보급되면서 국내에도 내린천 미산계곡에서 운영 중이다. 래프팅과 카약이 융합된 형태인 리버버깅은 단체로 계곡의 급류를 즐길 수 있는 모험레포츠이다. 미산리버버깅은 리버버깅캠프(산림문화휴양관)에 접수하면, 정해진 시간에 모여 장비를 착용하고, 셔틀버스로 이동한다. 갈아입을 속옷과 수건은 준비해야 한다. 리버버깅 장비는 슈트, 헬멧, 오리모양 장갑, 발보호 슈즈, 오리발 그리고 구명조끼를 갖춰야 한다. 안전장비를 착용한 후에는 강사로부터 안전교육과 타는 방법에 대한 설명을 듣는다. 리버버깅 초급코스는 경계석에서 소개이동까지 1회 투어로 1~30명이 2시간가량 즐길 수 있다. 내린천 상류 미산리 일대 10km의 물줄기는 미산계곡 이름 그대로 산세가 빼어나고 물이 맑은 곳이다.

줄 없이 즐기는 번지점프
스캐드다이빙

밑에서 올려다만 봐도 아찔한 공포가 느껴지는 스캐드다이빙(Scad Diving)은 인제군이 국내 최초로 도입한 신종 모험레포츠이다. 그물망이 있는 곳을 향해 수직 낙하하는 스캐드다이빙은 줄 없이 즐기는 번지점프이다. 타워 25m 높이에서 아무런 보조장비도 없이 강사가 줄을 놓으면 2~3초 동안 자유낙하하여 그물망에 떨어진다. 그물은 떨어진 탄성에 의해 몇 번 출렁일 뿐 안전하다. 스캐드다이빙이 두렵다면 피라미드 타워형 전망대까지 캡슐 엘리베이터를 이용하여 올라가는 체험이 있다. 전망대로 오르는 리프트는 최대 8인까지 탑승하는데 스카이워크와 전망대 구경을 할 수 있다. 스카이워크는 안전줄을 걸고 탁 트인 통유리 바닥을 한 바퀴 도는 건데 이것 또한 강심장이 아니면 함부로 도전하기 쉽지 않을 것 같다. 전망대에서 내려다보니 밀리터리테마파크가 마치 성냥갑처럼 작게 보인다. 인제에 오면 지금까지 경험하지 못한 색다른 레포츠를 체험할 수 있다.

무한질주 본능
아르고

ATV가 오프로드를 주행한다면 아르고(Argo)는 수륙양용자동차로 해상과 육지를 가리지 않고 어디든지 갈 수 있는 레포츠이다. 인제의 아르고는 남전1리 주민협의회 영농조합법인에서 운영하는 사업이다. 승차정원이 최대 6명으로 지상에서는 최대 60km, 수상에서 4km의 속도로 운행할 수 있다. 8륜구동에서 뿜어져 나오는 파워로 계곡을 쉽게 오르내릴 수 있는데 덜컹거리는 느낌이 커서 손잡이를 꼭 잡아야 한다.

강사가 주의사항을 설명한 후 시범적으로 한 바퀴를 돌아본다. 그 다음부터 직접 운전을 해야 하는데 스릴 넘치는 묵직한 진동은 저절로 탄성과 함성이 나온다. 겨울철에는 간단히 트랙만 설치하면 설상차로 변신할 수 있어 빙어축제장의 교통수단으로 인기가 높고, 수해가 났을 때 현장에 바로 투입이 되어 수해복구에도 한몫을 톡톡히 한다. 엄청난 힘으로 질주 본능을 느끼게 하는 굉음마저 신나고, 달리다 보면 짜릿한 쾌감이 있어 가슴 속까지 시원해지는 레포츠이다.

아찔한 암벽등반
아이언웨이

황태축제장으로 유명한 용대리에 입구에는 커다란 매바위가 있다. 용대리 매바위에서 즐기는 암벽등반체험인 아이언웨이(Iron Way)는 사전교육을 받은 후 초보자코스부터 해볼 수 있다. 아이언웨이 시스템은 스템프, 빌레이케이블, 빌레이앵커 3가지가 있다. 매바위코스는 높이 100m로 전문적인 암벽등반기술 없이도 30분이면 누구나 쉽게 등반할 수 있다. 매바위코스는 초급 140m(1시간 소요), 중급 220m(2시간 소요)로 구분된다. 깎아지른 듯한 절벽을 따라 즐기는 아이언웨이는 프로 산악인처럼 짜릿한 쾌감을 느낄 수 있는데, 금속발판과 고정된 케이블에 의지해 암벽을 오르므로 안전은 크게 걱정하지 않아도 된다. 여름철이라면 등 뒤로 인공폭포가 떨어져 더욱 현장감이 느껴지고, 겨울철에는 인공폭포를 빙벽으로 만들어 빙벽등반대회를 개최하고 있다.

내린천을 가로 지르는
스카이짚트랙

짚트랙(Zip trek)은 내린천 수변공원에서 즐길 수 있다. 수변공원은 국내 유명 조각가들의 작품이 전시된 조각공원으로 익스트림스포츠와 쉼터, 예술문화까지 한 공간에서 즐길 수 있다. 내린천 스카이짚트랙은 3개의 코스로 운영되는데, 체험코스(A코스), 모험코스(B코스), 도전코스(C코스)가 있다. 매달리는 방법과 손위치 등을 자세하게 가르쳐 주므로 타는 방법은 걱정하지 않아도 된다. 또한 1, 2번 줄 모두 2.5톤의 인장강도를 가지고 있으며, 2번 가슴줄은 2차 안전장치로 메인줄이 손상되더라도 안전을 보장해준다. 3번 줄은 잘 보이지 않지만, 안전줄을 연결하는 캐리비너(Karabiner)로 구름사다리를 건널 때 추락방지를 위하여 착용한다. 3개의 안전장치를 모두 착용하므로 안전은 걱정하지 않아도 된다. 양편의 나무나 지주대 사이에 와이어를 설치하여 탑승자와 연결된 트롤리(Trolley)를 와이어에 걸어 반대편으로 이동하면서 자연경관을 즐기며 스릴을 만끽하는 공중레저 스포츠이다. 짚트랙은 자연에서 다양한 활동과 결합하면서 자연을 즐기는 신종레포츠로 자리 잡고 있다.

스릴과 도전이 있는
서든어택

온라인게임 서든어택(Sudden Attack)을 실제 서바이벌게임으로 구현한 얼라이브경기장으로 상상 속 전투를 현실 속에서 즐길 수 있다. 총알은 한사람당 300발이 지급되는데 기본 30발씩 사용하며, 헬멧스피커로 탄창교환이라는 메시지가 나오면 탄창교환버튼을 눌러 총알을 보충한다. 사격은 단발이나 연발로 사용할 수 있으며, 조준장치의 빨간점을 상대방 헬멧센서를 향해 조준하여 발사하면 된다. 스피커가 내장된 헬멧을 꼭 착용해야 하며, 총을 맞았을 경우 헬멧센서에 불이 들어오면서 스피커로 전사했다는 음성이 나온다.

현장감을 높이려고 실제 군인이 사용하는 K2소총 무게와 비슷한 3,425kg이므로 여성들이 들기에는 다소 무겁다. 경기장에서 레드 팀과 블루 팀으로 나눠 진행되며, 경기 시작 전 각 팀은 출발지점에서 대기한다. 경기도중 전사하였을 경우 총기가 작동되지 않으며, 시작점에 있는 리스톤박스의 버튼을 눌러야 자동으로 재보급된다. 경기장은 A, B, C 세 구역이 있으며 B경기장은 BB탄으로 게임을 한다. 걸을 때마다 들리는 자갈소리가 더욱 긴장감을 고조시켜, 박진감이 넘치는 서바이벌게임이다.

내린천 절경을 스릴과 함께 즐기는
래프팅

인제 내린천은 전국 최고의 래프팅코스로 유명하다. 국내 최고의 청정지역이면서 급류 지역이 길고, 유속도 완급이 반복되어 스릴이 넘치는 코스이다. 래프팅코스는 궁동유원지에서 고사리 쉼터까지 20km 구간에서 즐길 수 있다. 급류타기는 PVC나 고무로 만든 배에 여럿이 함께 타고 강의 급류와 파도를 이용하여 2~3시간 동안 자연의 거친 숨결을 그대로 느껴보는 레포츠이다. 처음에는 물을 두려워하던 사람도 타고 내려가다 보면 물에 대한 두려움도 사라지고 자연에 순응하는 지혜와 서로 신뢰하는 팀워크, 단결하는 협동력까지 키울 수 있다. 계곡의 절경이 뛰어난 내린천은 풍부한 수량과 급류의 난이도가 다양하여 제대로 스릴을 즐기기에 충분하다.

Tip 인제군에서 즐길 수 있는 레포츠

- ATV, 번지점프, 슬링샷, 아름다운 인제관광 문의 033-461-5216 주소 인제군 인제읍 설악로 2254 홈페이지 www.injejump.co.kr
- 리버버깅 미산레포츠 문의 033-463-8254 주소 인제군 상남면 내린천로 1484 홈페이지 www.misanriverbug.co.kr
- 인제나르샤파크 스캐드다이빙, 서든어택 문의 033-461-0141 주소 인제군 인제읍 비봉로 44번길 81 홈페이지 www.inje-themepark.com
- 아이언웨이 문의 033-462-0035 주소 인제군 북면 황태길 372 홈페이지 ironway.co.kr
- 래프팅 문의 033-461-0372 주소 인제군 인제읍 원대리 수변공원
- 아르고 문의 033-463-8200 주소 인제군 남면 남로 132 홈페이지 www.8wd.co.kr
- 짚트랙 문의 033-462-0701 주소 인제군 인제읍 내린천로 5693 홈페이지 www.ziptrack.co.kr
- 내린천래프팅협회 문의 033-463-0463 주소 강원도 인제군 인제읍 내린천로 5693

대한민국 여행자를 위한
강원도 여행 백서
P a r t **06**

철원 | 화천 | 양구

N
S

휴전선

구월정리역 p.290
철원두루미관 p.280

제2땅굴 p.279

승리전망대 p.283

백마고지전적지 p.283

463

3

464 43

47

노동당사 p.281

승일교 p.284

461

56

도피안사 p.266

387

47

56 463

직탕폭포 p.287

고석정 p.283
철의삼각전적지 p.278
승일공원 p.284

광덕그린농원

372

463

56

387

47

사창리터미널

75

백운계곡

78

도평리터미널

391

56

5

87

43

372

47

국망봉

37

민둥산

조무락골

화악산

368

75

화악산계곡

43

명지산

명지계곡

368

87

귀목.계곡

명지폭포

백둔계곡

포천시청

송악산

75

대진대학교

운악산

56

387

360

깃대봉

경강역(폐역)
46

현리공용버스터미널

굴봉산역 백양리역

47

가평역

403

베어스타운스키장

75

강촌역

37

남이섬

387

46

391

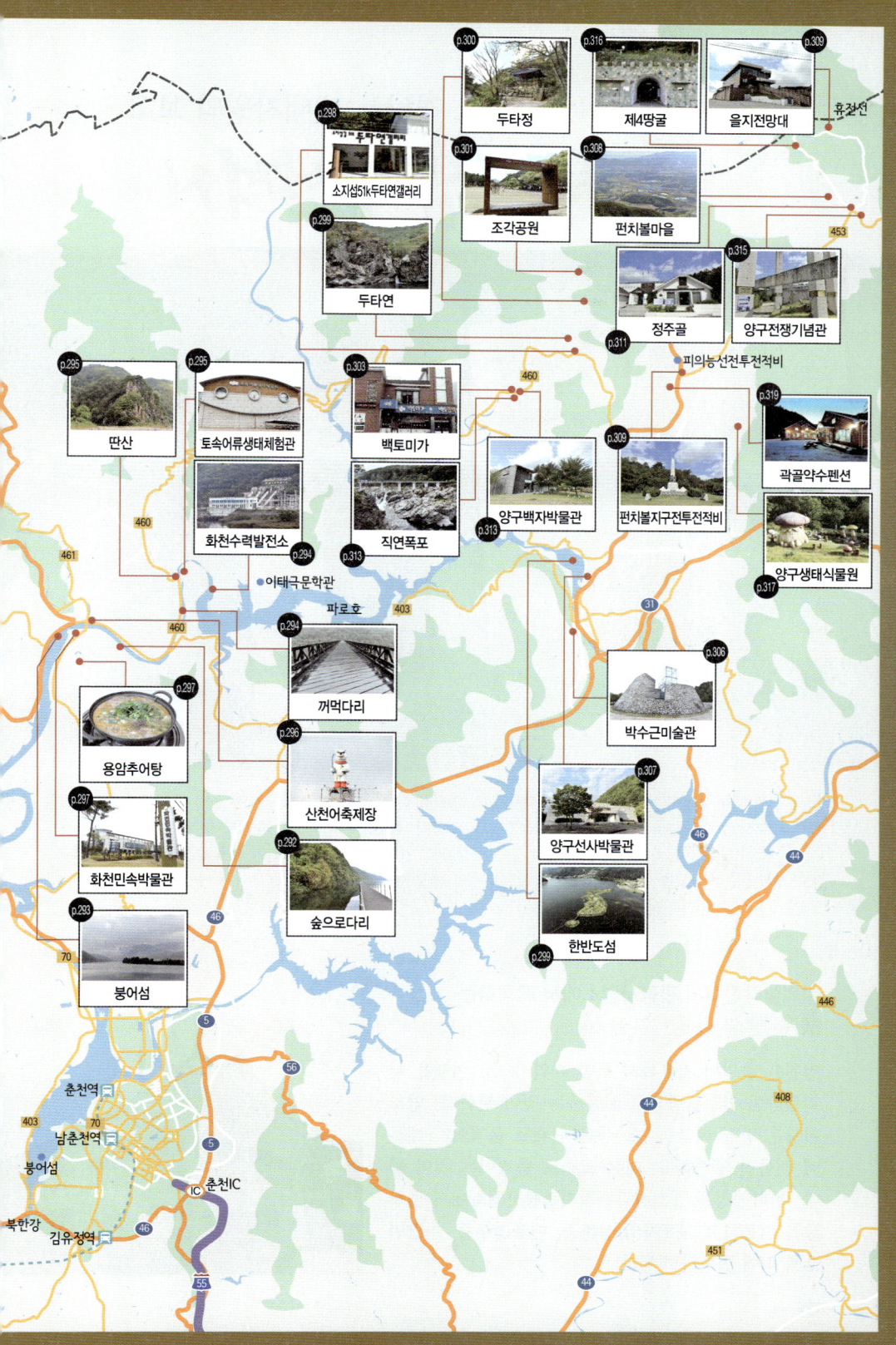

Theme 01 안보관광도 겸하는 생태자원의 보고
철의삼각전적지

한국은 전 세계 유일한 분단국이다. 지난 60여 년간 임진강 하구에서 강원도 고성까지 총 248km의 휴전선을 따라 남북으로 각각 2km씩 비무장지대(DMZ)를 두고 있다. 철원은 지리적으로 한반도 중심지역으로 삼국시대 이전부터 교통과 물류가 빈번했던 유서 깊은 고장이다. 현재까지 민간인 출입이 통제되는 DMZ와 인접해 있어 생태자원의 보고로 다른 도시와 차별화된 여행을 즐길 수 있다.

철의삼각전적지 관광사업소에서 시작하는
통일안보관광

철원은 출입이 자유롭지 못한 지역이므로 여행을 계획했다면 안보관광으로 시작하는 것이 편하다. 안보관광은 당일 현장접수를 통해 단체로 움직이기 때문에 서둘러 구경하고, 다른 코스로 움직이는 것이 좋다. 견학신청은 철의삼각전적지관광사업소에서 입장료를 지불하고 대표자의 신분증, 매표영수증, 차량번호를 적어 접수하면 된다.

견학은 양지리통제소에서 시작하여 제2땅굴 → 철원 평화전망대 → 월정리역(두루미관) → 통제소(노동당사) 순으로 관람시간은 3~4시간 정도이다. 노동당사 앞에서 견학을 마치므로 노동당사와 백마고지, 도피안사 등을 추가로 둘러볼 수 있다. 견학신청 후 받은 출입증은 운전석 우측 전면유리에 부착해야 하며, 승인된 장소 외에는 주정차 및 하차가 금지되고, 승인되지 않은 지역의 사진촬영도 금지된다. 제2땅굴위령탑과 평화전망대, 노동당사는 사진촬영이 가능하며, 월정리역 두루미관 쪽 방향은 촬영이 금지된다.

1층 통일관에서는 비무장지대의 자연환경, 북한의 의식주, 남북대화추진현황 등의 전시물을 살펴볼 수 있다. 2층 전시실에는 천안함사건의 현장사진과 한국전쟁 당시 사용했던 각종 무기류 등을 볼 수 있다. 전적관 주변에서는 임꺽정동상과 미육군공병부대전적비도 볼 수 있다.

총성은 멎었지만 기억해야 할
제2땅굴

평일에는 자가용으로 가능하지만, 주말에는 이용객이 많아 안보관광 주말셔틀버스로 이동한다. 철원의 너른 들녘을 따라 30여 분 달리면 안보관광의 첫 번째 코스인 제2땅굴에 도착한다. 제2땅굴 옆에는 발굴작업 시 북한이 설치한 지뢰와 부비트랩에 희생된 8명의 대원을 위로하기 위한 추모위령탑이 세워져 있다. 땅굴견학은 군인들의 안내에 따라 입구에 비치된 안전모를 착용한 후 들어가야 한다.

땅굴입구에서 100여 미터는 연결을 위해 우리가 뚫은 굴로 좁고, 미끄러우므로 조심해야 한다. DMZ 일대에서 두 번째로 발견된 이 땅굴은 1973년 경계근무 중 폭음을 청취한 후 지속적인 시추공탐지를 통해 1975년 2월 땅굴소재를 확인하였다. 이후 차단터널을 굴착하여 땅굴의 전모를 밝혀냈다. 총길이 3.5km, 높이 2m, 폭 2.2m, 지하 50~160m의 아치형터널로 시간당 16,000명의 무장병력이 통과할 수 있다고 한다.

땅굴을 관람할 수 있는 거리는 최대 500m이고, 이후 땅굴모습은 사진으로 살펴볼 수 있다. 걷다보면 우리 군이 땅굴을 찾기 위해 뚫은 시추공 자리와 지뢰지대, 인부들이 쉬었던 장소 등을 발견할 수 있다. 관람시간은 20여 분 정도로 관람 후에는 바로 전시관으로 이동한다. 전시관에서는 땅굴발견 후 북에서 급하게 철수하면서 남긴 갱도레일과 침목, 작업복 등의 흔적을 살펴볼 수 있다. 또한 철원지역에서 생산한 특산품과 농산물을 구입할 수 있다.

비옥한 옥토에 곡창지대가 펼쳐지는
철원평야

철원평화전망대에 오르면 2층 전망대에서 휴전선 비무장지대를 비롯한 북한선전마을, 평강고원 등을 내다볼 수 있다. 전망대까지는 걸어서 오를 수도 있고 모노레일을 이용할 수도 있다. 철원평화전망대 1층은 전시관이고 2층이 전망대이다. 1층 전시관, 전망대광장, 필승교회와 남쪽 지역은 촬영이 허가되지만, GOP철책이나 전망대 동쪽 초소배경 등은 사진촬영이 금지된다. 전시관에서는 지형축소판을 보면서 가이드의 설명을 들을 수 있다. 이곳 비무장지대는 옛날 궁예도성이 있었던 곳으로 특히 고암산은 김일성고지라 하여 38선 이북의 철원지역을 빼앗기고 김일성이 3일 밤낮을 통곡했다고도 한다.

철원평야지역은 내륙에서는 보기 드문 용암대지에 평탄한 화산지형으로 예부터 강원도 최대의 곡창지대로 꼽혔다. 먼 옛날 평강 오리산 화산폭발로 용암이 임진강까지 흘러내렸고, 용암에 덮인 강에 큰비가 내려 임진강이 역류하였다. 그 후 토사가 채워지지 못한 평강지역은 버려진 땅이 되었고, 철원은 쌀농사가 잘되는 축복받은 땅이 되었다고 한다. 야외전망대에 서면 멀리 태봉국 철원성과 평강고원, 낙타고지까지 어슴푸레 보인다.

철마는 달리고 싶다!
월정리역&두루미관

두루미전시관은 철원이 철새도래지가 된 배경과 한반도의 철새에 관한 다양한 정보를 제공한다. 3층 전시실에서는 철원평야를 찾아오는 두루미, 독수리 등의 희귀철새에 대한 정보를 알 수 있다. 철원평야는 풍부한 먹이와 겨울철에도 얼지 않는 온천수가 있어 철새들의 월동지로는 천혜의 환경이다. 이곳에는 두루미와 재두루미가 서식하고 있으며, 해마다 독수리가 찾아온다.

주차장을 사이에 두고 있는 월정리역은 1914년 강원도 내에서 가장 먼저 부설된 227km 산업철도이다. 월정리역사 바로 뒤에는 한국전쟁 당시 이곳에서 마지막 기적을 울렸을 객차의 잔해와 부서진 화물열차가 고스란히 남아있다. 60여 년을 한자리에 멈춰선

기차는 세월을 이기지 못해 앙상한 골격만 남았고, '철마는 달리고 싶다'라는 외침은 분단의 아픔을 더욱 처절하게 드러낸다. 열차가 멈춰 선 철로를 따라 잡초가 무성하다. 두루미관과 월정리역 주변은 철원평화문화광장으로 평화의 숲공원, 시간의 정원, 야외음악당, 평화문화관, 야생화단지 등으로 조성되어 있다.

평화, 화합, 사랑으로 다시 태어난
노동당사

등록문화재 제22호 근대문화유산으로 지정된 노동당사는 1946년 북한에서 지은 러시아식 건축물이다. 한국전쟁 당시 일대 시가지가 모두 파괴되었음에도 골격을 유지할 정도로 견고하게 지어졌다. 노동당사는 당시 철원, 김화, 평강, 포천 일대를 관장하며 반공활동을 하던 많은 사람이 이곳에 끌려와 고문과 학살을 당했던 곳이다. 노동당사 측면에는 유달리 구멍이 뻥 뚫린 곳이 있는데, 그 안쪽이 무기고로 인민군이 도망가면서 폭발시킨 흔적이고, 앞쪽의 큰 구멍은 유엔군이 쏜 포탄의 흔적이라고 한다.

시간이 멈춘 노동당사는 민족의 아픔을 상징적으로 보여준다. 그래서 평화와 사랑으로 치유하려는 많은 예술가나 뮤지션들이 찾아온다. 실제 열린음악회, 평화콘서트 등이 거행됐으며, 1994년 서태지와 아이들의 '발해를 꿈꾸며'라는 뮤직비디오가 이곳에서 촬영되었다.

고지의 주인이 24번이나 바뀐
피의 백마고지

백마고지는 철원군 산명리 일대로 한국전쟁 당시 국군과 중공군이 치열하게 고지전을 벌였던 곳이다. 열흘 동안 주인이 24번이나 바뀔 정도로 전투 중에 국군 3천 4백여 명과 중공군 1만여 명이 죽거나 다치거나 포로가 되었다고 한다. 이견은 있지만 치열했던 전장은 수많은 포탄이 터져 흙까지 하얗게 변해 마치

백마처럼 보인다 하여 395고지 일대를 백마고지라 부르게 됐다고 한다. 이 전투를 기억하기 위해 백마고지가 잘 보이는 곳에 전적기념관과 전적비, 호국영령충혼비를 세웠다.

전적지 내에는 피아전사자를 추모하는 위령비와 분향소가 있으며, 고지탈환을 위해 쏟아지는 포화 속에 장렬히 산화한 용사들의 활약상과 전투 내용이 자세히 적혀있다. 또한 당시의 전투상황을 묘사한 동판그림과 전투용품들도 전시되어 있다.

 여행 정보

찾아가는 길

- 🚗 세종포천고속도로 신북TG 빠져나와 43번 국도 따라 24.9km 직진 → 송정검문소에서 동송방면 좌회전 후 7km → 초과 사거리에서 우회전 후 7km → 고석정삼거리에서 전적지주차장으로 진입
- 🚌 신철원시외버스터미널 하차 후 지포리정류장에서 농어촌버스(동송, 지포리행) 탑승 → 고석정정류장에서 하차(9개 정류장, 30분 소요) → 철의삼각전적지관광사업소까지 도보이동(300m, 5분 소요)

사진으로 미리보는 **동선 지도**

철의삼각전적지관광사업소 → 제2땅굴 → 철원평화전망대 → 월정리역 → 노동당사 → 백마고지

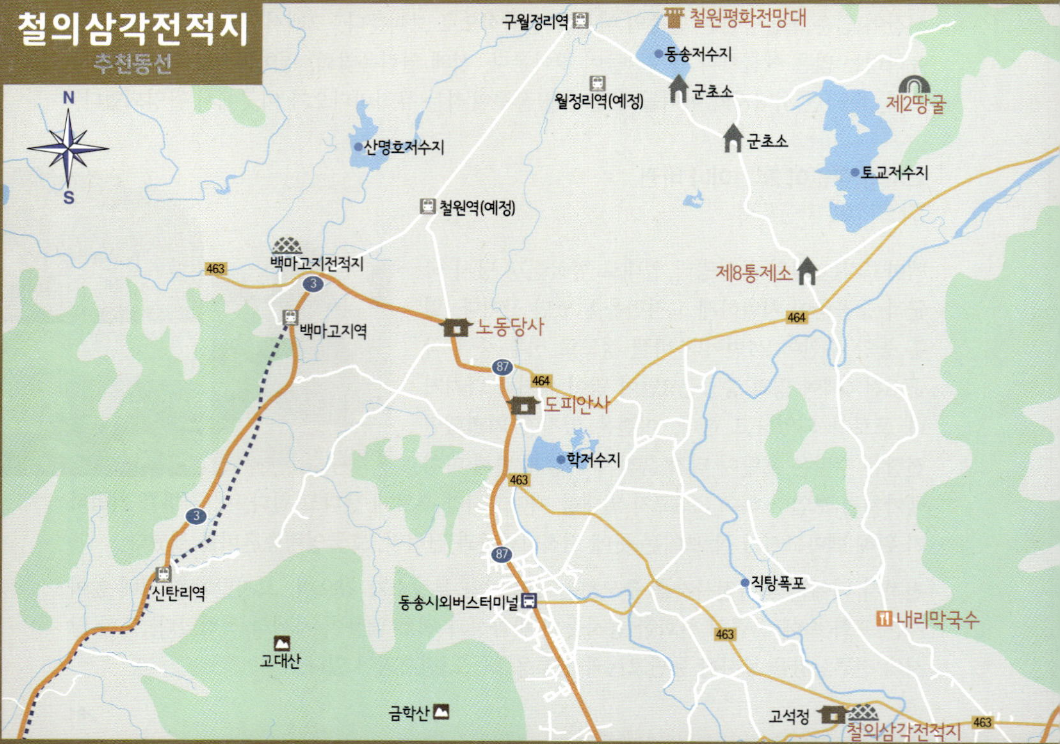

이용안내

철원군시설물관리사업소 홈페이지 hantan.cwg.go.kr

고석정출발 안보투어 문의 033-450-5559 **주소** 철원군 동송읍 태봉로 1825 **투어비** 어른 4,000원, 청소년 3,000원, 어린이 2,000원 **출발시간 11~2월** 09:30, 10:30, 13:00, 14:00 **3~10월** 09:30, 10:30, 13:00, 14:30 **휴무** 매주 화요일, 1월 1일, 어린이날, 명절연휴(설, 추석) **소요시간** 3시간 **견학신청** 신분증 지참 후 출발 시간 15분 전까지 고석정 관광안내소 1층 접수처에서 신청서 작성, 출입증 발급 후 인솔 하에 동시 출발 **귀띔 한마디** 주말 및 공휴일, 성수기(7/20~8/20)는 셔틀버스 이용

백마고지역출발 안보투어 문의 033-450-5683 **주소** 철원군 대마리 50-11 **투어비** 어른 4,000원, 청소년 3,000원, 어린이 2,000원 **운영시간** 동두천 10:30, 14:00 **출발 휴무** 매주 화요일, 1월 1일, 어린이날, 명절연휴(설, 추석) **소요시간** 3시간 **견학신청** 신분증 지참 후 백마고지역 관광안내소에서 시설사용료 및 셔틀버스티켓을 구입 후 셔틀버스에 탑승 **셔틀버스요금** 성인 8,000원, 청소년 7,000원, 어린이 6,000원, 6세 미만 무료

승리전망대 투어 문의 033-450-5900 **주소** 철원군 근남면 영서로 9759 **휴무** 매주 화요일, 1월

제2땅굴 문의 033-450-5558 **주소** 철원군 동송읍 이길리 47

철원평화전망대 문의 033-450-5558 **주소** 철원군 동송읍 중강리 588-14 모노레일 성인 2,000원, 청소년 1,500원, 어린이 1,000원

노동당사 문의 033-450-5558 **주소** 철원군 철원읍 금강산로 265

백마고지 문의 033-450-5558 **주소** 철원군 철원읍 평화로 3591

먹을거리

🍴 내대리막국수

시골집 분위기가 물씬 풍기는 향토음식점으로 즉석에서 천연메밀로 막국수를 만든다. 얄팍하게 썬 편육은 부드러우면서도 육즙까지 고소하다. 보통 막국수는 김가루를 듬뿍 뿌려 본연의 맛을 느끼기 힘든데 반해 이 집은 양념과 오이, 달걀만 넣어 막국수의 맛을 제대로 즐길 수 있다. 비빔막국수와 물막국수, 편육 딱 3가지 메뉴만 전문으로 하고 있다.

문의 033-452-3932 **주소** 철원군 갈말읍 내대1길 29-10 **가격** 막국수 7,000원, 편육 20,000원

주변볼거리

🧗 임꺽정 전설이 전해지는 고석정

한탄강에 자리한 고석정(강원도 기념물 제8호)은 철원팔경 중 한 곳이며, 신라진평왕과 고려충숙왕이 유람하였다는 명승지이다. 한탄강 양쪽은 절벽으로 이루어져 있는데 강가에 큰 바위가 우뚝 솟으면서 3칸 정도의 자연석굴이 생겨났다. 조선명종 때 의적 임꺽정이 이 석굴에 은거하며 활동하였다고 전해지며, 강 건너편에는 그가 쌓았다는 석성이 남

아 있다. 후대에 그를 기리기 위해 정자를 짓고 고석정이라 이름 지었으며, 한국전쟁 때 불탄 것을 1971년 2층 누각으로 다시 세웠다. 높이 약 15m의 화강암바위(고석)는 한반도 유일의 현무암분출지로 알려져 있다.

문의 033-450-5558~9 **주소** 철원군 동송읍 태봉로 1825

Theme 테마와 관련된 연관볼거리

안보관광지

임진각 평화누리

임진각관광지 내 조성된 3만 평 규모의 잔디언덕으로 평화통일을 상징하는 복합문화공간이다. 공연, 영화, 전시 등 다양한 문화예술행사가 연중으로 펼쳐진다. 2만 5천평에 음악의 언덕 어울터, 수상무대, 수상카페, 3천여 개의 바람개비가 있는 바람의 언덕, 통일기원돌무지의 원형 기둥이 있으며 평화의 메시지와 소망의 글을 남길 수 있다.

도라산전망대

남쪽의 마지막 역이자 북쪽으로 가는 첫 번째 역이다. 도라산역은 남방한계선에서 700여미터 떨어진 남쪽 최북단 역으로 남북화해를 위한 미완성역이다. 서울까지 56km, 평양까지 205km이다. 한반도 분단의 상징적 장소로 남북왕래가 가능하면 철도연결로 중국, 러시아까지 이동이 가능하다. 또한 남북교류의 관문이라는 역사성을 지니고 있기도 하다. 날씨가 좋은 날이면 도라산전망대에서 개성시가지와 개성공단, 김일성 동상과 북한 선전마을의 농사짓는 모습까지 볼 수 있다.

제3땅굴

1978년 발견된 제3땅굴은 문산 12km, 서울 52km지점에 있다. 총길이 1,635m로 폭 2m, 높이 2m, 3만명이 1시간에 병력이동이 가능할 만큼 지금까지 발견된 땅굴 중 가장 규모가 크다. 북한의 실상을 알리기 위해 시민에게 개방하여 안보관광으로 활용하고 있다. DMZ 영상관, 상징조형물, 기념품판매장등의 시설을 갖추고 있다.

Theme 02 한탄강의 비경을 감상할 수 있는
쇠둘레길과 철원승일교

한국의 콰이강다리라고도 불리는 승일교는 등록문화재 제26호로 철원군 내대리와 장흥리를 잇는 다리이다. 북한이 한국전쟁 초인 1948년까지 기초공사와 2개의 교각을 세웠으며 국군이 임시로 목교로 연결했다가 1958년 다리를 완공하였다. 한탄강을 가로지르는 길이 120m의 아치형교각은 남북이 각각 다르게 시공하였지만 오히려 아름다운 조형미가 돋보이는 결과를 낳았다.

역사성과 조형미가 돋보이는
승일교

승일교는 한탄대교 못 미쳐 승일공원 근처에 위치한다. 제2차 세계대전 중 태국과 미얀마 국경 일본군 포로수용소에서 벌어진 사건을 다룬 영화 〈콰이강의 다리〉 속 아치형다리와 모양이 흡사하다 하여 '한국의 콰이강의 다리'라고도 불린다. 이 다리는 결코 의도하지는 않았겠지만 남북합작으로 완공된 근대토목유산의 대표작이다. 갈말읍 내대리와 동송읍 장흥리 사이

한탄강협곡을 가로지르는 다리로 일제강점기 진남
포제련소 굴뚝을 설계했다는 김명여교사가 설계하
였다. 공사는 1948년 북쪽에서 시작하였지만 완공
되지 못한 채 한국전쟁을 겪었으며, 휴전 후 우리 정
부에서 나머지 구간 공사를 마무리하여 1958년 준
공하였다. 아치형 교각은 남북이 각각 다르게 시공
하였지만 역사성과 조형미가 돋보인다.

길이 120m, 높이 35m의 승일교는 이승만시절에 완
성되었지만 그 시작은 김일성이 했다하여 이승만의
'승'자와 김일성의 '일'자를 합쳐 승일교라 칭했다고
전해진다. 하지만 휴전 당시 한탄강을 도강하여 전
공을 세우고 전사한 당시 연대장 고 박승일대령의
충정을 기리기 위해 붙여진 이름이라는 것이 정설이
다. 한탄대교 옆에 새로운 교각이 조성되고 있는데
다리 모양이 승일교의 아치형과 비슷하다.

한탄강의 비경을 감상할 수 있는
쇠둘레길

승일교방향으로 쇠둘레길에 속하는 한여울길
(11.2km), 금강산가는 길(11.9km), 한탄강생태순환
탐방로(5.2km) 안내가 잘 되어 있다. 쇠둘레는 이
곳의 지명 철원을 풀어서 붙인 이름으로 '철원 평화
의 땅을 걷는 길'이다. 우리 역사와 문화이야기가 있
으며 현무암 협곡으로 이루어진 한탄강의 비경을 감
상할 수 있어 2010년 문화체육관광부에서 '이야기
가 있는 문화생태 탐방로 10선'으로 선정한 바 있다.
풍광이 수려한 한탄강 둘레길 중 가장 널리 알려진
한여울길은 천천히 걸으면서 즐겨도 좋고, 자전거를
타고 바람을 가르며 시원하게 내달려도 좋다. 한여

울길의 마지막 지점인 칠만암은 이름대로 칠만 개나 되는 기암괴석이 주변 풍광과 잘 어우러진 아름다운 곳이다.

한여울길(9.4km) 승일공원 → 고석정 → 마당바위 → 송대소(수변공원) → 태봉대교 → 직탕폭포 → 오덕리(금월동) → 칠만암

금강산 가는 길(10.8km) 오덕리(강회동) → 덕고개마을 → 학저수지(징검다리) → 도피안사 → 한다리 → 노동당사 → 수도국지(새우젓고개) → 율이리(용담)

한탄강생태순환탐방로(5.2km) 승일공원 → 내대리 성(일명 대통진성) → 송대소 → 태봉대교

한반도의 평화를 상징하는
다리

승일교에 오르면 단기(4291년 12월 3일)로 준공날짜가 기록된 표지석이 먼저 반겨준다. 표지석 우측에는 과거 초병들이 감시초소로 사용했던 구조물이 흉물스럽게 서있다. 승일교 오른쪽은 한탄강 생태탐방로 1구간인 마당바위, 논둑길, 주상절리, 숲길로 연결되는데, 비교적 이정표가 잘 정리되어 있어 호젓하게 혼자 걷기에 좋은 길이다.

승일교 위에 서면 바로 옆에 한탄대교가 한눈에 들어온다. 교각 상판에는 여기저기 보수의 흔적과 위험표시 등이 어수선하게 놓여 있다. 하지만 등록문화재로 지정된 역사적 유물답게 밤에는 야간조명이 비치므로 저녁에 둘러봐도 좋다. 야간조명은 남북의 화합과 희망을 상징하는 청색과 적색, 그리고 백색등이 조화를 이룬다. 안보지역인 만큼 한탄대교를 건너면 전쟁 시 도로를 폐쇄하기 위한 구조물들이 세워져 있어 위압감이 느껴진다.

여행 정보

찾아가는 길

🚗 세종포천고속도로 신북TG 빠져나와 43번 국도 따라 28.8km 직진 → 연봉제삼거리에서 친철원 우회전 후 3km → 군탄사거리에서 좌회전 후 370m 지나 바로 우회전 후 560m → 삼거리에서 우회전 후 갈말로 따라 2.4km → 사거리에서 동송방면 좌회전 후 승일교 이정표 확인하면 진입

🚌 신철원시외버스터미널 하차 후 공영버스정류장에서 3002번 버스 탑승 → 문혜리정류장 하차(1개 정류장, 15분 소요) → 승일교까지 택시를 타거나 도보이동(1.9km로 도보이동 시 30분 소요)

이용안내

주소 철원군 말읍 내대리 산 61-1 조명시간 하절기 20:00～23:00(부분 조명 23:00～01:00), 동절기 18:00～23:00(부분조명 23:00～01:00)

먹을거리

🍽 문평쌈가 조경이 아름다워 머물고 싶은 식당으로 마당에 장독단지가 많아 구경하는 재미도 있다. 웰빙쌈밥집에 걸맞게 푸짐한 쌈과 다양한 반찬이 함께 나오는 쌈밥정식은 현대인의 입맛에 맞고 짜지 않아 좋다. 정성이 가득한 한상차림에 배부르게 먹을 수 있다.

문의 033-452-6868 주소 철원군 갈말읍 갈말로 369 가격 제육쌈밥정식 11,000원, 불고기쌈정식 13,000원

주변볼거리

🚶 직탕폭포
한탄강 상류에 수 만년 동안 침식되어 자연적으로 생긴 일자형 폭포이다. 그 모습이 웅장하고 아름다워 철원8경 중 하나로 꼽힌다. 폭 80m, 높이 3m의 풍부한 수량으로 한국의 나이아가라로 불린다. 한탄강의 폭만큼 물이 떨어지는 곳은 직탕폭포가 유일하다. 폭포는 용암층이 수차례 화산분화로 흘러내려 겹쳐지면서 쌓인 수직절리로 형성된 것이다. 보통 폭포가 아래로 떨어져 웅장하다면 직탕폭포는 옆으로 퍼져 색다른 웅장함을 즐길 수 있다.

문의 033-450-5365 주소 강원도 철원군 동송읍 한탄강길 208

Theme ✔ 테마와 관련된 연관볼거리

호국 역사품은 다리

공주 금강철교
과거 공주읍과 장기면을 잇는 다리로 폭 6.4m, 길이 51.3m, 높이 약 20m로 1933년 준공 당시 최첨단공법으로 건설된 한강 이남의 가장 긴 다리였다. 한국전쟁 당시 미군이 천안전투에서 패배하면서 금강방어선을 사수하기 위해 한강철교에 이어 두 번째로 금강철교를 폭파시켰다. 1952년 물자수송과 부대배치를 위해 복구하여 사용하다 2002년 전면적인 보수공사를 통해 현재의 모습을 갖추게 되었다. 금강철교는 등록문화재 제232호로 지정된 대한민국 근대문화유산이다.

칠곡 왜관철교
일제강점기인 1905년 일본이 대륙침략을 위해 개통한 군용철도교이다. 한국전쟁 당시 철교가 폭파되었지만 전쟁 후 철제가 아닌 나무다리 인도교로 복구하였다. 이후 역사적 가치를 인정받으면서 현대식 인도교로 재탄생하였다. 예전의 다리모습은 아니지만 아치형 난간에 조명이 아름다워 사진작가들에게 인기 있는 명소로 등록문화재 제406호로 지정되어 있다.

창녕 남지철교
창녕군과 함안군 사이 낙동강을 가로지르는 근대식 트러스교이다. 한국전쟁 시 국군 최후의 방어선으로 강물이 피로 물들 정도로 치열했던 격전지였다. 길이 391m, 넓이 6m, 트러스 높이 6m로 교각부분 트러스가 높아 마치 물결이 치는 듯 아름다운 모습으로 등록문화재 제145호로 지정된 근대문화유산이다.

Theme 03 감성이 모락모락 피어나는
감성마을 이외수문학관

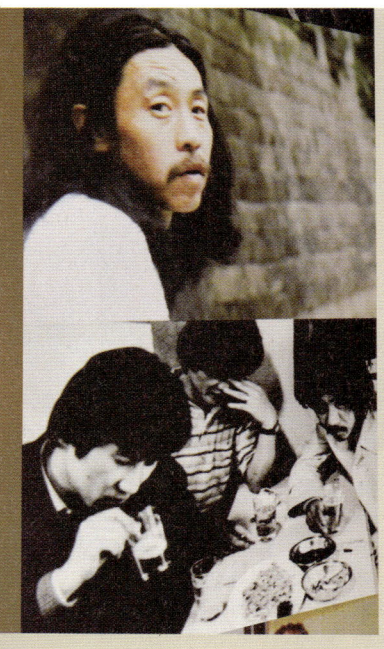

이외수문학관은 복주산 자락의 계곡을 끼고 문학전시관, 전통한옥 모월당, 이외수작가 주거공간과 집필실, 시비 산책로로 조성된 감성테마문학공원이다. 마을 이름도 감성이 뚝뚝 떨어질 것 같은 감성마을로 새, 짐승, 계곡, 바람, 사람이 모여 감성을 형성한다는 뜻을 내포한다. 생존 작가로는 국내 최초로 건립된 문학관에서는 이외수선생의 다양한 활동영역을 살펴볼 수 있으며, 운이 좋다면 작가를 직접 만날 수도 있다.

아름다운 글귀 따라 걷는
산책로

다목리 감성마을에서 이외수문학관으로 향하는 길은 이정표도 아기자기하다. 감성마을 초입에서 '새가 바라보는 쪽으로' 라는 이정표를 보고 계속 올라가면 주차장이 있다. 감성마을 주차장에 도착하면 지역 농특산물판매장인 감성장터가 있고, 여기서 이외수문학관까지는 시비 산책로로 조성되어 있다. 산책로 초입에 세워진 시석에는 이외수선생의 인생좌우명인 '길이

있어 내가 가는 것이 아니라 내가 감으로써 길이 생기는 것이다'라는 글귀가 여행자를 반긴다. 자작나무숲 사이 계곡 물소리를 배경 삼아 자연석에 쓰인 작가의 글귀를 읽으며 걷다 보면 어느새 이외수문학관이 보인다.

'사랑 아무리 멀리 떠났더라도 시들기 전에 돌아오기', '사랑할 때는 모든 풀잎들이 음표가 된다.'-이외수 작가의 글귀

평일에는 한가한 편이라 차를 타고 문학관 앞 다리까지 갈 수 있다. 다리 가운데쯤에는 강화유리가 놓여 있어 아래로 시원하게 흐르는 계곡물을 볼 수 있다. 이외수작가 필체로 쓰인 '이외수문학관, 어쩜 SHOP, 모월당, 감성마을 작은 도서관'이라는 이정표가 길을 안내한다. 화천한옥학교에서 정성으로 지은 모월당은 '달을 사모하는 집'이란 뜻으로 강연과 교육의 장이며 마을도서관이기도 하다.

멍때리기 딱 좋은 아늑한
문학관

이외수문학관은 건축가 조병수의 설계로 산자락 경사를 따라 자연과 잘 어우러져 있다. 문학관 입구 포토존에는 화천을 상징하는 수달과 사슴, 다람쥐 그리고 이외수작가의 사진 등이 세워져 있다. 이외수작가를 만나지 못하더라도 인증샷 하나 정도는 남길 수 있을 듯하다. 문학관 출입문을 들어서면 방문객들이 남긴 알록달록한 포스트잇이 빼곡하게 보이고, 철문에는 「하악하악」에 나오는 '포기하지 말라, 절망의 이빨에 심장을 물어 뜯겨 본 자만이 희망을 사냥할 자격이 있다.'라는 문구가 눈에 들어온다. 문학관은 이외수작가의 어린 시절 사진부터 저서, 그림, 인터뷰까지 살펴볼 수 있게 꾸며져 있다.

방문객이 많지 않은 문학관은 조용하다. 창가는 편하게 걸터앉아 작가의 책을 넘겨볼 수 있는 공간으로 꾸며져 여유롭게 머물기 좋다. 문학관 분위기에 걸맞게 꾸며진 책꽂이도 사소하지만 멋스러움을 더한다. '나는 밤마다 빛나는 눈으로 목을 드는 늑대같이 차디찬 겨울을 목 놓아 울면서 나 자신을 확인해왔다.' 고백 같은 작가의 신춘문예 당선 소감에서 우리가 감성으로 읽었던 작가의 글이 그에게는 얼마나 긴 인고의 시간이었는지 가늠해볼 수 있다.

트위터대통령, 천재, 기인 **그리고**
인간 이외수

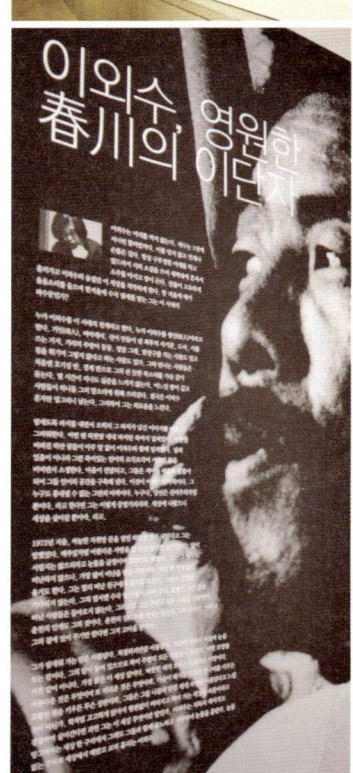

원고지에 정성껏 펜으로 눌러 쓴 원고는 마치 인쇄물을 보듯 깔끔하고 가지런하다. 한 줄의 글을 토해내기 위해 각고와 인내의 시간을 견뎠을 작가의 고민 또한 원고지에 그대로 배어 있는 듯하다. 컴퓨터의 발전과 함께 사라진 타자기에서도 작가의 흔적을 찾아볼 수 있다. 전시실에서는 작가의 글 외에도 다수의 그림과 예술작품을 만날 수 있는데, 미술을 전공하려 했던 작가답게 나무젓가락으로 만든 독특한 작품과 동판에 그린 자화상이 눈에 띈다. 작가는 붓 살 돈이 없어 굴러다니던 나무젓가락으로 그림을 그렸다고 한다. 작품을 보고 있으면 저절로 감정이 이입되면서 그의 외로움과 고독까지 느껴진다.

운이 좋다면 작가를 직접 만나 책에 사인도 받고 함께 사진도 찍을 수 있다. 직인까지 찍어주는 사인과 어린 아이처럼 활짝 웃는 모습으로 기념사진을 담을 수 있어 기분좋은 만남이 된다. 오래된 사진 속 작가의 모습과 달리 말쑥한 차림새로 방문객들을 맞지만 얼마 전까지만 해도 힘든 암투병시기를 긍정에너지로 견디셨다고 한다.

여행 정보

찾아가는 길

- 세종포천고속도로 신북TG 빠져나와 43번 국도 따라 8.2km → 만세삼거리에서 우회전 후 6.1km → 일동교차로에서 좌회전 후 28.4km → 신술교차로에서 우회전 후 4.2km → 육단리방면 좌회전 후 8.2km → 삼거리에서 우회전 후 10.4km → 삼거리에서 좌회전 후 다목교 건너 좌회전하여 이정표 따라 이외수문학관까지 이동
- 다목리시외버스터미널 하차 후 정류장에서 다목리행 버스 탑승 후 다목초등학교정류장 하차(1개 정류장, 7분 소요)하거나 도보이동(약 2km로 30분 정도 소요)

이용안내

문의 033-441-1253 **주소** 화천군 감성마을길 99 **이용시간** 10:00~18:00(4~9월), 10:00~17:00(10~3월) **휴무** 매주 월~화요일 **입장료** 일반 2,000원, 청소년 1,500원, 어린이 1,000원

먹을거리

🍴 **전통중화요리 아리산**

화천은 군부대가 많아 휴가나 외출 나온 장병들이 간단하게 먹기 좋은 중국집이 많이 보인다. 예전 특별한 날에만

먹던 짜장면을 여행지에서 먹어보는 것도 나름의 추억과 향수를 불러일으킨다. 상호도 타이완의 3대 명산으로 꼽히는 아리산이다. 가장 많이 나가는 건 짬뽕이지만 세 가지 해산물을 첨가하여 만든 삼선짬뽕과 잘 갈은 돼지고기를 춘장과 섞어 부드럽고 고소한 맛이 나는 유니짜장도 권할 만하다.

문의 033-441-6989 **주소** 화천군 상서면 감성마을길 2 **가격** 짬뽕 5,500원, 짜장 5,000원

주변볼거리

🚶 **인민군사령부막사**

1945년 건립 이후 오늘날까지 원형이 잘 보존되어 있는 석조건물이다. 단층의 폭이 넓은 장방형에 슬레이트지붕을 올렸으며, 북한의 상징인 오각별이 중간에 새겨진 시멘트기와로 건축되었다. 한국전쟁 당시 인민군막사로 사용되었으며, 정전 이후에는 우리 군에서 사용하였다. 돌과 흙으로 쌓은 초소 흔적도 남아 있으며, 등록문화재 제27호로 지정 관리되고 있다.

주소 화천군 상서면 다파로 124

Theme ✓ 테마와 관련된 연관볼거리 📷

작가의 숨결이 느껴지는 문학관

옥천 정지용문학관

한국 현대시의 선구자, 언어조탁의 마법사 정지용의 삶과 문학의 세계를 엿볼 수 있는 문학관이다. 문학전시실은 지용연보로 시작하는데 시인이 살았던 시대상황과 문학사의 전개과정까지 살펴볼 수 있다. 시인의 삶과 문학, 연대기와 주제별로 나눈 4개의 구역(향수, 바다와 거리, 나무와 산, 산문과 동시)을 관람할 수 있다. 문학관 옆에는 초가로 된 시인의 생가도 있다.

부여 신동엽문학관

1960년대 한국을 대표하는 민족시인 신동엽은 부여출신으로 신동엽문학관을 통해 시인의 생애와 문학성을 살펴볼 수 있다. 신동엽문학관에는 옥상마당, 백제수혈유구지, 북카페, 전시관, 특별전시관으로 구분된다. 문학관에는 유족들이 기증한 육필원고 737점과 편지, 사진, 책 등 모두 2,114점이 전시되어 있어 시인의 삶을 체계적으로 엿볼 수 있다. 문학관 옆에 생가가 함께 있다.

장흥 천관문학관

천관산자락에 자리 잡은 천관문학관은 문학작품과 문인들의 작품세계를 만날 수 있는 곳이다. 이 지역 출신의 대표 문인 이청준, 한승원, 송기숙을 비롯하여 장흥이 배출한 여러 문인들의 작품공간이다. 작가들의 편안한 집필활동을 최신식 게스트룸과 북카페, 강당, 체험관 등이 있다. 천관문학관과 더불어 천관문학공원도 함께 둘러보면 좋다.

Theme **04** 호수 따라 이어진 특별한 물길
화천 산소백리길

지리산 둘레길, 제주도 올레길처럼 강원도에는 산소길이 있다. 강원도의 81%가 산림지역이라 산소발생량이 많음에 착안하여 만든 길로 강원도내 시, 군마다 아름답기로 소문난 길이 많다. 대표적으로 수타사 계곡둘레길, 동강 산소길, 실레이야기길, 솔바람 산소길, 무릉계곡 탐방로, 뚜레길, 오대산 산소길, 두타연길 등이 있는데 화천에는 비수구니마을 산소길과 파로호 산소길이 있다.

파로호 특별한 숲으로 안내하는
숲으로 다리

화천9경 중 제1경인 파로호는 화천군과 양구군에 걸쳐 있으며 화천댐건설로 생긴 호수이다. 한국전쟁 당시 북한군을 물리치면서 한자 '깰 파(破), 오랑캐 로(虜)'를 사용하여 이승만대통령이 지은 이름이라고 한다. 물과 안개의 고향 화천 '파로호 100리 산소길'은 북한강변을 따라 42km에 걸쳐 조성된 명품 길로 아름다운 숲길과 물길이 함께한다. 자전거를 이용하면 4시간 남짓 소요되는 환상의 자전거드라이브 코스이다. 서오지리 연꽃단지, 동구래마을, 붕어섬, 폰툰다리, 은행나무길, 숲으로 다리, 미륵바위, 화력수력발전소, 꺼먹다리, 딴산유원지 등을 거치는 숲길, 수상길, 수변길로 조성되어 다양한 볼거리를 제공한다.

산소백리길의 백미는 파로호를 따라 설치된 1.2km 수변데크인 '숲으로 다리'이다. 일반적인 부교나 잔교와 달리 맨바닥이 평평하여 걸을 때마다 물 위를 걷는 듯한 폰툰(pontoon)다리이다. '숲으로 다리'라는 명칭은 「자전거 여행」의 저자 김훈선생이 붙였으며, 물안개 가득한 날이면 더욱 신비롭게 느껴진다. 출렁거리는 데크를 따라 걷다 보면 수면 위로 비친 산세가 마치 한 폭의 산수화처럼 아름답다. 파로호를 끼고 있는 산은 화천 용화산이며 '숲으로 다리'를 따라 1km 정도 걸으면 원시림 숲길로 이어진다.

이외에도 동구래마을부터 북한강변을 따라 연꽃마을까지 이어주는 1.2km 야생화길은 들풀과 함께 걸을 수 있는 향기 가득한 길이다. 산소백리길 중 붕어섬은 수상레저를 즐길 수 있는 공원으로 입구에 자전거 대여소가 있어 산소길 라이딩을 할 수 있다. 일일대여료가 1만 원인데, 화천군 내에서 현금처럼 사용할

수 있는 화천사랑상품권을 주므로 결국 자전거대여는 무료인 셈이다. 상품권은 화천오일장(매월 3, 8, 13, 18, 23, 28일)이나 주변 상가에서 사용할 수 있다. 파로호선착장에서 유람선을 타고 평화의 댐까지 운항하는 24km 뱃길도 파로호를 즐기기에 더할 나위 없다.

마을주민들의 염원을 간직한
미륵바위

숲으로 다리를 지나 조금 더 올라가면 북한강변을 바라보고 서정적으로 서 있는 정자와 미륵바위가 있다. 미륵바위는 오랜 기간 화천주민들의 염원을 간직하고 있는 바위이다. 5개의 화강암 덩어리인 미륵바위는 보는 각도에 따라 각기 모양이 달리 보인다. 미륵바위가 언제 세워졌는지 정확히 알 수는 없지만, 설에 따르면 조선 후기 이 자리에 사찰이 있었는데 현재는 바위만 남아있다고 전해진다.

전설에 의하면 옛날 이 마을에 살던 선비 장씨가 과

거를 보러 가던 길에 초립동을 만나 동행을 하였는데, 한 주막에 도착하자 초립동이 맛있는 음식을 잔뜩 시켜먹고 감쪽같이 사라졌다고 한다. 돈이 없던 선비는 과거도 보지 못한 채 주막에서 품삯 일을 대신해야 했다. 그러던 어느 날 초립동이 다시 나타나 선비에게 환약을 주며 이조판서댁에 아픈 딸이 있으니 가서 치료해주라고 하였다. 선비가 초립동 말대로 환약으로 딸의 병을 고쳐주니, 이조판서가 과거를 다시 볼 수 있게 도와줘 선비는 급제하였다. 금의환향한 선비를 초립동이 다시 나타나 축하해주고 홀연히 사라졌는데, 사라진 그 자리에 미륵바위 5구가 남아 있었다고 전해진다. 그때부터 선비와 마을 사람들이 이곳에서 제를 올리며 마을의 안녕과 자신들의 염원을 빌었다.

미륵바위 옆에는 서양화가이자 조각가인 임옥상의 작품 '흐르고 또 흐르고'라는 조형물이 서 있다. 동그란 원형 테두리 안에 '삶'이라고 쓰인 글자 위로 시곗바늘이 배배 꼬인 모양새가 특별하게 보인다. 작품에 대해 작가는 '끊임없이 흐르는 강을 보고 있노라면 오랫동안 묵묵히 자리를 지키고 있는 미륵바위처럼 많은 삶의 시간이었을까? 끊임없이 움직이는 삶의 시간을 경관에 도입하기로 합니다.'라고 했다.

일제강점기부터 휴전까지 파란만장했던
꺼먹다리

길을 따라 계속 걷다 보면 화천수력발전소, 꺼먹다리, 딴산유원지, 토속 어류생태체험관까지 둘러볼 수 있다. 도보나 자전거가 아닌 자동차로 주요 여행지를 둘러보아도 좋다. 강변을 따라 이어진 길이 매끈한 곡선이라 마음조차 유연해진다. 강 건너 멀리 공장건물처럼 보이는 건축물은 화천수력발전소이다. 높이 81.5m, 길이 435m의 콘크리트 중력댐으로 일제강점기 일본의 대륙 침략 야욕으로 동촌리와 구만리 사이에 건설되었다. 1944년에 발전기 1, 2호를 완공하였지만 한국전쟁을 겪으면서 파괴되었고, 휴전 후 순차적으로 복구하였다. 이후 3호기와 4호기를 증설하면서 보수공사와 설비 현대화를 통해 꾸준히 전력을 생산하고 있다.

꺼먹다리는 목재상판의 부식을 막기 위해 검은 콜타르(Coal Tar)를 칠하면서 붙여진 이름이다. 철근콘크리트 주각 위에 철제구조물을 올리고 목재상판을 깐 국내 최고의 교량으로 원형이 잘 보존되어 있어 등록문화재 제110호로 지정되어 있다. 일제가 수력발전소 가동을 위해 짓기 시작해서 한국전 당시에 소련과 북한군이 교각을 놓고, 휴전 후 우리 측에서 상판을 올리면서 비로소 완공된 시대의 아픔이 고스란히 스며든 다리이다. 상판이 목재이다 보니 비가 내리면 더욱 새까맣게 보인다.

처녀고개 전설과 금강산에 가지 못한 봉우리
이야기가 있는 곳

화천댐에는 수중생태계 복원을 위해 물고기들이 댐을 거슬러 올라갈 수 있도록 한 모노레일형 어도 '물고기 하늘길'이 있다. 꺼먹다리에서 조금 더 올라가면 딴산입구인데 여기서부터 어룡동마을, 토속어류생태체험관, 물고기 하늘길, 화천댐 등이 이어진다. 딴산입구에는 아리따운 처녀상이 처녀고개가 시작됨을 알리는데, 이곳에는 슬픈 전설이 내려온다. 먼 옛날 풍산마을에 사랑을 맹세한 선남선녀가 있었다. 도령은 과거시험을 준비하기 위해 마을을 떠났고, 처녀는 도령의 금의환향을 기원하며 고갯마루 소나무에 도령의 버선목을 매달았다. 하루하루 시간이 흐르고 처녀는 새로 만든 버선목을 소나무에 매달다가 미끄러져 강물에 빠져 죽게 된다. 이 소식을 장원급제 후에야 듣게 된 도령은 벼슬을 마다하고 마을로 돌아와 농사를 지으며 살았다. 도령이 농사를 지으면서부터 풍년이 지속되자 마을 사람들은 마을이름을 풍산리라 하고, 처녀가 버선목을 매달았던 소나무는 당산나무로 모셨다는 전설이 전해진다.

처녀고갯길에서 딴산유원지로 들어서면 굽이굽이 병풍처럼 산이 펼쳐지고, 딴산유원지의 활기찬 캠핑장이 보인다. 멀리 딴산의 정자와 인공폭포가 잘 어우러져 한 폭의 그림처럼 아름답다. 딴산이란 이름은 금강산 일만이천 봉이 되기 위해 금강산으로 향하던 봉우리가 이미 자리가 다 찼다는 소리에 이곳에 눌러앉으면서 붙은 이름이라고 한다. 딴산 앞 강가는 풍산리계곡과 화천댐에서 방류한 물이 만나는 지점으로 수심이 낮고 물이 맑아 물놀이를 즐기기에 좋다. 마을 안쪽으로 더 들어가면 토속어류생태체험관이 있는데, 북한강과 파로호의 다양한 토속어류를 전시하고 있다. 화천산소길은 무심히 걷다보면 풍경이 말을 걸어오고, 복잡했던 머릿속도 깔끔하게 비워지는 느낌이 드는 곳이다.

 여행 정보

찾아가는 길

- 🚗 중앙고속도로 춘천TG 빠져나와 우회전 후 17.3km → 지내교차로에서 고탄방면 우회전 후 4.6km → SK주유소앞 삼거리에서 화천방면 우회전 후 16.8km → 화천대교 건너 오거리에서 우회전 후 3km → 평화로 따라 서행하며 목적지 정차
- 🚌 화천공영버스터미널 하차 후 시내버스정류장까지 도보이동(300m, 5분 소요) → 풍산리행 2번 버스 탑승 후 가손이, 대이리리정류장 등에서 하차(3~4개 정류장, 10~20분 소요) → 도보로 목적지까지 이동

사진으로 미리보는 동선 지도

파로호산소백리길 1코스 입구 → 미륵바위 → 꺼먹다리 → 딴산유원지 → 토속어류생태체험관 → 화천수력발전소

화천산소백리길 1코스 입구 — 3km 자동차 5분 → 미륵바위 — 3.5km 자동차 5분 → 꺼먹다리 — 2.1km 자동차 5분 → 딴산유원지 — 400m 도보 5분 → 토속어류생태체험관 — 2.2km 자동차 10분 → 화천수력발전소

화천산소백리길
추천동선

이용안내

화천 산소백리길 문의 033-440-2247

자전거대여소 문의 033-440-2248/2574 **주소** 화천군 화천읍
하리 붕어섬 입구 **이용시간** 12월 초~2월 말까지 임시휴업

딴산유원지 문의 033-440-2547 **주소** 화천군 화천읍 간동면 어룡
동길 356-3

토속어류생태체험관 문의 033-442-7494 **주소** 화천군 간동면
어룡동길 366 **이용시간** 09:00~17:30(3~10월), 09:00~17:00(11~2
월) **휴무** 매주 월요일(휴일이면 익일), 1/1, 설, 추석 **입장료** 무료

먹을거리

🍴 **용암추어탕** 현지인이 추천하는 맛집이다. 추어탕은 냄비
에 통으로 끓여 나오는데 맛은 물론 양까지 푸짐하다. 식성
에 따라 청양고추를 넣어 먹으면 얼큰하면서 진한 국물맛이
더욱 매력적이다. 보통 추어탕을 시키면 김치만 나오는 경
우가 많지만 이집은 맛깔난 밑반찬도 나오고, 후식으로 숭
늉 한 사발이 덤으로 나온다.

문의 033-441-3817 **주소** 하남면 용화산로 1260 **가격** 추어
탕 8,000원

주변볼거리

🚶 **화천민속박물관**
화천의 잊혀가는 전통민속문화를 발굴, 계승하고자 오픈한
박물관으로 자기류, 농기류, 민속생활용품 1,000여 점이 전
시되어 있다. 선사유적전시실과 민족생활전시실로 구분되
어 있으며, 어린이한실도서관도 운영하고 있다. 교육체험실
에서 다양한 전통체험을 할 수 있으며, 박물관 야외전시실
에는 너와지붕정자, 연자방아, 전통그네와 조형물이 가득하
여 공원처럼 활용되고 있다.

문의 033-440-2549 **주소** 화천군 하남면 춘화로 3337 **이용
시간** 09:00~17:00 **휴관** 매주 월요일, 1월 1일, 설날 및 추석
당일 **입장료** 무료

Theme ✔ 테마와 관련된 연관볼거리

테마와 향수가 있는 길

옥천 향수백리길

37번 국도 보은방향 옥천읍 문정리 교동저수지에서 시작
하여 안내면 인포리를 지나 장계관광지까지 향수백리, 멋
진 신세계로 이어지는 길이다. 멋진 신세계는 옥천의 공공
예술프로젝트 1호로 건축가, 아티스트, 문학인 등 1000여 명
이 참가하여 정지용의 주옥같은 시와 이에 어울리는 22개
디자인으로 지용의 시문학세계를 신세계의 향연으로 탈바
꿈한 것이다.

대청호 오백리길

대전과 청원군 사이에 소재한 대청호는 충주호, 소양호와
더불어 우리나라에서 세 번째로 큰 호수이다. 대청호반 길
을 따라 조성된 총 220km, 21구간의 대청호 오백리길은 호
수의 아름다운 풍광과 자연을 느끼며 호젓하게 즐기기 좋
은 길이다. 특히 오백리길 중 가장 낭만적인 구간인 4구간
의 호반낭만길은 12.5km로 약 6시간 정도 소요된다.

남도 삼백리길

순천만을 중심으로 한 남도 삼백리길은 사람과 산과 바다
가 어우러진 생태관광테마로드이다. 총연장 223km의 길로
순천만갈대길, 꽃산넘어동화사길, 읍성가는길, 오치오재길,
매화향길, 십사팔경길, 과거관문길, 동천길, 천년불심길, 이
순신백의종군길, 호반벚꽃길이 있다. 순천만의 광활한 갈
대밭과 자연생태를 감상하는 순천만갈대길과 사색과 명상
하기 좋은 천년불심길이 각광 받고 있는 구간이다.

Theme 05 천혜의 풍경을 간직한
소지섭길과 두타연비경

두타연은 50년간 출입이 통제되다가 2013년 개방되면서 비로소 때 묻지 않은 아름다운 자연풍광을 누릴 수 있는 곳이다. 금강산 가는 길목으로 크게 한 바퀴 돈다면 3시간 정도 소요된다. 두타연은 미리 양구 군청사이트에서 예약을 하고 가는 것이 편하다. 특히 12~2월은 예약자에 한하여 출입할 수 있으므로 예약이 필수이다. 두타연 가는 길에는 소지섭두타연갤러리도 있어 함께 둘러보기 좋다.

소지섭을 만나는 길
소지섭 51k 두타연갤러리

소지섭길 51K는 배우 소지섭이 영화촬영차 이곳에 왔다가 민통선 지역의 아름다움에 매료되어 2010년 「소지섭의 길」이라는 포토에세이집을 출간하면서, 이 일을 계기로 조성된 길이다. 그의 에세이집에 실린 곳과 자연경관이 뛰어난 비경길 6개 코스를 구분하여 총 길이 51km의 소지섭길을 조성하였다. 숫자 51은 소지섭이 가장 좋아하는 숫자라고 하며, 소지섭길 51km는 지

난 반세기 동안 DMZ로 묶여 일반인 출입이 통제된 덕분에 신비의 비경을 고스란히 간직할 수 있었다.

소지섭길이 포함된 이 길은 '양구 10년 장생길'이라고도 한다. 국토 정중앙에 위치해 한반도의 배꼽이라고도 불리는 양구의 10년 장생길은 인간의 오장육부를 길이름으로 사용하고 있으며, 이 길을 걸으면 10년이 젊어진다고 한다. 소지섭길 1코스는 10년 장생길 1코스 '나를 정화하는 신장길' 구간에 포함된다.

'몸으로 걷기보다 마음으로 걸어보세요.
이제 당신만의 길이 시작됩니다.'

소지섭 51k 두타연갤러리는 하얀 외벽의 단층건물로 카페처럼 따스함이 느껴지는 곳이다. 외벽을 따라 DMZ에 사는 동물들이 정감 있게 그려져 있다. 갤러리 정문 앞에는 청동으로 조각된 소지섭 팔이 악수를 청하고 있고, 나무의자와 벤치가 있어 잠시 쉬어가기 좋다. 갤러리 내에는 소지섭이 출연했던 드라마나 영화 속 장면 사진과 소지섭의 개인소장품이 전시되어 있다. 소지섭 팬이라면 볼거리가 많겠지만 그렇지 않다면 갤러리처럼 느껴지지 않아 실망할 수도 있다.

1코스(8km) 소지섭길 두타연갤러리 → 이목정대대 → 이목교 → 생태탐방로 → 출렁다리 → 두타연

2코스(12km) 도솔대대 앞 → 대우산 → 가칠봉 → 제4땅굴

3-1코스(8.2km) 도솔산지구 전투위령비 → 도솔산정상 → 용늪전망대 → 대암산정상

3-2코스(7.8km) 광치자연휴양림 → 웅녀폭포 → 솔봉삼거리 → 솔봉 → 양구생태식물원

4코스(7km) 국토정중앙천문대 → 국토정중앙점 → 봉화산정상

5코스(8km) 하리교 옆 공터 → 습지산책로 → 희망의 다리 → 한반도섬 → 부교 → 용의 머리 → 용머리공원 → 청소년수련관 → 매봉교

비밀의 숲으로 가는 길
두타연

소지섭 갤러리에서 두타연까지는 차량으로 5분 정도 소요된다. 두타연으로 들어가려면 평화 누리길 비득안내소에서 출입신청서와 서약서를 작성하여 신분증과 함께 제출한 후 위치추적 목걸이인 태그를를 받아야 한다. 안내소에서 출입증을 받은 후 두타연이 시작되는 주차장까지 차량으로 10분(3.7km)

정도 이동한다. 민통선 지역이라 반드시 임시출입증을 차량 전면에 부착해야 하고, 시속 30km를 유지해야 한다.

두타연은 한국전쟁 이후 2003년 개방하기까지 일반인들의 발길이 전혀 허락되지 않았던 곳으로 전쟁 당시 폐허 상태에서 자연이 스스로 생태를 복원시킨 비밀의 숲이다. 입구에는 두타연계곡에 서식하는 열목어 조형물이 서 있는데, 4~6월경 산란기에는 짙은 홍색으로 변한 열목어들의 튀는 모습을 볼 수 있다. 지뢰미확인지역이므로 정해진 길로만 다녀야 하며 특히 금강산에서 물길 따라 지뢰가 흘러내려 오는 경우가 있어 계곡에는 절대 들어가면 안 된다. 가져온 음식물은 정해진 쉼터에서 먹어야 하며 뒤처리도 깨끗이 해야 한다. 간혹 음식물 냄새를 맡고 멧돼지가 내려와 위험할 수 있다고 한다.

남북의 생태와 동북의 생태가 하나로 어우러진
두타연

관광안내소에서 시작하여 두타연 관찰데크, 두타정, 생태탐방로를 거쳐 조각공원을 둘러본 후 두타연계곡까지 둘러보자. 두타연은 금강산에서 흘러내린 물이 높이 10m의 폭포와 너른 소를 만들어 주변의 암석들과 환상적으로 어우러진 계곡이다. '두타'는 삶의 걱정을 떨치고 욕심을 버린다는 뜻도 내포하고 있는 이름이라고 한다. 두타정전망대에서 계곡의 모양을 잘 살펴보면 오랜 세월 물살에 패인 암반이 마치 한반도모양이라고 하는데 수량에 따라 그 모습이 달리 보인다. 폭포 아래 물웅덩이는 수입천 지류인 사태천이 깊은 골짜기 사이를 굽이쳐 흐르는 과정에 형성된 것으로 결국 남북의 생태와 동북의 생태가 하나로 만나는 곳이 두타연인 셈이다.

전망대에서 다시 생태탐방로를 따라 천천히 걸어보자. 곳곳에 지뢰표시가 있어 살짝 긴장감이 느껴지지만, 숲길은 태고의 신비를 잘 간직하고 있어 기대감이 위험을 앞선다. 얼마쯤 걷다 보면 철조망 뒤 수풀 속에 축대와 기와조각 등이 보이는 두타사 옛터를 찾아볼 수 있다. 이 두타사는 지금은 흔적도 없지만, 신증동국여지승람에 등재되어 있으며, 1723년 폐사된 사찰로 두타연이라는 이름도 두타사에서 유래된 것으로 알려져 있다.

두타연 숲에서 만나는
조각작품들

비득고개길은 금강산 가는 길목에 자리한 생태탐방로이며, 소지섭길 51K의 한 구간이다. 자연이 스스로 치유하고 복원한 울창한 숲길을 걷노라면 인적도 많지 않아 온산에 물든 초록이 고스란히 몸에 배는 것 같다. 두타연조각공원은 두타연의 낭만을 담아갈 수 있는 조각품들이 전시된 잔디광장이다. 2013년 'DMZ를 말한다'를 주제로 '두타연에서 꿈을 꾸다, 헌화, 새로 돋는 싹, 잃어버린 식물, 소멸과 생성, 비상, 슬픔 기다림' 등 다양한 작품을 전시하고 있다.

전시된 작품 중 눈여겨 볼만한 작품에는 50년 만에 개방된 두타연의 아름다움과 현실적 안타까움을 철조망과 국화꽃 한 송이로 표현한 배성미작가의 〈헌화〉와 분단된 상황을 한 짝의 신발로 표현한 홍영표작가의 〈잃어버린 신발〉이 있다. 또한 이상윤 작가의 〈DMZ에서 꿈을 꾸다〉는 남북분단을 빨간색과 파란색 원형 파이프로 표현하였으며, 구조물 사이를 가르고 있는 링은 분단된 우리의 복잡한 현실을 표현한다. 파이프 위 사람의 형상은 우리의 염원을 구름머리로 표현하여 희망과 꿈을 빌고 있다. 이외의 작품들도 우리의 분단현실을 작품으로 승화시켜 아름다운 미래에 대한 기대와 희망을 품게 한다.

사진으로 미리보는 **동선 지도**

이목정안내소 출발(12km, 3시간), 비득안내소 출발(12km, 3시간)

- 이목정안내소 ↔ 두타연관광안내소 ↔ 두타연 ↔ 징검다리 ↔ 출렁다리 ↔ 관찰데크 ↔ 생태탐방로 ↔ 조각공원 ↔ 두타정 ↔ 두타연관광안내소 ↔ 이목정안내소

Go!

이목정안내소 — 3.7km 도보 55분(차량 15분) → 관광안내소 — 도보 5분 → 두타연 — 도보 5분 → 징검다리 — 도보 11분 → 출렁다리 — 도보 10분 → 관찰데크 — 도보 30분 → 생태탐방로 — 도보 20분 → 조각공원 — 도보 15분 → 두타정 — 도보 10분 → 관광안내소 — 3.7km 도보 55분(차량 15분) → 이목정안내소

두타연
추천동선

N / S

산책로

징검다리

조각공원

황토방

편백나무 산소방

관찰데크

산책로

출렁다리

두타연계곡   징검다리   관찰데크

지뢰체험장

산책로

화장실   관광안내소   매점

여행 정보

찾아가는 길

- 🚗 중앙고속도로 춘천IC 빠져나와 신북교차로에서 양구방면 우회전 후 8.8km → 간척사거리에서 우회전 후 20km → 송청교차로에서 좌회전 후 송청삼거리에서 박수근미술관 방면 좌회전 후 18.7km → 두타연갤러리방면으로 우회전 후 800m 직진하여 이목정안내소 주차장으로 진입
- 🚌 양구시외버스터미널 하차 후 시외버스터미널정류장에서 농어촌버스 탑승 → 고방산정류장에서 하차(10개 정류장, 30분 소요) → 이정표 확인하며 도보이동(1.2km, 20분 소요)

이용안내

소지섭길 51K, 두타연갤러리 문의 033-481-6400 **주소** 양구군 방산면두타로 8

두타연 문의 033-480-2251 **주소** 양구군 방산면 고방산리 1024 **출입시간** 09:00~17:00(3~10월), 09:00~16:00(11~2월) **휴무** 매주 월요일(공휴일이면 익일), 설날, 추석 오전, 1월 1일 **입장료** 대인 3,000원, 소인 1,500원 **자전거대여료** 4,000원 **귀띔 한 마디** 방문 전일 15:00까지 예약사이트(duta.ygtour.kr)에서 예약하거나 현장에서 신청서작성, 안내소에서 출입신청서, 서약서 작성 후 신분증과 함께 제출하여 태그 착용 후 출입가능. 두타연 비득안내소는 동절기(12~2월)에는 예약제로만 운영된다.

먹을거리

🍴 **백토미가**

양구는 해발 600m 고랭지에서 재배된 전용 무를 이용하여 전통방식으로 시래기를 건조하고 있다. 이 집의 별미는 시래기에 불고기를 합친 시래기소불고기이다. 떡갈비와 닭고기조림까지 나와 후한 시골 인심을 느낄 수 있다. 후식으로 커피대신 칡즙을 마실 수 있다.

문의 033-481-5287 **주소** 양구군 방산면 장거리길 17 **가격** 시래기소불고기 15,000원

주변볼거리

🚶 **양구백자박물관**

양구지역에서 생산된 백자를 전시하고 있는 공간으로 600여년 역사를 지닌 양구백자의 흐름을 알 수 있다. 박물관은 전시실, 체험실, 영상실, 뮤지엄숍, 옥외휴게실, 칠전리 1호 가마터, 전통가마, 가스가마, 포토갤러리로 구성되어 있다. 박물관 바로 옆에는 파로호로 흘러들어가는 높이 15m의 직연폭포가 있으며, 폭포주변은 빙산백자인공폭포와 자기체험학습장, 가마터 등 1.3km의 산책로가 조성되어 있다.

Theme ✔ 테마와 관련된 연관볼거리

물 좋은 계곡

울산 작괘천

작괘천은 영남알프스 중 하나인 신불산 아래 작은 바위들이 마치 술잔을 걸어놓은 듯하다하여 '술 부을 작(酌)'자를 써서 작괘천이라는 이름이 붙었다. 세월이 만들어낸 너른 마당바위와 작천정이 있으며, 자연이 만든 맑은 소는 수심이 낮아 아이들 물놀이에 최적의 장소이다. 고려말 충신 정몽주가 이곳의 경치를 따라 수학하였으며, 많은 선조들의 풍류가 느껴지는 암각글씨도 찾아볼 수 있다.

괴산 화양구곡

화양구곡은 금강산 남쪽에서 으뜸가는 산수라 일컬을 정도로 빼어난 비경을 가진 곳이다. 속리산국립공원 화양동계곡에는 선유구곡, 쌍곡구곡, 갈은구곡이 산쪽으로 10리가 뻗어있어 계곡산행을 즐기기에 적합한 곳이다. 그중에서 가장 빼어난 경치를 가지고 있는 화양구곡은 속리산국립공원 북쪽으로 화양계곡을 거슬러 4km에 걸쳐 이어진다.

제주 돈내코

하늘이 보이지 않을 정도로 울창한 숲길은 희귀식물의 자생지로도 손꼽히는 곳이다. 일 년 내내 물이 흐르는 용암절벽 위에 다정한 원앙폭포가 있다. 돈내코는 한라산에서 발원한 동산벌른내와 서산벌른내가 산록도로의 동쪽 끝지점인 제7산록교 아래로 내려오는 계곡으로 여름이 없는 천혜의 계곡이다. 삼복더위에도 돈내코의 기온은 20도 내외로 시원한 바람이 분다고 한다. 백중날(음력 7월 보름) 돈내코에서 물을 맞으면 신경통이 낫는다는 소문이 있어 8월에 인파가 가장 붐빈다고 한다.

Theme 06 우리나라를 대표하는 가장 한국적인 화가
박수근

여행지에서 미술관은 늘 마음을 풍요롭게 해준다. 화강암으로 채워진 미술관 외벽은 박수근 화풍을 반영하여 건축가 이종호가 설계하였는데 그 자체가 또 하나의 작품이다. 실제 미술관 외관을 보기 위해 찾아오는 사람이 많을 정도로 아름다운 건축물로 손꼽힌다. 미술관은 전체적으로 자연스럽게 연결되어 있어 외관부터 전시물들까지 편안하게 둘러볼 수 있다.

양구를 대표하는
문화공간

박수근화백은 1914년 강원도 양구의 유복한 가정에서 태어났으나 부친의 광산사업이 쇠락하면서 보통학교 밖에 다닐 수 없었다. 12세 때 밀레의 '만종'을 보고 감동을 받아 독학으로 미술을 공부하기 시작하여, 18세 때 '봄이오다'라는 작품으로 조선미술전람회에 입선하며 화단에 등단하였다. 해방 후 월남하여 작품활동을 하며 국내외에 한국적 소재와 화풍으로 인정을 받았지

만 가난과 질병으로 51세에 세상을 떠났다. 박수근 미술관은 2002년 그의 생가터에 건립되었으며, 양구를 대표하는 문화공간으로 자리매김하였다.

미술관은 기념전시실, 기획전시실, 파빌리온, 박수근기념동상, 전망대, 박수근묘, 뮤지엄샵, 빨래터, 양구민속공예공방, 자작나무숲, 박수근공원 등의 시설이 있으며, 박수근화백의 유품과 유화, 수채화, 판화, 삽화 등을 상설 전시하고 있다. 화강암으로 채워진 건물입구를 들어서 제1관에서 매표를 하고 순차적으로 제2관까지 둘러볼 수 있다. 작가의 연보를 살펴볼 수 있는 빨간색 통로를 지나면 다양한 전시물들을 하나씩 만날 수 있는데, 작고 50주기 추모 특

별전, 수구거리는 봄날 전시회, 박수근의 서정적 삶, 박수근화백 탄생 100주년 특별전 등 상설전시물을 둘러볼 수 있다.

가장 한국적인 근대화가
박수근

「절구질하는 여인」, 「아이를 업은 소녀」, 「길가의 행상들」, 「할아버지와 손자」, 「나물 캐는 아낙」, 「광주리를 이고 가는 여인」 등 그의 화폭에는 한국의 전원풍경과 가난한 사람들의 어진 마음을 담은 예술혼이 느껴진다. 동시대 작가들이 유학으로 서양미술사의 영향을 받았다면 박수근화백은 누구에게도 찾아볼 수 없는 오롯이 자신만의 독특한 스타일로 서민의 소박한 삶을 그려내 20세기를 대표하는 가장 한국적인 근대화가로 인정받는다.

전시실에는 편지, 메모지에 그린 스케치, 스크랩북, 자녀들을 위해 직접 그린 동화책 그리고 생전에 가족과 함께 찍은 사진과 다양한 영상들이 전시되어 있다. 미술관으로 향하는 철근구조물을 건너면 박수근청동상이 미술관을 마주 보며 앉아 있다. 제대로 된 화실도 없이 창신동 툇마루에 앉아 그림을 그렸던 그의 모습처럼 고무신을 신은 발 옆에는 스케치북과 연필이 놓여있다. 미술관은 건축과 자연이 서로 어우러진 구조로 2층까지 자연스럽게 연결된다. 전시관으로 향하는 벽면에 「아이를 업은 소녀」 그림

이 보이는데, 다시 보아도 향토적인 독특한 색감과 정감이 느껴지는 작품이다. 미술관은 전시실 외에도 이처럼 곳곳에서 작가의 작품을 만날 수 있도록 조성되어 더욱 친밀감을 느낄 수 있다. 또한 전체적으로 통유리로 되어 있어 바깥으로 보이는 풍경까지 한 폭의 전시물처럼 아름답다.

화백에 대한 사랑과 존경심을 엿볼 수 있는
박수근미술관파빌리온

1관과 2관에 이어 2014년 박수근 탄생 100주년을 기념하며 개관한 박수근파빌리온은 10여 년 동안 박수근미술관을 짓고 조성한 건축가 이종호의 유작이다. 3개의 지붕으로 산세를 닮은 자연을 표현하였고, 외장재는 박수근화백 특유의 마티에르(matière), 즉 거친 화강암질감을 잘 묘사하여 자연의 숭고함과 박수근화백에 대한 존경심을 잘 담아내고 있다. 파빌리온(Pavilion)은 주요 건축구조물에 속한 정원을 일컫는 건축용어로 박수근파빌리온은 4개의 전시공간으로 구성되어 있다.

이 중 3개의 전시공간에는 박수근화백과 미술관을 아끼고 사랑하는 작가와 후견인들이 기증한 작품 100여 점이 전시되어 있고, 나머지 공간은 현대미술작가 조덕현이 꾸민 박수근화백 아틀리에로 생전 화실도 없이 그림을 그렸던 그의 소박하고 인간적인 모습을 담아내려고 하였다. 산책로를 따라 올라가면 철근이 노출되도록 설계된 독특한 전망대가 있는데, 이곳에 오르면 화백의 고향이 한눈에 내려다보이고, 조금 더 걸어가면 박수근화백의 묘를 만날 수 있다. 박수근공원은 소나무숲, 생태연못 분수대, 예술인존, 박수근광장, 습지원, 미로숲, 포토존, 락가든 등의 시설을 갖추고 있다. 계절을 느끼기 좋은 야외공원으로 미술문화에 한나절 푹 빠져 볼 수 있다. 미술관에서는 전시물관람은 물론 예약을 통해 다양한 체험까지 즐길 수 있다. 전통수첩만들기, 핸드프린팅, 박수근 따라 그리기 등 다양한 프로그램이 준비되어 있다.

여행 정보

찾아가는 길

🚗 중앙고속도로 춘천IC 빠져나와 신북교차로에서 양구방면 우회전 후 8.8km → 간척사거리에서 우회전 후 20km → 송청교차로에서 좌회전 후 송청삼거리에서 박수근미술관 방면 좌회전 후 1.5km → 이정표 확인하며 1km가량 이동

🚌 양구시외버스터미널 하차 후 버스터미널정류장에서 농어촌버스 탑승 → 양구기점정류장에서 하차(6개 정류장, 10분 소요) → 이정표 확인하며 도보로 이동(250m, 4분 소요)

이용안내

문의 033-480-2655 **주소** 양구군 양구읍 박수근로 265-17 **이용시간** 09:00~18:00 **휴무** 매주 월요일(공휴일이면 익일), 1월 1일, 설 및 추석 오전 **가격** 일반 3,000원, 청소년 2,000원, 7세 이하 무료

먹을거리

🍴 **함춘주막**

과거 이 길목에 있던 주막을 재현한 식당으로 초가지붕이라 멀리서도 눈에 잘 띄고 토속적인 분위기가 물씬 풍기는 곳이다. 나물반찬과 옛날 소시지 등이 푸짐하게 나오는데 저렴한 가격으로 즐길 수 있는 백반과 나물이 풍성한 보리비빔밥 등이 주메뉴이다. 동동주 한 잔과 곁들이면 마치 고향 툇마루에 앉아 먹는 듯한 편안함을 느낄 수 있다.

문의 033-481-4916 **주소** 양구군 금강산로 439-53 **가격** 보리밥 6,000원

주변볼거리

🚶 **양구선사박물관**

강원지역에서 출토된 유물을 전시하고 있는 한국 최초의 선사시대전문박물관이다. 구석기, 신석기 및 청동기시대 유물이 체계적으로 전시되어 있어 선사시대 중부내륙권의 생활문화를 이해하는데 도움이 된다. 1전시장은 양구 상무룡리와 만대리유적, 2전시장은 춘천 율문리와 가두리, 하중도, 삼천동 등지의 유적, 3전시장은 춘천 산매리와 천전리유적, 양구 공수리, 춘천 발산리 고인돌유적, 횡성 중금리유적, 4전시장은 강릉 방동리와 강문동유적, 고성 송현리유적, 홍천 하화계리유적과 주거지, 출토유물에 관한 고찰, 5전시장은 강원도와 양구 고인돌모형과 발굴과정을 전시하고 있다.

주소 양구군 양구읍 금강산로 439-52 **홈페이지** ygpm.or.kr

Theme ✓ 테마와 관련된 연관볼거리

운치 있는 미술관

홍성 고암이응노기념관

고암이응노생가기념관은 4개의 전시실로 나눠져 고암의 삶과 예술 세계를 소개하고 고암작품의 시기별, 양식별 소개, 고암과 오늘의 시대정신을 살펴볼 수 있는 곳이다. 기념관 앞에는 북카페와 자료실이 있으며 그 옆으로 초가생가가 복원되어 있다. 또한 연밭을 조성하여 여름이면 화려한 연꽃 물결을 만끽할 수 있다.

공주 임립미술관

충청남도 사설미술관 1호인 임립미술관은 일반전시뿐만 아니라 특별전, 교육 및 체험, 휴식공간을 골고루 갖춘 이웃집 같은 미술관이다. 특별전시관 AB동, 야외광장, 본관전시관, 조각공원, 미술관 속 풍경휴게실, 호수, 야외미술체험장 등 미술인들을 위한 창작지원활동뿐만 아니라 지역주민들의 문화생활공간으로 편안하게 관람할 수 있다. 아이들 눈높이에 맞춘 다양한 프로그램의 문화교실도 열고 있다. 구석구석 찾아보면 재미있는 모습이 많고, 사계절 언제라도 운치 있는 미술관이다.

천안 리각미술관

조각가 이종각관장이 오랜 세월 가꿔온 곳으로 2008년에 문을 열었다. 다양한 현대미술을 접할 수 있는 곳으로 이종각관장의 70년대 작품부터 90년대 이후 작품까지 백여점 이상이 전시되어 있다. 리각미술관 속에 있는 Cafe M에서 풍겨 나오는 그윽한 커피향은 작품 관람 분위기를 더욱 운치 있게 만드는 듯하다. 야외조각 공원에도 대부분 청동으로 만들어진 여러 점의 작품들이 곳곳에 전시되어 있다.

Theme **07** 평화로운 들녘이 반겨주는
펀치볼지구

양구 펀치볼은 해안분지로 한국전쟁 당시 마치 화채그릇(Punch Bowl)처럼 생겼다하여 붙여진 이름이다. 펀치볼은 한국전쟁 당시 수많은 희생자들이 발생한 최대의 격전지였다. 남북길이 11.95km, 동서 길이 6.6km, 면적 44.7㎢로 여의도의 6배이며 가칠봉, 대우산, 도솔산, 대암산 등의 산으로 둘러싸인 분지이다. 분지 내에는 양구군 해안면 만대리, 현리, 오유리 마을이 있으며 제4땅굴, 을지전망대, 전쟁기념관, 통일관 안보관광지가 있다.

인간과 자연, 우주에 대한 사랑과 겸손을 담은
그리팅맨

펀치볼지구 안보관광지를 관람하기 위해서는 양구통일관과 전쟁기념관이 있는 관리사무소를 먼저 방문해야 한다. 오후 4시 이전까지 양구통일관에서 '펀치볼지구 안보관광지' 관람을 신청해야 하는데, 입장권 1장으로 을지전망대, 제4땅굴, 전쟁기념관까지 포괄적으로 관람할 수 있다. 먼저 방문하게 될 제4땅굴과 을지전망대 코스는 가는 길이 잘 안내되어 있어 어렵지 않게 찾아갈 수 있다. 군사지역이라 이동할 때는 차량 블랙박스 전원도 꺼야 하고, 통일관에서 제공한 카메라 가리개를 반드시 부착해야 한다. 촬영이 가능한 지역은 을지전망대 포토존에서 좌우 10m 이내이며, 그외 지역은 촬영이 금지되어 있다.

양구통일관 앞에는 양구출신 유영호작가의 세계인류평화와 화해의 메시지를 전하는 작품 그리팅맨 (Greetingman)이 공손하게 인사를 하는 모습으로 반겨준다. 조형물을 한반도의 정중앙인 양구에 세움으로써 민족화해의 구심점이 되는 최적의 장소임을 상징하고 있다. 인간과 자연, 우주에 대한 사랑과 겸손의 마음을 담고 있다고 한다.

통일염원과 안보교육의 장,
양구통일관과 을지전망대

양구통일관에서는 펀치볼의 유래, 남북관계와 북한의 실상에 관한 750여 점의 전시물을 살펴볼 수 있다. 한쪽의 농특산물판매장에는 북한과 양구지역에서 생산된 농특산물과 주류 등의 상품을 전시판매하고 있다. 통일관 옆에는 도솔산지구와 펀치볼지구 승리를 기념하기 위한 높이 18m 전적비가 세워져 있다. 도솔산지구는 한국전쟁 당시 군사요충지로 견고한 북한군 진지를 혈전으로 이겨냄으로써 아군 전선에 활로를 개척할 수 있었던 뜻깊은 지역이다.

양구통일관에서 전망대까지는 7.2km로 15분 정도 걸리며, 창밖으로 펼쳐지는 펀치볼과 해안사구 들녘은 노란 황금물결을 이뤄 마음이 평온해진다. 을지전망대는 DMZ남방한계선의 최전방지역으로 가칠봉(해발 1,049m)능선에 위치하고 있다. 이곳에 서면 우리나라 최대 규모의 해안분지를 한눈에 조망할 수 있다. 을지전망대는 동부전선 안보관광지로 해설사의 설명과 함께 남북대치상황을 직접 눈으로 확인할 수 있어 긴장감이 고조된다. 이곳

에서는 매년 크리스마스트리 점등식이 거행되며, 망원경으로 북녘땅을 자세히 살펴볼 수 있다. 맑은 날에는 직선으로 38km 떨어진 금강산의 다양한 봉우리(비로봉, 차일봉, 월출봉, 미륵봉, 일출봉)를 볼 수도 있다. 전망대 앞에는 포토존이 마련되어 있어 펀치볼을 배경으로 사진을 담을 수도 있다.

우리나라 최대 규모의 분지
펀치볼

맑은 가을날이면 파란 하늘과 구름이 어우러져 다른 지역에서는 느껴보지 못한 독특한 풍경을 만끽하게 된다. 펀치볼은 해안분지로 암석의 풍화와 침식으로 형성된 폐쇄형 분지이다. 해안이란 지명은 유달리 뱀이 많던 이곳에 돼지를 키우면서 뱀이 사라졌다 하여 '돼지 해(亥)'자와 '평안할 안(安)'자를 사용한다고 한다. 한국전쟁당시 UN종군기자가 가칠봉에서 바라본 분지 모양이 마치 화채그릇처럼 보인다하여 펀치볼(Punch-bowl)이라고 기사를 쓰면서 유래됐다. 해발고도 400~500m, 여의도 6배 크기로 면적 44.7㎢으로 펀치볼 내에는 양구군 해안면 만대리, 현리, 오유리가 속해 있다.

전망대에 서면 격전지였던 도솔산, 대우산, 가칠봉 등이 켜켜이 보이고, 긴장감은 흐르지만 펀치볼마을의 황금물결만은 무척 평화롭게 보인다. 통일 후 완성될 펀치볼625둘레길(Korean War Trail)을 알리는 현판이 눈에 띄는데, 왠지 모르게 가슴이 벅차오른다. 펀치볼능선둘레길은 17개 구간으로 구간마다 전쟁에 참여했던 파병부대와 참전용사의 이름을 사용하여 더욱 뜻 깊다. 전 세계 16개국에서 자유평화수호를 위해 산화한 숭고한 넋을 기리는 특별한 길이다. 언젠가 꼭 완성될 펀치볼둘레길은 벌써부터 기대가 된다.

 여행 정보

찾아가는 길
- 서울양양고속도로 동홍천TG 빠져나와 성산교차로에서 인제방면 우회전 후 49.6km → 원통교차로에서 서화방면 좌회전 후 450m → 원통오거리에서 우회전 후 30km → 전망대로 방향으로 우회전 후 6.2km → 안내표지판 확인하며 전망대주차장으로 진입
- 양구시외버스터미널 하차 후 해안방면 농어촌버스 탑승 → 해안정류장에서 하차(1시간 소요, 하루 3~4편 운행) → 이정표 확인하며 도보로 이동(600m, 10분 소요)/버스편이 많지 않아 택시를 이용해야 할 경우도 많다.

이용안내

을지전망대 주소 양구군 해안면 현2리 전망대로 540

양구통일관 문의 033-481-9021 **주소** 양구군 해안면 후리 720 **운영시간** 09:00~18:00(3~10월), 09:00~17:00(11~2월)/매주 월요일(공휴일이면 화요일 휴관), 1월 1일, 설날, 추석 오전 휴무 **입장료** 성인 2,500원, 어린이 1,300원 **귀띔 한마디** 양구를 좀 더 쉽게 여행하려면 양구군청 홈페이지를 통해 씨티투어(033-253-4567)를 예약해도 좋다. 1일 코스 10,000원, 1박 2일 코스 17,000원이며, 입장료, 중식비는 포함되지 않는다.

두타연코스 매주 화~토요일 **춘천역** 10시, 2번 출구 출발 **양구읍** 10시 40분, 양구명품관 출발
양구명품관 → 박수근미술관 → 중식 → 두타연 → 한반도섬 짚라인 → 선사박물관, 근현대사박물관 → 양구명품관 → 춘천역

펀치볼코스 매주 일요일 **춘천역** 10시, 2번 출구 출발 **양구읍** 10시 40분, 양구명품관 출발
춘천역 → 양구명품관 → 박수근미술관 → 중식 → 통일관, 제4땅굴, 을지전망대 → 한반도섬(짚라인) → 양구명품관 → 춘천역

먹을거리

🍴 정주골

양구의 특산품 중 하나인 펀치볼시래기는 겨울철 최고의 웰빙음식으로 부드러운 식감과 구수한 맛이 일품이다. 펀치볼시래기를 제대로 맛볼 수 있는 정주골은 시래기정식과 산채비빔밥 전문점이다. 정식을 시키면 황태구이, 더덕구이, 두부전, 시래기순대 등이 함께 나온다. 정성 가득한 산채비빔밥은 뚝배기에 나와 마지막까지 따뜻하게 먹을 수 있다.

문의 033-481-6777 **주소** 양구군 해안면 땅굴로 11-1 **가격** 산채비빔밥 7,000원, 정주골정식 12,000원

주변볼거리

🚶 DMZ 야생동물생태관

기획전시실, DMZ 영상실, 생태갤러리, 생태연구소, 생태탐험존, 미래존, 체험존, 포토존, 수장고 등의 전시실이 있다. 양구지역의 동물생태이야기, 4계절 동식물소개, 생태환경, 멸종위기 동식물에 대한 영상쇼, DMZ에 서식하는 동물을 전시하고 있으며, 자연을 지키고 보존하며 자연과 인간의 공존방법을 돌아 볼 수 있는 시간을 제공한다.

문의 033-480-2530 **주소** 양구군 동면 숨골로310번길 140

Theme ✔ 테마와 관련된 연관볼거리

조망 좋은 여행지

울산 간월재

간월재는 영남알프스에 속하는 신불산(1,159m)과 간월산(1,069m) 사이에 있는 고갯길로 해발 900m에 너른 억새밭이 장관이다. 과거 이곳은 왕방골로 임진왜란 때는 부산포에서 하루 만에 언양읍성까지 올 수 있던 길목이며, 한국전쟁 무렵에는 지리산빨치산 다음으로 빨치산들의 이름을 떨쳤던 본거지이다. 영남알프스는 울산, 밀양, 청도에 걸쳐 있는 가지산, 운문산, 천황산(재약산), 신불산, 영축산, 고헌산, 간월산 등 영남의 대표적인 7개 산을 통합하여 칭한다.

옥천 둔주봉

한반도지형을 보려면 옥천군 안남면 연주리에 있는 둔주봉에 오르면 된다. 안남초등학교 – 점촌고개 – 둔주봉 정재(한반도 지도전망대) –둔주봉정상까지 왕복 3.2km 거리이다. 양쪽으로 소나무가 빼곡히 서 있어 솔향을 느끼며 걷기 좋은 길이다. 금강이 휘돌아가 삼면이 바다처럼 보이고 길쭉하게 뻗은 줄기가 한반도 모습을 그대로 닮았다.

부산 황령산전망대

부산 진구, 연제구, 수영구, 남구에 걸쳐있는 황령산(427m)은 일출이 아름다우며 정상에 봉수대가 남아있다. 황령산은 황령산순환도로가 있어 정상까지 단숨에 오를 수 있으며, 부산야경을 아름답게 담을 수 있는 포인트이다. 정상에 오르면 해운대, 광안리, 부산항, 서면, 연산동까지 한눈에 내려다보이는 곳이다. 황령산정상과 더불어 황령산봉수대에 올라가면 사방으로 부산을 조망할 수 있다.

Special 06

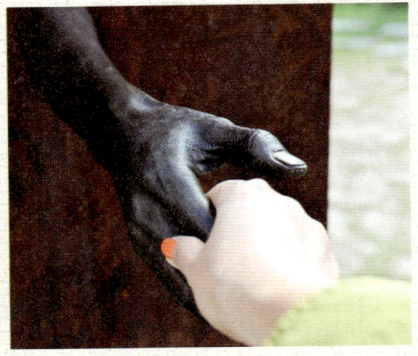

국토의 정중앙
양구1박 2일

한반도의 정중앙, 시간이 멈춘 듯 신비로운 자연이 고스란히 보존된 은밀한 비경을 간직한 곳, 인위적이지 않고 때 묻지 않은 모습에 반할 수밖에 없는 곳이 바로 양구이다. 자연과 함께 하는 트래킹코스 또한 풍경이 수려하고 오롯이 숲길을 즐기기에 좋다. 시티투어로 당일, 1박 2일, 2박 3일 코스를 이용할 수 있어 편하게 돌아 볼 수 있다.

사진으로 미리보는 동선 지도

- 1일차 – 양구백자박물관 → 소지섭두타연갤러리 → 두타연 → 곽골약수펜션(1박)

양구백자박물관

5.7km 자동차 10분

소지섭
두타연갤러리

2.76km 자동차 5분

두타연

11.3km 자동차 20분

곽골약수펜션

- 2일차 – 양구통일관 → 양구전쟁기념관 → 을지전망대(펀치볼) → 제4땅굴 → 양구생태식물원

양구통일관

50m 도보 2분

양구전쟁기념관

6.83km 자동차 12분

펀치볼(을지전망대)

11.19km 자동차 20분

제4땅굴

25.86km 자동차 45분

양구생태식물원

600년 양구백자의 흐름을 한눈에 살펴볼 수 있는
양구백자박물관

양구백자박물관은 600년 역사의 양구백자 흐름을 알 수 있는 박물관으로 전시실, 체험실, 영상실, 뮤지엄숍, 옥외휴게공간, 칠전리 1호 가마터, 전통가마, 가스가마, 포토갤러리로 구성되어 있다. 양구지역은 세종실록지리지 토산에 따르면 전국에서 유일하게 관요의 왕실 백자를 생산할 정도로 백토의 질이 좋은 곳이다. 신증동국여지승람 토산조에도 32개의 전국 자기생산지 중 강원도에서는 유일하게 양구현만 명시되어 있다. 양구지역의 백자가마터는 장평리, 칠전리, 송현리, 현리, 금악리, 오미리, 상무룡리 총 7개 지역에 걸쳐 40여 개의 소가 있었다.

이성계발원백자, 려말선초 양구백자, 조선중후기 양구백자, 전설로 본 백자 등 시대로 구분하여 전시되어 있다. 박물관 유리바닥에 재현된 백자 흔적은 600년 장인들의 손길을 느끼기에 충분하다. 우리의 정서를 빼닮은 백자, 온화하면서도 유려한 곡선과 꾸밈없는 색감의 양구백자를 구입할 수도 있다. 박물관 옆에는 양구백자연구소와 체험관이 있고, 야외전시장에도 작품들이 곳곳에 전시되어 있다.

백자체험관 바로 옆 건물은 양구지역을 소재로 작품활동을 하고 있는 이교재작가의 양구포토갤러리이다. 전시된 작품 중에서 두타연계곡의 지도모양을 담아낸 사진이 유독 눈길을 끈다. 박물관 옆에는 직연폭포가 있고, 폭포 주변은 약 20m의 기암괴석이 병풍처럼 둘러싸고 있다. 직연폭포와 더불어 자기체험학습장, 가마터 등이 하나로 연결되는 1.3km의 산책로가 있어 함께 둘러보기에 좋다.

천혜의 자연환경이 함께하는
소지섭길 51K 두타연갤러리

두타연은 수입천 지류로 금강산 가는 길목에 자리한 계곡이다. 50년간 일반인 출입이 통제되면서 전쟁으로 상처 입었던 자연환경이 스스로 복원되면서 어디서도 볼 수 없는 천혜의 비경을 만들었다. 두타연 초입에는 소지섭갤러리가 있어 뜻하지 않은 선물을 받은 것처럼 반갑다. 갤러리는 카페처럼 아늑한 분위기로 갤러리 내에는 소지섭 관련 사진과 그의 소품들이 전시되어 있다. 주로 소지섭이 영화와 드라마 출연 시 입었던 의상과 사진자료들이다.

갤러리를 나서면 대한민국 최초로 연예인이름을 따 조성된 소지섭길을 따라 두타연으로 향할 수 있다. 반세기 동안 신비의 비경을 고스란히 간직하고 있는 길이다. 소지섭길 1코스는 10년 장생길 1코스로 '나를 정화하는 신장길' 18km에 포함된다. 시원한 계곡과 때 묻지 않은 신비로운 자연풍경을 통해 도심에 지친 몸과 마음을 힐링할 수 있는 곳이다.

은밀한 비경을 간직한 숲길
두타연

2013년 비로소 개방된 두타연은 민통선 내 아름다움을 고스란히 간직한 곳이다. 두타연을 관람하려면 인터넷으로 미리 예약을 하는 것이 편하다. 특히 12~2월은 예약자에 한해 출입이 가능하므로 신경 써야 한다. 두타연 입구를 알리는 열목어 조형물을 지나면 관광안내소에서 시작하여 두타연 관찰데크, 두타정, 생태탐방로를 걸어 조각공원을 둘러본 후 두타연계곡까지 아름다운 풍경이 이어진다.

숲길은 태고의 신비가 가득한데, 걷다 보면 철조망 뒤 수풀 속에서 두타연 이름의 유래가 된 두타사의 흔적을 찾아볼 수 있다. 비득고개까지 이어지는 생태탐방로는 인적이 드물고 초록으로 가득한 세상이다. 두타연산소길 잔디광장에는 분단의 아픔과 통일의 염원을 작품으로 승화한 다양한 전시물들이 곳곳에 산재되어 있다.

안보교육의 장 양구통일관부터
양구전쟁기념관까지

1950년 한국전쟁 당시 최대의 격전지였던 펀치볼은 여의도면적의 6배 크기로 가칠봉, 대우산, 도솔산, 대암산 등에 둘러싸인 분지이다. 분지 내에는 해안면 만대리, 현리, 오유리마을이 있으며 제4땅굴, 을지전망대, 양구전쟁기념관, 통일관안보관광지가 있다. 펀치볼지구 입구에는 양구출신 작가가 만든 세계인류평화와 화해를 전하는 조형물 그리팅맨(Greetingman)이 서 있다. 관리사무소에서 출입신청서를 작성한 후 양구통일관부터 차례로 둘러보면 된다. 통일관 옆에는 도솔산지구와 펀치볼지구 전승을 기리기 위한 높이 18m의 전적비가 세워져 있고, 바로 옆에 양구전쟁기념관이 있어 함께 둘러볼 만하다.

노출콘크리트기법으로 건축된 양구전쟁기념관은 마치 미술관을 보는 듯한 느낌이다. 입구에는 전쟁을 상징하는 9개의 기둥이 서 있는데, 기둥에 새겨진 동그란 홈은 총탄자국을 의미하며 기둥에는 고지의 높이와 전투기간, 참전부대 등이 새겨져 있다. 기념관 내 전시실은 한국전쟁 당시의 아픔과 슬픔, 전쟁의 참혹상 등을 숙연하게 돌아볼 수 있도록 꾸며져 있다. '아직도 끝나지 않은 전쟁, 휴전'이라는 글이 두고두고 가슴에 와 닿는다. 이를 상징하듯 전시관 한켠 유리로 된 바닥에는 총알이 수북이 쌓여 있어 발걸음마저 조심스러워진다.

긴장과 평화가 공존하는
펀치볼지구와 제4땅굴

양구통일관을 나서 우리나라 최대 규모의 분지를 조망할 수 있는 을지전망대로 향한다. 전망대구역은 군사지역으로 사진촬영이 엄격히 제한된다. 망원경을 통해 북녘땅을 살펴볼 수 있으며, 맑은 날에는 금강산 봉우리까지 조망할 수 있다. 을지전망대 앞에는 포토존이 있어 펀치볼을 배경으로 사진을 담을 수 있으므로 여기서 만큼은 자유롭게 기념촬영을 해도 된다. 한국전쟁 당시 UN군 종군기자의 기사에서 유래한 펀치볼(Punch-bowl)은 과거 치열했던 격전지의 모습은 없고, 평화로운 산골마을 모습이다. 통일 후 펀치볼능선을 따라 펀치볼6.25둘레길(Korean War Trail)을 조성한다고 하는데, 벌써부터 기대가 크다.

펀치볼 북쪽에서 발견된 제4땅굴은 군사분계선과 불과 1.2km 떨어진 곳에 위치해 있다. 먼저 안보관에 들러 발견당시 수색상황과 굴착장면 등을 동영상과 관련 자료로 살펴볼 수 있다. 땅굴을 찾아내기 위해 시추공 300여 개를 뚫었으며, 역갱도공사로 340m를 파 들어가 본갱을 발견하였다. 너비와 높이가 1.7m, 깊이 145m, 길이 약 2km로 내부 관람용 전동차를 타고 땅굴내부를 관람할 수 있다. 야외전시장에 육군관측기, 탱크, 충혼탑, 충견헌트 동상 등이 세워져 있다. 헌트는 육군 제21사단의 군견으로 땅굴소탕작전 중 북한군이 설치한 수중지뢰에 희생되면서 분대원들의 생명을 구한 명견이다. 그 공로로 군견으로서는 최초로 소위계급과 인헌무공훈장을 받았다. 제4땅굴 앞 농특산물판매장에서 양구에서 생산된 무공해 농특산물도 구매할 수 있다.

자연 그대로의 숲
양구생태식물원

DMZ 휴전선 인근, 람사르협약에 최초로 등록된 대암산용늪이 있다. 이곳에 자리한 식물원은 그 이름만큼 다양한 희귀식물이 자생하고 있다. 가장 먼저 만나는 숲놀이터는 아이들이 뛰어 놀 수 있는 숲 속의 동화나라로 가족놀이 공간이다. 우주과학놀이터는 아이들에게 호기심과 즐거움을 안겨주는 곳으로 외계캐릭터와 태양계 대형미끄럼틀, 우주선발사대 포토존이 있다. 피크닉광장은 버섯모양으로 조성된 동산이 있어 가족나들이를 즐기기에 좋다. 곤충모양의 연못분수는 동전을 던지며 행운을 기원할 수 있는 장소이자 개구리와 곤충이 사는 숲속의 쉼터이다. 연못주변의 돼지는 재물, 거북은 건강, 네잎클로버는 행운을 뜻한다. 선인장 다육식물전시관에서는 세계 각국의 다양한 다육식물들을 만날 수 있다.

생태식물원 주변은 4개의 큰 골짜기가 있고, 초롱다리를 건너면 숲배움터로 갈 수 있다. 해발 480m 고지에 자리한 숲배움터는 비밀의 숲, 명상의 숲길, 습지원 등이 있어 향기 가득한 야생화를 즐기며, 숲치유를 체험할 수 있다. 야생화정원은 붓꽃, 초롱꽃, 국화 등이 계절 따라 만개하며 군락을 이룬다. 로맨스정원은 등나무, 담

쟁이, 초화류가 다양한 구조물과 어우러져 유럽풍 정원분위기를 풍긴다. 습지원은 데크를 거닐며 애기부들, 꽃창포, 사초 등의 식생을 관찰할 수 있다. 전망대에 오르면 아름답게 조성된 야생화정원 전체를 한눈에 조망할 수 있다.

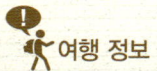

여행 정보

이용안내

양구시티투어 문의 033-253-4567 **운영구간** 춘천역~양구군관광지 춘천역(1번 출구) 10시 30분/양구읍(양구명품관) 11시 20분 **인터넷 예약** 요금은 당일 현장지불, 인원미달 시 투어전일 16시 문자로 연락 **투어비용** 두타연, 펀치볼코스 8,000원(입장료비포함), 1박 2일 코스 15,000원(입장료 포함) **홈페이지** www.ygcitytour.kr

양구백자박물관 문의 033-480-2664 **주소** 양구군 방산면 평화로 5182 **홈페이지** www.yanggum.or.kr **운영시간** 09:00~18:00(매주 월요일 – 공휴일이면 익일), 1월 1일, 설날과 추석 오전 휴무

두타연 문의 033-480-2251 **주소** 양구군 방산면 고방산리 1024 **예약홈페이지** duta.ygtour.kr **출입시간** 3~10월 09:00~17:00(최종 16:00), 11~2월 09:00~16:00(최종 15:00) **휴무** 매주 월요일(공휴일인 경우 익일), 설날, 추석 오전, 1월 1일 **두타연 비득안내소 운영시간** 12~2월 예약제로만 운영 **입장료** 대인 3,000원, 소인 1,500원 (자전거 대여료 4,000원) **문의** 033-481-9229(이목정안내소 033-482-8449) **소지섭길51K 두타연갤러리 주소** 양구군 방산면 두타연로 8

을지전망대 주소 양구군 해안면 현2리 전망대로 540 **양구전쟁기념관 문의** 033-480-2674 **주소** 양구군 해안면 후리 34-5 **운영시간** 3~10월 10:00~18:00, 11~2월 10:00~17:00 **휴무** 매주 일요일 **양구통일관 문의** 033-481-9021 **주소** 양구군 해안면 후리 720 **운영시간** 3~10월 09:00~18:00, 11~2월 09:00~17:00 **휴무** 매주 월요일, 1월 1일, 설날과 추석 **입장료** 개인 3,000원, 군장병 1,500원(3군단 소속부대 군인동반 50% 감면)

제4땅굴 문의 033-480-2674 **주소** 양구군 땅굴로 454 **전동차 운영시간** 10:10~10:30, 11:10~12:00, 13:10~13:30, 14:10~14:30, 15:10~15:30, 16:10~17:10 **영상시간** 10:00~16:00 매시 정각에 시작(점심시간 12시 제외)/ 전동차 탑승 전 탑승권을 안내원에게 반납하고 탑승한다.

양구생태식물원 문의 033-480-2529 **주소** 양구군 숨골로 310번길 169 **운영시간** 09:00~18:00 **휴무** 매주 월요일(공휴일이면 익일) **입장료** 일반 3,000원, 할인(지역주민, 경로대상자) 1,500원 **홈페이지** www.yg-eco.k

DMZ야생동물생태관 문의 033-480-2530 **주소** 양구군 동면 숨골로 310번길 140 **운영시간** 4~10월 09:00~19:00, 11~3월 09:00~17:00(명절당일 14:00~) **휴무** 1월 1일 **입장료** 성인 3,000원, 청소년및 군인 2,000원, 어린이 1,000원 **홈페이지** www.yg-eco.kr/animal.php

양구
1박 2일

- 을지전망대
- 제4땅굴
- 펀치볼마을
- 정주골
- 양구통일관 / 양구전쟁기념관
- 정안사
- 453
- 453
- 양구전투위령비
- 조각공원
- 두타정
- 국립DMZ자생식물원
- 도솔산지구 전투위령비
- 도솔산(1,147m)
- 453
- 두타연
- 이목정안내소
- 소지섭51k두타연갤러리
- 비득안내소
- 피의능선전투전적비
- 펀치볼지구전투전적비
- 대암산(1,304m)
- 용늪
- 백토미가
- 양구백자박물관
- 직연폭포
- 460
- 뱅이골공원
- 곽골약수펜션
- 팔랑폭포
- 460
- 31
- 양구생태식물원
- DMZ 야생동물생태관

찾아가는 길

1일차 중앙고속도로 춘천IC 빠져나와 신북교차로에서 양구방면 우회전 후 8.8km → 간척사거리에서 우회전 후 20km → 송청교차로에서 양구해안방면 좌회전 후 600m → 송청삼거리에서 강원외고방면 좌회전 후 24.4km → **양구백자박물관** → 평화로 따라 5.7km → **소지섭두타연갤러리** → 두타연로 따라 2.76km → **두타연** → 11.3km → 두타연로 따라 930m → 평화로방면 좌회전 후 6.1km → 금강산로 해안방면 좌회전 후 4.4km → 이정표 확인하고 좌회전 후 700m → **곽골약수펜션(1박)**

2일차 곽골약수펜션 → 들어온 길 빠져나와 금강산로 방면 좌회전 후 665m → 펀치볼로 제4땅굴방면 우회전 후 14.2km → **양구통일관** → 도보 50m → **양구전쟁기념관** → 전망대로방면 우회전 후 6.2km → 이정표 확인하면서 주차장으로 진입 후 도보이동 → **을지전망대(펀치볼)** → 전망대로 따라 6.7km → 땅굴로방면 우회전 후 4.4km → **제4땅굴** → 땅굴로 따라 4.4km → 펀치볼로방면 우회전 후 14km → 금강산로 춘천방면 좌회전 후 1.8km → 원당길방면 좌회전 후 1.8km → 원당길52번길방면 좌회전 후 1.5km → 숨골로방면 좌회전 후 이정표 확인하며 1.6km → **양구생태식물원**

먹을거리

강원도 최북단 혹한의 겨울로 유명한 양구, 특산품인 시래기는 삶지 않고 전통방식 그대로 자연 바람으로 말려 차별화된 맛을 낸다. 일교차가 큰 청정지역에서 자란 무청을 깨끗이 가공하여 말린 시래기라 더욱 부드럽고 영양분 또한 풍부하다. 최근 시래기에 비타민과 미네랄,  식이섬유소가 풍부하다는 사실이 밝혀져 웰빙식품으로 각광받고 있다. 시래기뿐만 아니라 산채나물 등 양구에서 나는 특산물로 만든 다양한 웰빙음식을 맛볼 수 있다.

🍴 **백토미가** 문의 033-481-5287 주소 양구군 방산면 장거리길 17 가격 시래기소고기불고기 15,000원

🍴 **시래원** 문의 033-481-4200 주소 양구군 남면 봉화산로 457 가격 시래기 정식 10,000원

🍴 **함춘주막** 문의 033-481-4916 주소 양구군 금강산로 439-53 가격 보리밥 6,000원

🍴 **정주골** 문의 033-481-6777 주소 양구군 해안면 땅굴로 11-1 가격 산채비빔밥 7,000원, 정주골정식 12,000원

숙소소개

양구는 숙박시설이 그리 다양하거나 많은 편이 아니다. 주말이면 군인들 면회객으로 꽉 차 빈방이 없어 곤란할 수 있으므로 미리 예약하고 가는 것이 좋다. 곽골약수펜션은 사방으로 솔내음 가득한 숲이 감싸고 있으며, 초정약수가 샘솟는 물 좋은 펜션이다. 비교적 깔끔한 편으로 단독이라 내 집처럼 편안하게 하룻밤 머물기 좋다. 대한민국국토 정중앙이라는 뜻의 KCP호텔은 양구시내에서 조금 벗어나지만 저렴한 가격에 호텔서비스를 받을 수 있어 1~2일 정도 머물기 좋다.

🏠 **곽골약수펜션** 문의 033-482-6832 주소 양구군 동면 금강산로 1775-69

🏠 **양구 KCP호텔** 문의 033-482-7700 주소 양구군 양구읍 파로호로 993-19